区域经济发展与环境
寻找共同点

[美]SUSAN M. OPP,JEFFERY L. OSGOOD JR. 著

天津开发区(南港工业区)管委会 译

中国石化出版社

著作权合同登记　图字:01-2015-5730

图书在版编目（CIP）数据

区域经济发展与环境:寻找共同点/(美)奥普(Opp,S.M.),(美)奥斯古德(Osgood,J.L.)著;天津开发区(南港工业区)管委会译. —北京:中国石化出版社,2016.1
ISBN 978-7-5114-3770-9

Ⅰ.①区… Ⅱ.①奥… ②奥… ③天… Ⅲ.①区域经济发展–关系–区域环境–研究 Ⅳ.①X321

中国版本图书馆 CIP 数据核字(2015)第 304625 号

中国石化出版社出版发行
地址:北京市东城区安定门外大街 58 号
邮编:100011　电话:(010)84271850
读者服务部电话:(010)84289974
http://www.sinopec-press.com
E-mail:press@sinopec.com
北京富泰印刷有限责任公司印刷
全国各地新华书店经销
*
710×1000 毫米 16 开本 14 印张 238 千字
2016 年 1 月第 1 版　2016 年 1 月第 1 次印刷
定价:50.00 元

译者序

目前,在我们国家,作为区域经济发展新焦点的工业园区,如雨后春笋般在全国各地兴建起来。今后我国工业园区建设还将继续呈现良好的发展势头。由于起步较晚,我国在工业园区的建设和管理方面经验不足。以美国为代表的发达国家在这方面已积累十分丰富的经验和教训,他山之石可以攻玉,这些对于我国正处于高速发展中的化工园区建设和管理,具有重要的借鉴作用。

翻译出版译著《区域经济发展与环境:寻找共同点》、《商业竞争环境下的安全管理》、《石油和化工企业危险区域分类:降低风险指南》,正是为了给我国的化工园区提供先进的管理理念、管理经验和管理方法,通过学习和借鉴这些方法和经验,提高我们的认识,优化我们的管理水平,把我们的化工园区建设成加工体系匹配、产业联系紧密、原料直供、物流成熟完善、公用工程专用、管控可靠、安全环境污染统一治理、管理统一规范、资源高效利用的产业聚集地。

《区域经济发展与环境:寻找共同点》一书针对化工园区管理所面临的经济发展与环境保护这两个重要领域协调发展的问题,提出了化工园区及石化行业关于"责任关怀"新发展理念的行业自律行动,旨在协调化工园区所在地的经济发展与环境保护,将复杂的环境和经济理念融入轻松适用的实践之中,加速实现经济发展与环境可持续发展的协调共赢。

《商业竞争环境下的安全管理》一书提出了包括中国在内的世界各国石化行业所面临的新挑战——建设适应 21 世纪新环境下的安全管理体系,诠释了包括石化工业在内的工业生产领域安全文化的内涵,着重探讨了风险管理的预防措施,强调了通过培训教育掌握风险管理技巧的重要性。

《石油和化工企业危险区域分类：降低风险指南》一书指出，对化工园区内的危险区域进行有效分类和识别，并在此基础上建立一套完善有效的消防安全体系，是化工园区实现可持续发展的重要保障，详细介绍了各种危险源辨识系统、救火规则和方法，以及工厂装置安全间距设计方法等。本书提供了大量案例，具有很强的实践性和可操作性，对于我国化工园区安全规划和安全管理的实施具有很强的借鉴和参考价值。

参与书稿翻译、审阅工作的还有王喜明、李捷、马爱华、张英、牛建岭等同志，中国石化出版社对三本著作的出版给予了大力支持，在此一并致谢。

鉴于水平有限，书中难免存在谬误和不足，敬请读者批评指正。

2015年 10 月

前　言

研究背景：经济发展与可持续发展的理论与概念

政府官员、非盈利组织管理人员和决策者一贯持有的观点是：可持续发展与经济发展的目标是对立的。然而，实际情况并非如此。本书第一部分介绍了环境与当地经济理论和实践的交叉点。第一部分的章节解决了以下问题：经济可持续发展具体是什么？当地管理人员能从事经济可持续发展吗？在考虑保护自然环境的同时，如何追求发展？能源和交通运输如何与可持续发展和经济发展相关联？某些当地政府如何参与到可持续发展和经济发展上来？

整个第一部分(第1章到第4章)均采用实际案例，帮助感兴趣的当地管理人员理解这些概念如何与实际相联系。北卡罗莱纳州威明顿实施一种可持续发展、具有节约成本潜力的举措——低影响发展，给我们提供了一个优秀范例。俄勒冈州波特兰提供了一次深入了解如何将清洁能源集成到更大社区范围内的经济发展计划中的机会。亚利桑那州图森市用实际行动说明，可持续交通运输的举措能刺激经济发展。阅读完第一部分，读者将会从学术角度全方位、更广泛地理解可持续经济发展。

实施：可持续经济发展的工具

本书第一部分提供了一个更广泛、更学术的视角，来观察可持续发展和经济发展，第二部分则开始介绍为实现可持续经济发展的可用工具的检验标准，这些标准更多的以从业者为导向。显而易见，通过这些章节的介绍可以看出，只需对目前的经济手段进行微调，即可实现可持续发展，且这些知识也可以帮助找到可持续发展和经济发展之间的共同点。

第5章至第12章开始先综述了公共管理和可持续发展如何体现相似

的理念，最后总结了实施可持续发展和经济发展在经济和技术方面的现状，这8章涵盖了与实施和手段相关的各种不同的议题，这些实施和工具都用于可持续经济发展。第二部分的这些章节虽然肯定不是一个全面详尽的列表，但它通过目前的可持续发展标准方式，具体解释和说明了用于经济发展的许多最常用工具。本书第二部分解决的问题包括：公共管理的原则和实践方法如何实现可持续发展？什么是公私合作伙伴关系？它如何提供帮助？当地学院或大学能在可持续发展过程中提供帮助吗？征用权：我需要了解什么？它与疫病和污染有何关联？"凯洛诉新伦敦案"(Kelo v.New London)对当地政府意味着什么？税收增量融资：在项目中能使用吗？

第二部分的章节中列举了一些重要实例，帮助阐述这些概念。田纳西州库克维尔的实例说明公私合作伙伴关系在经济可持续发展方面所起的作用。伊利诺伊大学厄巴纳-香槟分校和智能能源设计援助中心，提供了有效的城镇-大学合作伙伴关系方面的经验教训。学习更多有关圣地亚哥棒球场重新开发的经验，可以为土地征用提供重要的指导。最后，得克萨斯州沃斯堡复杂的三体河治理工程说明，同时利用税收增量融资、土地征用等工具以实现成功开发的项目，是很复杂的。

经济可持续发展经常需要外界的资金和技术支持才能取得成功。第二部分的最后两章介绍了各种可用的资源，和如何以最佳方式获得这些资源的信息。第10章阐述了贷款管理、融资和贷款申请方面的重要内容。第11章概述了联邦和州可用于经济可持续发展的资源。这些章节解决了如下问题：都有哪些类型的贷款？在哪里可以找到？关于寻找和申请贷款，初学者需要了解哪些内容？规章和贷款是如何联系在一起的？针对有污染特性的项目，存在哪些帮助修复和重建的方案？应从哪里开始？在修复/重建过程中，需要关注的法律有哪些？在能效项目中，存在哪些资源，既能帮助社区节约资金又能更有效利用资源？

作者简介

　　苏珊·M·奥普，博士学位，目前任职科林斯堡地区科罗拉多州立大学政治学助理教授。奥普博士的职业经历贯穿学术及实践。在她的各种职业生涯中，曾经作为 NASPAA (国家公共事务和行政管理局)的董事及 MPA(公共管理硕士)研究生实习主任，科罗拉多州立大学清洁能源超星系团教师指导委员会成员，路易斯威尔大学环境经济助理研究员，以及得克萨斯理工大学(拉伯克)公共服务中心副主任。她的研究成果和职业经历陆续出版在《经济发展季刊》、《环境策略》、《公共管理国际综评》，以及 ICMA、《福布斯》等杂志。同时她还兼任全球化进程地区可持续城市发展杂志的编辑。

　　杰弗里·L·奥斯古德，Jr,博士学位，过去十年间有着在州政府和地方政府丰富的工作经历。他的工作范围包括地区经济发展和项目评估。他在西肯塔基大学地方政府政策中心和位于宾夕法尼亚州的西切斯特大学社会 & 经济政策研究中心有着宝贵的工作经历。奥斯古德博士致力于工资和福利研究项目分类分析。目前，作为项目主管，奥斯古德博士已经参与了一些研究，从公共和私人组织的健康需求以及非盈利性基金会入手。他拥有城市和公共事务管理学博士以及公共管理硕士(MPA)学位。他的研究成果发表在《城市与区域研究国际周刊》、《政治科学教育周刊》、《经济发展季刊》、《公共人力资源管理》等杂志。

致　谢

在这里，我们向那些给予本书时间、资源和资助的朋友深表感谢，是你们的帮助促成该项目的完成。特别是，我们要感谢美国公共行政学会为学术界和实践者们构筑了一个共同的场所，共同推进公共行政的实践过程。我们感谢泰勒＆弗兰西斯集团所给予的应用奖学金，打破了传统研究模式的价值壁垒。更重要的是，我们要感谢从业者所提供的有研究价值的案例。通过他们的工作，将我们的理念转变为真实的案例。

苏珊·奥普要对家人的支持和耐心表示感谢。感谢自己的丈夫克里斯，两个女儿——维多利亚丽莎和亚历珊德拉玫瑰。他们三人都在过去两年中给予了宝贵的理解和支持。

杰弗里·奥斯古德非常感谢他的家人、朋友和同事。特别感谢本书中给予宝贵支持的帕特里克和劳丽。还要感谢自己的父母和祖父母的理解，尤其是在完成本书过程中未能问候他们。

因为有许多人在本书创作过程中提供过支持，因此我们对本书中的每一句话永远负责。

苏珊·M·奥普(Susan M. Opp)

杰弗里·奥斯古德(Jeffery L. Osgood, Jr.)

目　录

第二部分 实施可持续经济发展工具包

第1章　地区经济发展与环境保护：十字路口

经济发展与环境保护通常被认为存在利益竞争，因此需要权衡二者间的利弊(Campbell，1996)。然而，当"持续性"和"可持续发展"成为现代学术及政策研讨的常规议题后，许多美国城市试图通过公共政策与地方倡议协调上述利益竞争。尽管对于持续性和可持续发展的认知不断增加，但仍存在相当多的误解。对于多数人来讲，持续性不过是环境政策或环境保护的代名词。其他人则认为持续性和经济发展无法同步进行并取得成功。对于既要做到发展经济，又要兼顾环境意识的美国城市而言，地方官员、决策者以及公共管理专业的学生就必须更全面地了解经济发展和自然环境的交集和共同点。

本书为地方官员、非营利组织管理者、决策者和有志于了解并追寻绿色经济发展模式的公共管理专业的学生提供了便捷接触路径和简明资源。除了有关可持续经济发展的模糊和抽象的概念外，本书提供了清晰的说明及有关概念的实例证明。为了达到这一目标，第1章进行了必要的基础说明，以了解地区经济发展和环境可持续发展的关系。随后的章节里，将具体说明实现地区可持续经济发展的手段和方式方法。本书并非为了使学生和实习者简单追求环保主义，或者是为了证明协调经济发展和可持续性间的紧张关系。本书将围绕可持续发展、环境可持续性和经济发展抽取部分抽象性概念，以确凿且容易理解的方式，为地方官员和公共管理专业学生给出解释和例证说明。

本书将分为两部分内容予以讲解说明。第一部分(1~4章)主要是讲述经济发展和环境保护间的交集内容，详细解释了更宽泛的可持续经济发展概念和技术方法，各章以实例形式强调指出本地从业人员遭遇的难题和找到的解决途径，以及他们最终参与可持续经济发展的过程。第二部分(5~12章)具体指出实施可持续经济发展的方式方法，供从业人员了解实施可持续发展过程中的技术内容，包括公私伙伴关系、增税融资以及对于可持续经济发展的征用权。目前的经济发展模式只需要简单地有目的性修饰并且用于实现可持续的目标，参与实施上述政策的城市会在其中找到有益于自身经济发展的策略信息，同时提供实例证明，阐述了实施上述策略所获得的成效。

本书为参与可持续经济发展的人员提供各种类型监管和技术资源保障。以反思和前瞻性章节归纳总结，聚焦于经济发展和环境保护的共同点，同时探讨郊区城市化、地区经济发展和可持续性。

郊区城市化，经济下降和地区经济发展

1970年，美国首次出现人们趋向于居住在城市郊区的现象(摩根马、英格兰和佩利赛罗，2007)。2000~2009年间，美国人持续从都市生活区向欠发达、核心区外扩展，使得欠发达、核心区外较现有的居住区扩大了近3倍(Brookings Institute，2010,7)。这一次城镇化运动给美国城市带来了一定程度的负面结果，包括城市衰退、无序蔓延、贫困集中和环境退化。这些负面结果率先出现在较老的中心城市，而现在也开始在郊区城市出现。

随着交通工具从马车向私家车转变，美国城市的构型也随之转变。随着人们向城镇扩展，中心城市开始经历人口缺失的苦恼。遍观20世纪，中心城市的居民持续向较新的、更吸引人的城镇定居。商业活动很快就与这一迁徙活动挂钩，一方面为人工服务，一方面充分利用高速公路体系。鉴于这些强大的迁移趋势，中心城市面临着计税基数下调、建筑物抽空或无法充分利用等城市衰退问题。居民撤离、税收收入降低和生存环境恶化的趋势导致连锁反应，即居民不断加速离开环境恶化的中心城市，转而走向更具吸引力的郊区城市(Atkinson and Oleson，1996)。这样的脱离中心城区，以及与之关联的经济和社会效应通常与城市杂乱无序扩展有关。

城市杂乱无序扩展

尽管没有给出具体的定义，城市杂乱无序扩展还是有许多明显的特征存在，如在快速膨胀的都市区域，土地使用复杂，交通、社会和经济发展同样面临考验(Frumpkin，2002，201)。一般来说，城市杂乱无序扩展肯定会带来负面影响，至少带来部分城市问题。首先，作为一个向外扩展且人口不再稠密的区域，机动车的用量会有所上升。而随着机动车用量的增长，会引发一系列的社会和经济问题，包括空气污染、交通事故增长、道路建设和维护费用的增加以及生活质量的下降(Atkinson and Oleson，1996；Frumpkin，2002；Lambert and Meyer，2008)。其次，城市杂乱无序扩展还会引发农业用地和城市空地的减少。随着城市周边土地需求量的增加，农业用地和城市空地逐渐转变为居住区或者商业使用。随着农业用地和城市空地的减少，农产品价格涨高，之后食品价格也会上涨(Livaniset al.，2006)。第三，随着居民离开中心城区并迁居郊区，许多空闲的、关闭的工厂和废弃建筑物及其附件却遗留了下来，而这些废弃的区域会引起环境污染，甚至会加速中心城区的衰退。

最终,城市杂乱无序扩展成为都市中社会和经济脱节的始作俑者。作为一个区域内出现的多政治司法管辖区,人们很可能被社会、经济和族群所分隔(Le Goix,2005)。这一隔离常会导致区域内的财政不公现象,管辖范围内的居民很富有而其他人却变得非常贫困(Brookings Institute,2010)。对于城市和地区的扰乱,或许多数是基于对城市杂乱无序扩展导致的不公平的认识,如教育资源和地区资源配给不公等。

城镇化和城市杂乱无序扩展可能会给部分城市带来可怕的后果。底特律和密歇根就是城镇化、城市杂乱无序扩展、中心城区衰退和产业空洞化的一个极端实例。美国人口调查局表明,2000~2009年间,底特律人口数量下降25%。除了人口数量下降外,底特律80%的非洲裔美国人中失业率高达25%,而其中35%的居民生活在贫困中。从成功角度来看,底特律拥有200万居民,这与西欧的巴黎相当(Sweeting,2010)。

目前,底特律市长竭力向市民提供基础生活资源。事实上,市长Dave Bing近来宣布一项计划,迫使城市稀少的居民和最贫困的居民迁居,以提升他们的债务偿还能力(Oosting,2010)。居民中担心迁居的则被告知,市府无法为那些不愿迁居的人提供基础设施服务。尽管底特律的例子有些极端,但许多城市还是面临人口减少、失业和恶化的经济环境,且正在尽力改善这样的局面。

随着城市杂乱无序扩展和城市衰退在许多城市蔓延,地方官员开始实施政策改善民居环境。地方官员已经找到一些解决问题的途径,包括通过倡导可持续经济发展。于是,近年来,学术文献开始关注与经济发展有关的环境问题,通常是以可持续发展或可持续经济发展为标题(Blakely and Leigh,2010)。为全面了解可持续经济发展的作用,有必要给大家提供一些美国城市经济发展情况的背景资料。

地方经济发展

美国地方政府负责向辖区内民众提供大量的服务资源,包括警力和火警保护,小学和中学教育,街道、公园、图书馆和博物馆,以及其他一些资源等等。为了提供这些市政资源,地方政府必须收集足够的税收用于维持这些资源的运营。根据美国人口统计局数据,地方政府在2007年约收集到15亿美元,在其多种收入来源中,税收占据绝大比重(见图1.1),而房产税和销售税额是地方政府税收的主要来源(美国人口普查局,2007)。

城市供给市政资源的能力与收入多少挂钩。当房地产价格下降、失业率攀升及城市消费能力下降的时候,地方官员就会因为税收下降而面临窘境,可此时市政服务资源仍旧不可缺少。举例来说,经济环境的下降实际上会引起社区服务资源需求的增长,而地方政府都会保留或者提高税收比例。近年来,地方经济发展已变得越来越复杂,主要是美国经济正处于调整期,以应对全球化、技术转型、移民问题和人口老龄化等难题。

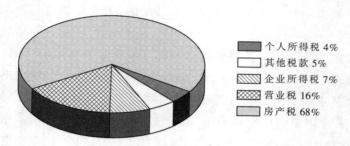

个人所得税 4%
其他税款 5%
企业所得税 7%
营业税 16%
房产税 68%

图 1.1 地方财政收入来源(美国人口统计局,2007)

物质和服务方式的全球化使得经济模式发生根本性转变,有时也被称作"新经济"。根据 Blakely 和 Leigh(2010),"新经济"是指"过去 15 年中对于经济结构、功能和规则起到质的和量的改变的一组规则"。首先,也是较为明显的,新经济在全球范围内获得增长。即便是在美国国内,政府官员也坦言,他们正面临着世界其他区域经济发展的竞争(Osgood,Opp,and Bernotsky,2012)。其次,新经济正变得具有创业精神。基于这一点,经济转变会变得更快,而出现的新商业与之前数十年相比,更具创新性和专业性,同时迅速取代传统商业。最后,新经济与信息技术紧密关联,信息技术渗透于整个经济的各个环节且极大地提高生产率(Blakelyand Leigh,2010)。随着新经济成为现实,城市也必须在未来的经济发展中成功转型。

2010 年,布鲁金斯研究所发布了最新的《美国都市现状研究报告》。报告列举美国都市正面临的 5 项现状:持续无序扩张,人口多元化,人口老龄化,高等教育不均衡和收入极化现象。这些新的情况势必影响地方政府为本地居民提供有效的服务资源。地方经济发展规划者与经营者需要考虑这些新的状况,以持续提高其经济发展水平。

地方经济发展实践史

地方经济发展实践在美国有着长久且丰富的历史。早期研究中将经济发展解释为财富转变,即常被定义为更多的工作和税收,或者是二者的联合体(Bartik,1990;Blakely and Bradshaw,2002;Wolman and Spitzley,1996)。然而,越来越多的经济发展学者指出,如此简单的定义经济发展,势必会使城市居民经历环境恶化和严重的不平等(Blakely and Leigh,2010)。2010 年,带着这样的思考,Blakely 和

Leigh首次将经济发展定义为持续性是本地经济发展的根本目标。

虽然近年来持续性贯穿于本地经济发展的许多报告中,但其仍旧是一个相对新颖的问题。在过去,地方经济发展实践经历了多次重叠阶段或波动期(见表1.1)。地方经济发展实践的第一个阶段集中于通过激励与基础性设施投资刺激吸引商业发展。第一个阶段多见于美国20世纪30年代早期(Fitzgerald and Leigh,2002;Koven and Lyons,2010),通常被认为是有争议的且是政府主导的经济发展阶段。20世纪60年代,许多学者和从业人员认识到,事实上这些策略无法实现吸引新的商业投资或提供就业,甚至不过是从本地挪向其他地区而已(Koven and Lyons,2010;Zheng and Warner,2010)。

表1.1 经济发展周期

周期与题目	着重点
1.吸引商业	吸引商业到本地投资,重要激励机制
2.保留业务	保持投资位于本地,奖励留守
3.生活质量与持续性	生活质量和环境因素影响着经济发展,需要予以关注。旅游业和智能产业增长是主要的策略

来源:Koven,S.,and T. Lyons. 2010. Economic development: Strategies for stateand local practice. Washington,D.C.: ICMA Press.

经济发展阶段一

经济发展初期阶段需要对目前多数城市存在的严重环境问题负责。从历史角度,这一阶段不利于私营部门介入防治污染和制定环保策略(Opp and Osgood,2011)。事实上,这促使很多商业运营过程忽视环境保护的价值。而本地政府的管理行为加剧了这种情况发生,如通过一系列激励机制促使商家选择特殊的地点用于扩张或者迁居。这些激励机制与环保政策背道而驰。由于城市间争夺流动资金,它们变得少于关注激励机制的长期效应和由此产生的后果。在这样的环境下,政府成为私营经济的俘虏。20世纪60年代,很多城市都受制于经济发展计划的不足,这些计划过分依赖激励效应(Koven and Lyons,2010)。过度激励机制的局限性集中于经济发展策略的摇摆。

经济发展阶段二

经济发展阶段二通常集中在保留商业活力方面。随着城市间商业和经济发展的竞争,阶段二变得不仅仅是吸纳就业,就业转变为择业(Blakely and Leigh,2010,59)。为了遏制城市间工作岗位流失,经济发展开始变得关注留住商业及其方式方法。通常来说,在这一发展阶段,激励机制只留给那些愿意留在本地或者是准备再投资和扩展的企业。在这一发展阶段,商业激励机制不再直接投向现有的经济体。

经济发展阶段三

近来,环境恶化、社会和经济资源不均等因素导致生活质量下降,这被认为与本地经济发展相关联。未来应对这样的情况,经济发展策略重点关注于居民生活质量和地方经济发展的关系,包括经济发展的持续性和居民生活质量考量(教育、生存环境等),直接用于吸引和留住商业(Koven and Lyons,2010;Zheng and Warner,2010)。部分文献报道,在第三发展阶段,还会涉及社会公正或生存质量等问题(Blakely and Leigh,2010)。

目前,经济发展过程的三个阶段都可以在全美范围内的城市中得以找寻(Bradshaw and Blakely,1999;Koven and Lyons,2010)。然而,由于扩展经济的持续转变,所以不同的发展模式和混合模式层出不穷。在经济衰退期,城市会重新使用在第一发展阶段行之有效的激励机制,以吸引投资和控制失业及税收下降(Osgood,Opp,and Bernotsky,2012)。

地方经济发展的三个周期框架就像地方经济发展策略的浓缩,不断在吸引和保留间进化发展(Koven and Lyons,2010,118)。正因如此,2010 年,Zheng 和Warner利用三个周期框架和 1994~2004 年间的国家统计数据,总结出许多地方政府实际上从其经济发展策略中受益颇多。如果三个周期框架被认为是一种进化,则参与其中的城市则进步更快,且可能更易适应经济结构和城市构型转变。就像前面提到的,第三阶段策略的关键点在于将环境因素或持续性充分引入地方经济发展之中。这样,可以初步了解持续性和可持续性经济发展的概念。

持续性和可持续性经济发展

从技术角度,持续性和可持续发展并不相同。通常,持续性的概念要比可持续发展的概念用途更广且更加全面。研究人员确定了三种关联维度(有时定义为"Three Es"),以此确定如何开展持续性研究:环境保护、经济增长以及社会进步或者是社会公平(Adams,2006;Campbell,1996;Jepson,2004;Saha and Paterson,2008)。在这样的工作框架下,可持续经济发展只是实现全球持续性的一项关联维度而已。

可持续发展的概念可追溯到 1969 年。当年,国际自然保护联盟(IUCN)宣称经济增长不必以牺牲环境为代价(Adams,2006)。1987 年,随着布伦特兰报告的发表,可持续发展成为更加广泛、覆盖面更广且更易为多数国家接受的理念。报告发表后,许多研究者给予可持续发展不同的定义(Goodland,1995;Hopwood,Mellor,and O'Brien,2005;Mazmanian and Kraft,2009)。而对于怎样实现经济的可持续发展,许多从业人员和政策制定者都曾产生困惑,这种困惑更深层次地体现在多次的经济危机面前。

全球范围内,努力实现可持续发展正变得多样化和普遍化。纵观世界,政府、经济共同体和商业都或多或少面临持续性的挑战(Adams,2006,2)。各种各样的实例研究都表明很多法律、法规和策略都直指持续性的某些方面(see,for example,Chifos,2007;Heberle and Opp,2008;Jepson,2004;Lubell,Feiock,and Handy,2009;Nijkamp and Pepping,1998;Portney,2003;Wheeler and Beatley,2009;Zeemring,2009)。因此,美国的城市开始集中寻求全球可持续发展的途径。

可持续性的城市

尽管许多分析表明美国城市实施可持续发展的速度已经落后于其国际同行,但这仍然是重要的研究议题(Slavin,2011)。就像 Ostrom(2009)恰当指出全球气候改变一样,假定滞后和冲突因素,然后考虑实现全球解决方案,认识到减少建筑物能耗是实现可持续发展的关键一步;这条规则同样适用于正在追求可持续发展的美国城市。如果可持续发展是朝着正确方向迈进,那么,地方政府发展可持续经济的举措就是对世界有利的 (Anglin,2011;Pierce,Budd,and Lovrich,2011;Portney,2003;Saha and Paterson,2008)。即便是那些不怎么关心环保规范的人,也会承认生活质量和经济发展与自然环境有着千丝万缕的联系,未来的经济发展必须考虑对于自然环境的保护。

除了环境利益与追求可持续发展关联外,许多地方政策制定者和官员还在寻求主动获益的方式,如改善生活质量、发展本地经济和给予居住民更高的社会公平(Anglin,2011;Portney,2003;Saha and Paterson,2008)。如前面提到的,在本地经济发展报告中,环境可持续性已经获得世界公认,是所谓三个阶段经济发展策略的一部分(Kovenand Lyons,2010)。而且,近年来可持续性已经成为主导城市发展计划的样本,重点强调智能产业发展(Saha,2009)。可以肯定的是,可持续性的概念已经变得无处不在,正在成为城市未来发展的关键议题。

结论

尽管可持续经济发展已经作为正确目标实施多年,但多数城市仍在努力寻找如何实现在其管辖范围内的可持续经济发展的方式和方法。除了经由保护环境获益外,可持续经济发展还给经济建设带来两条重要的益处:一是可持续经济发展常常与传统激励机制的经济模式形成对比。此外,可持续经济发展也是成本节约的主要工具,通过成本节约,地方政府可以重新分配资金,资助其他的经济体运营。本书提到的许多方法和技术可以供给地方政府有效的路径实现成本节约。

后面章节会提出一些方法和手段,用来实现经济增长和成本节约,同时确保环境和资源不受破坏。同时,后面的章节也依据地缘多样性给出了实例。为了给读者提供一个区域范围,例证选择较大的城市,如沃斯堡、得克萨斯,以及较小的库克维尔、田纳西州。在寻求解决可持续经济发展的道路上遭遇到的意想不到的困难和成功,这些例证带给读者深入的剖析。许多例子都根据负责该项目的地方官员讲述,是如何克服困难,实现可持续经济发展的。最后,本书可以作为正在寻求可持续经济发展的地方官员的借鉴,同时提供一个环境友好的思考角度。

参考文献

Adams, W. M. 2006. The future of sustainability: Re-thinking environment and development in the twenty-first century. IUCN, http://cmsdata.iucn.org/downloads/iucn_future_of_sustainability.pdf

Anglin, R. 2011. Promoting sustainable local and community economic development. Boca Raton, FL: Taylor & Francis.

Atkinson, G., and T. Oleson. 1996. Urban sprawl as a path dependent process. Journal of Economic Issues 30: 609-614.

Bartik, T. 1990. The market failure approach to regional economic development policy. Economic evelopment Quarterly 4(4): 361-370.

Blakely, E., and T. Bradshaw. 2002. Planning local economic development: Theory and practice, 3rd ed. Thousand Oaks, CA: Sage Publications.

Blakely, E., and N. G. Leigh. 2010. Planning local economic development: Theory and practice, 4th ed. Thousand Oaks, CA: Sage Publications.

Bradshaw, T., and E. Blakely. 1999. What are third-wave state economic development efforts? From incentives to industrial policy. Economic Development Quarterly 13(3): 229-244.

Brookings Institute. 2010. State of metropolitan America: On the front lines of demographic transformation, http://www.brookings.edu/metro

Campbell, S. 1996. Green cities, growing cities, just cities? Urban planning and the contradictions of sustainable development. Journal of the American Planning Association 62(3): 21-33.

Chifos, C. 2007. The sustainable communities experiment in the United States: Insights from three federal-level initiatives. Journal of Planning Education and Research 26: 435-449.

Fitzgerald, J., and N. G. Leigh. 2002. Economic revitalization: Cases and strategies for city and suburb. Thousand Oaks, CA: Sage Publications.

Frumpkin, H. 2002. Urban sprawl and public health. Public Health Reports 117: 201-17.

Goodland, R. 1995. The concept of environmental sustainability. Annual Review of Ecology and Systematics 26: 1-24.

Heberle, L., and S. Opp, eds. 2008. Local sustainable urban development in a globalized world. Aldershot, U.K.: Ashgate.

Hopwood, B., M. Mellor, and G. O'Brien. 2005. Sustainable development: Mapping different approaches. Sustainable Development 13: 38–52.

Jepson, E. 2004. The adoption of sustainable development policies and techniques in U.S. cities: How wide, how deep, and what role for planners? Journal of Planning Education and Research 23(2): 229–241.

Koven, S., and T. Lyons. 2010. Economic development: Strategies for state and local practice. Washington, D. C.: ICMA Press.

Lambert, T., and P. Meyer. 2008. New and fringe residential development and emergency medical services response times in the United States. State and Local Government Review 40: 115–124.

Le Goix, R. 2005. Gated communities: Sprawl and social segregation in Southern California. Housing Studies 20(2): 323–344.

Livanis, G., C. Moss, V. Breneman, and R. Nehring. 2006. Urban sprawl and farmland prices. American Journal of Agricultural Economics 88(4): 915–929.

Lubell, M., R. Feiock, and S. Handy. 2009. City adoption of environmentally sustainable policies in California's central valley. Journal of the American Planning Association 74(3): 293–308.

Mazmanian, D., and M. Kraft, eds. 2009. Toward sustainable communities: Transition and transformations in environmental policy. Cambridge, MA: MIT Press.

Morgan, D., R. England, and J. Pelissero. 2007. Managing urban America. Washington, D.C.: CQ Press.

Nijkamp, P., and G. Pepping. 1998. A meta-analytical evaluation of sustainable city initiatives. Urban Studies 35(9): 1481–1500.

Oosting, J. 2010. Is Detroit Mayor Dave Bing's plan to relocate residents legal? Eminent domain attorney says it is constitutionally sound, necessary, http://www.mlive.com/news/detroit/index.ssf/2010/02/is_detroit_mayor_dave_bings_pl.html

Opp, S., and J. Osgood. 2011. Balancing local economic development with environmental concerns: Pursuing green economic development. ICMA InFocus 42(6): 1–38.

Osgood, J., S. Opp, and L. Bernotsky, 2012. Yesterday's gains vs today's realities: Lessons from ten years of economic development practice. Economic Development Quarterly 26(4): 334–350.

Ostrom, E. 2009. A polycentric approach for coping with climate change. World Bank Policy Research Working Paper, series no. 5095.

Pierce, J. C., W. W. Budd, and N. P. Lovrich. 2011. Resilience and sustainability in U.S. urban areas. Environmental Politics 20(4): 566–584.

Portney, K. 2003. Taking sustainable cities seriously. Cambridge, MA: MIT Press. Saha, D. 2009. Empirical research on local government sustainability efforts in the USA: Gaps in the current literature. Local Environment 14(1): 17–30.

Saha, D., and R. G. Paterson. 2008. Local government efforts to promote the "Three E's" of sustainable development: Survey in medium to large cities in the United States. Journal of Planning Education and Research 28(21): 21–37.

Slavin, M. 2011. Sustainability in America's cities. Washington, D.C.: Island Press.

Sweeting, A. 2010. Requiem for Detroit? BBC Two: From automobile powerhouse to wholesale post-industrial collapse, http://www.theartsdesk.com/tv/requiem-detroit-bbc-two U.S. Census Bureau. 2007. State and local government finances, http://www.census.gov/govs/estimate/historical_data_2007.html

Wolman, H., and D. Spitzley. 1996. The politics of local economic development. Economic Development Quarterly 10(2):115-130.

Wheeler, S., and T. Beatley. 2009. The sustainable urban development reader. New York: Routledge Press.

Zeemring, E. 2009. What does sustainability mean to city officials? Urban Affairs Review 45(2):247-273.

Zheng, L., and M. Warner. 2010. Business incentive use among U.S. local governments: A story of accountability and policy learning. Economic Development Quarterly 24(4):325-336.

第2章　可持续发展与建筑环境

　　为了更好地理解城市的经济发展与可持续发展的关系,我们必须理解好其中的一些要素。城市规划关乎城市整体布局,土地利用事关全城土地的开发,运输系统以基础设施为载体使城市连成一片,而建筑环境是几乎包含了上述所有要素的统一结合体 (Handy et al. 2002)。本书后面内容会详细介绍建筑环境的构成——运输、能源和管理,本章将从广义的概念层面上介绍建筑环境。

　　建筑环境对于人们的生活质量和城市的经济发展潜力具有十分重要的影响。然而,一些地方却深受建筑环境问题的影响,发展举步维艰。正如本书第1章已经探讨并指出的,许多城市的发展仍然沿袭了20世纪的发展轨迹,进而导致其不仅在财政和社会层面上失衡,也造成了环境退化。市中心的衰落、振兴、填充、延伸、棕色区域和灰色区域等与城市的经济发展密切相关。事实上,一些城市开始倾向于探索并发展可持续发展型经济,是出于城镇的衰退或者外延。"再发展与振兴"和"预期发展"一道,是地方政府大力推行的关于鼓励环境经济开发的两个重要而广阔的方面(Daniels and Daniels,2003)。这些广义的概念包括许多小概念,这些将在其他章节深入介绍。本章将会从两个方面进行深入:首先探讨"再发展与振兴"这个概念,会涉及到一些修复发展的内容;然后探讨"预期的"或者说是"崭新的"发展。本章旨在为城市发展中涉及环境与经济的共性问题时,提供一个怎样使城市用绿色环保的角度来获得进步的更广阔视角。为了进一步说明经济发展与自然环境及建筑环境之间的关系,本章提供了美国北卡罗莱纳州威尔明顿地区的例子。

振兴与再发展:修复计划

　　全球的复苏在许多地方经济发展中表现出某些共同点。例如,佛罗里达州的米拉玛(Miramar)地区进行了鲜明的振兴努力,并作为当地更大经济发展计划的一部分。城市提出了这样的观念:"振兴"会给人们的生活和其他方面带来活力。振兴的努力体现在许多方面,包括房地产、社会服务、再发展刺激因素和公共基础设施的进步。这些努力都带来了积极的变化和结果。"振兴计划"是经济发展和可持续发展自然结合的产物。从广义上说,振兴就是一个遭遇了经济滑坡和社会问题地区的进步和再发展。这个层面的复兴可以用"3E"的思维方式很好地概括:改善周边经济条件,进而有利支撑"不以发展而牺牲环境",最后通过解决地区贫困问题实现社会平等。当回首美国国内不同的振兴计划的时候,我们不难发现经济发展和可持续发展的重要联系。

城镇和中心城市的衰落是美国的一个全国性现象。起初,对于许多地区而言,其核心问题发生在商业中心地带。紧接着是美国在20世纪中后期所经历的经济波动,许多城市人口流失,经济基础改变或者下滑,导致犯罪率上升(Porter,1997),最后许多郊区也受到了消极影响。许多城市进入了一种雷同发展道路,导致它们陷入日益严重的问题。

城市是如何演变的?

交通运输在美国城市形成中扮演了至关重要的角色。在19世纪早期,最主要的交通运输形式是铁路运输。随着铁路的扩展和链接,城市开始了转型。在1900年之前,城市的大多数工人居住在离工作单位的步行距离范围内。城市的中心地带通常挤满了那些为了生计、工作和商业发展而奔波的人们。

随着20世纪技术进步和交通运输方式的猛增,城市开始了转型。起初,城市居民主要靠马匹、马车或者步行到达目的地。但是,到1829年,纽约市率先建立了第一条公共运输系统, 出现了以马为动力的可以搭乘20~30人的小型公交车(Morris,2007)。最后,有轨电车的出现更加深远地改变了城市的发展和演变过程。公共交通系统的出现使得居民区、工作地点和商业地段连成一片,一种新的类似于"海星"的发展模式开始出现(Adams,1970)。有轨电车沿线出现了增长,人们也终于可以把工作地点和居住地点分离出来。考虑到城市中心区域相对糟糕的居住条件,居民也迫切希望可以迁往不那么拥挤的新居所。

有轨电车之后出现的私人汽车更是使市民打破了城市边界的束缚。随着汽车逐渐成为大多数市民的主要交通工具,城市发展模式由公共交通枢纽开始向之前的偏远地区延伸。郊区的城市化为相当数量的有能力从市中心迁出并找到合适新定居点的城市居民提供了可能。1916年的联邦道路援助法案和1956年的州际高速公路法案更是加速了这一过程。1916年联邦政府出资建设运输系统,使得城市周边区域的居民能够参与到大规模经济生活中(U.S. Department of Transportation,2011)。1956年州际高速公路法案使得联邦州际高速公路运输系统连成一片,进一步刺激了城市的扩张。

运输技术由慢速且有限享用的公共运输系统转变成快速且开阔体验的私人汽车,美国城市的形态发生着急剧变化。随着20世纪郊区城市化的崛起,许多城市只剩下大片衰败而枯萎的居住过的老区。尽管运输在刺激发展扩张和城市衰落上起到了重要作用,运输系统也同样可以改变这样的趋势。第4章将对运输在可持续经济发展中的作用进行探讨。

美国城市的进步:振兴

由于城市会持续受到衰落地区的影响,对于城市管理者而言,在追求经济发展的同时,兼顾再发展和寻找振兴机会就显得尤为重要。下面是关于城市振兴发展的几个重要概念:绿色区域,灰色区域,棕色区域和填充区域。本章将讨论这些概念之间的不同,为管理者振兴他们的城市提供一些建议。通过改造老旧和衰落的地区,城市将获得经济回暖并通过以下方面显示:财产税和消费税增长,更多的就业机会,更低的犯罪率和对于所有居民而言更好的生活质量。

绿色区域,灰色区域,棕色区域和填充区域

无论一个城市的经济发展如何,绝大多数城市的中心目标都是提供更多的就业机会、税收的增长和所有居民生活质量的提高。当一个城市制定发展规划的时候,至关重要的一点,是在兼顾经济发展和环境保护的同时,根据各城区的发展现状,制定切实可行的发展策略。传统上,绿色区域对于开发商和城市而言是更具吸引力的。绿色区域是指那些开阔的、在一个城市中没有被开发过的区域,在某些情况下可能包括农田。这些未开发区域相比于其他靠近新居民区的地方更便宜。绿色区域通常涉及的环境问题最少,而且有利于城市扩张。据估计,城市平均未开发土地大约占20%(Daniels and Daniels,2003)。开发绿色区域意味着减少开阔空间、减少农田,在许多情况下也意味着老城区更多的荒芜和废弃。

与绿色区域不同,灰色区域之前被开发过而且被认为比棕色区域更容易进行再开发,但是可能比绿色区域困难。通常来讲,灰色区域之前是被彻底遗弃的商业区,它因为被大面积的灰色混凝土建成的停车场包围而得名(Chilton,2004)。实际上,每一个城市的衰落都会涉及灰色区域。

棕色区域常指由于环境污染而难以进行再发展的区域。这些区域过去通常是老工业区而现在关停了。但是,最近一些商业区甚至居民区由于受到含铅涂料或石棉影响,其发展也被列入到棕色区域中。

尽管灰色区域和棕色区域中以前的设施可能会对其未来发展产生一定的负担,但也有好处。例如,这些区域一般存留相对完好的基础设施,而且利用花费不多,同时还存在联邦和州政府的资助机会。除此之外,当这些已经发展过的区域进行再发展时,一般不存在城市扩张的可能,也就减少了很多麻烦。

毫无疑问,"振兴计划"这个词本身就暗示了对于老旧和衰落地区的重点关注和扶持。正是出于这样的考虑,许多振兴计划恰恰就定位于灰色区域和棕色区域。

通过这样的扶持,一座城市的经济发展就可以实现,而且对环境有利。对于打算走可持续发展和环境道路的地区而言,率先发展灰色区域和棕色区域就有着更重要的意义。开发大多数绿色区域应该是考虑环境问题的城市的最后选择。"扶持这些地区不仅可以先期保护地区的绿色空间,同样也可以纠正那些现存的与棕色区域和灰色区域相关联的问题。"(Opp and Osgood,2011,6)。

尽管灰色区域和棕色区域的振兴是第一重要目标,但是技术振兴也可以包括绿色区域。如果发展可以被认为是填充性质的,那么绿色区域也是经济振兴的重要组成部分。"填充"是对那些已经存在、有待发展的局部区域(所谓的空隙)实施规划、制定策略。填充发展作为一种发展形式,可以横跨由绿色到棕色的各个区域。但是,填充发展的关键是对于其他发展方式的补充,而不是周边地区发展模式的扩张。填充发展有利于已有城市基础设施的利用,同时可以限制城市边界的增长。

中产阶级化

理解振兴的最后一个关键概念:"中产阶级化"。近些年来,"中产阶级化"和"振兴"之间的界限变得越来越模糊。事实上,目前还没有关于中产阶级化的准确组成定义。但是,考虑到知识水平和人口比例,"中产阶级化"和"振兴"是有界限的。"振兴"是努力提高本地区和其周边居民,不是取代,更不是用富人取代穷人。"振兴"是提升,是给地区带去生命活力。相比而言,"中产阶级化"虽然也有着提升社区和周边的最终结果,但是它是通过用富人取代穷人而实现的(Kennedy and Leonard,2001)。除此之外,一个区域的文化也会因中产阶级化而改变。这一差异对于政策制定者和管理者来说十分关键。严格意义上说,大众的目标不应该被个体目标所取代。但事实上,由于用富人取代穷人所产生的收益很大,因而有利于大众目标的公众政策被弱化了。在许多以"振兴"为目标的社区,出现了"中产阶级化",以前的居民只是被简单安置到其他地区,他们并不是新经济转型的受益者。

科罗拉多州丹佛市的中产阶级化

科罗拉多州的丹佛市跟周边区域一样经历了"中产阶级化"问题和经济衰退。在过去的几十年,丹佛市中心发生了巨大变化。1958年,政府创立了丹佛市区重建局(Renew Denver,2008)。在那个历史时期,房地产举步维艰,振兴是城市发展的头等大事。到70年代,丹佛市区重建局扶持长期的"振兴计划",以求解决居民区的衰退。在这一时期,相当一部分居民区被称为"贫民窟",到处是妓院、酒吧、毒品和当铺(Denver History Tours,2008;Renew Denver,2008)。

第一个带有鲜明中产阶级化特征的争议项目是20世纪70年代早期的城市更新项目。该项目使用联邦政府的款项拆除老旧房屋,重新安置了大约95个家庭

(1600 余人)，并且最后使整个地区得到了再次发展。大多数居民是无业者或者贫困户(Renew Denver，2008)，到项目后期，建起了超过 1700 套住房，而这一地区也一跃成为丹佛市最具吸引力的地段。"通过数十年的翻修和中产阶级化工作，LoDo 成为了丹佛市最热门的住宅区"(5280 The Denver Magazine，1996)。这一区域的房价水平达到每户 48.38 万美元(U.S. Census Bureau，2010)。尽管这一振兴计划在许多方面取得了成功，但中产阶层取代了原住民，这是此项工作中最大的损失。现在这一区域的居民被称为"新生命"，这些人是丹佛最富有的阶层。

得克萨斯州拉伯克市的中产阶级化

美国得克萨斯州拉伯克市是最近一个"再发展和振兴"导致中产阶级化的案例。Overton 地区位于拉伯克市境内，与得克萨斯理工大学毗邻。这一地区在 2000 年左右被遗弃荒废了。房子没人去修，犯罪成为城市的重要问题。该区域中许多房屋是租住性质的，而且缺少基本的维护。一个私人开发商主导了这一区域的再发展工作，他买入房屋与土地，并且雄心勃勃地打算将此处变成充满生机、有活力的地区。他的房屋与土地并购计划进展顺利，只有少数几个地方拒绝收购，而是由当地政府保护起来。此外，开发商提出了"增税金融区"概念以确保再开发的资金支持。目前，开发工作已经基本完成，但遭到非议。很多人认为原本低收入的租住者被高收入居民取代了。另外，一些人批评该项目由于降低了低收入者租房的可行性，进而增加了拉伯克市的流浪人口(Blackburn，2011)。从积极层面上讲，毗邻的得州理工大学认为此举改善了周边的市容，而这样的进步可能会对城市的经济发展产生更大影响。

"中产阶级化"和"振兴"之间的界限在许多实例中是相当模糊的。另外，中产阶级化对于一些区域的经济发展是有重大影响的。但是，考虑到振兴层面时，我们就必须考虑到那些可能被"振兴和再发展"而取代的低收入居民。最后，一些学者认为(丹佛市的例子)，大规模的"振兴"计划必将导致当地社区的"中产阶级化"，但是也会带来积极效果，有助于不同阶层人士的收入提高。

灰色区域与发展

由于面积大小、位置和已有发展水平的差异，灰色区域通常很难归结成某种单一现象。灰色区域的面积既可以很小也可以很大，既可以沿着主要运输线集中出现，也可以散落分布于城市中。通常的灰色区域可能包括老旧零售中心、老旧条形商业街和老旧商业超级广场。正如之前已经提到的，灰色区域可能对其带来有利影响：已经建立的基础设施、较高的人口密度、区位优势(运输站位、运输模式)和一个相对较大的已发展过的区域[灰色区域面积平均达到 45 英亩(182108.7m²)]

(Chilton,2004;Opp and Osgood,2011)。

灰色区域再发展的关键是创新。然而,很多城市对于灰色区域的认识仅仅局限在灰色区域本身。换言之,在他们看来,购物中心就只是一个购物中心,一个大型商业广场就只是商业广场而已。另外,灰色区域中的私人商业所有者经常与其他已有的商业者进行竞争,甚至花费上百万美元的高昂费用修复外观和维持新的供应商(Chilton,2004,7)。

在美国科罗拉多州的柯林斯堡,唯一的一家室内购物中心也因为这样的问题导致发展动力不足。20世纪90年代中期,福特希尔斯时尚购物中心是位于柯林斯堡核心地带的生气勃勃的零售商。2002年,该购物中心为城市创收消费税约400万美元(Ferrier,2012)。但是,受到紧随而来的十年波动,该购物中心逐渐走向没落。具体而言,柯林斯堡的人口开始向东南方向迁移,城市的周边出现了新的户外卖场,在原来主城区扎根的购物中心接连破产,或者干脆随着人口进行迁移。到2012年,福特希尔斯购物中心每年贡献的消费税只有200万美元,而且有超过30个空位(Ferrier,2012)。毫无疑问,这个案例中,灰色区域面临的最大问题是只想到如何保住步行街的商业中心模式,而没有想到其他可能的替代方案,这就是为什么在这个案例中,无论是个人还是城市所做的振兴努力,至今为止也没有取得成功。

在一些案例中,灰色区域可能处于城市衰退的中心,这种情况下,振兴计划的最大障碍就是计划本身的碎片化,无法形成系统。振兴计划应该是从更大层面上的整体考虑,而不是专注扶持某个特定的区域(这可能是柯林斯堡最大的问题)。在许多案例中,灰色区域可能是城市衰退的产物,而且会随着持续的衰退导致事态更加严重,在这样的情况下,如果振兴想获得成功,就需要参与者的高瞻远瞩,柯林斯堡的案例就是一个很好的证明。除此之外,与福特希尔斯购物中心临近的大学城购物中心也面临着同样的问题。到2010年,福特希尔斯时尚购物中心和大学城购物中心的店铺空置率占到了全城的83%(Tatti,2010)。这些灰色区域中的废弃商业包括了众多知名企业:沃尔玛、杰西潘尼、玩具反斗城、电路城、亚麻用品和野生燕麦(上述企业都是美国零售业巨头,电路城已经破产重组)(Tatti,2010)。

在过去的几年中,柯林斯堡已经开始着手制定一个更大规模的振兴和再发展计划。此外,包括规划新的自行车道和公共捷运车站的交通运输提升计划也正在酝酿。该运输计划希望吸引距此几英里之遥的科罗拉多州立大学的上万名学生。时至今日,这项全新的更全面的计划已经开始为柯林斯堡带来成功。大学城购物中心空前繁荣,众多知名品牌入驻(Tatti,2010)。与此成功随之而来的,是许多投资者争相购买交通沿线的灰色区域。许多开发商期待更大规模的振兴和再发展计划的落实。"开发商 Les Kaplan 收购了 Kelley-Moore Paint 公司位于学院街 2010S 的灰色区域，这 1.5 英亩(6070.29m²)的区域吸引投资者的不仅仅是附近的入驻店铺，更是潜在的快速发展共同体"(Tatti,2010,2)。同时，这些开发商认为已有的基础设施对于这一地区的定位是有利的。这样全面的布局已经为这座城市带来了之前没有的景象，也减缓了城市的衰退。

某些案例中，由于社区的需要可能会要求灰色区域仍然保持其之前的状态，进而限制了城市的创新机会。相反，在很多其他地方，社区就可以很好地通过创新和跳出思维限制来更好地利用灰色区域而实现振兴。在威斯康星州的格林菲尔德，一座沃尔玛之前的建筑可以被用作教堂；在科罗拉多州的雷克伍德，一座之前的购物中心建筑可以被混合利用，作为居住地、办公室和零售业店铺。改革区域划分法案可以使得居民区和商业区共存，并且也可以为学生居住提供方便。紧凑的发展工作也可以充分发挥灰色区域的潜力。"鲜明的区域和周边、边缘地带、节点、地标建筑、甬道和街区之间的狭窄街道，在城市和郊区都可以鼓励人们步行。"(Daniels and Daniels,2003,376)。最后，把之前经济发展的驱动因素、灵活的区域法案和各项利好因素有机结合到一起，可使灰色区域发展为更好社区，实现成功转型。

棕色区域与发展

相比灰色区域和绿色区域，许多棕色区域难以发展，究其原因是环境污染和债务问题。之前通过的 CERCLA 法案(1980 年确立的全面环境影响、补偿和责任法案)，规定了非常明确和严厉的污染问责制(Opp and Hollis,2005)。但是，近年来联邦政府和州政府正在考虑放宽关于棕色区域发展的债务机制和经济问题限制。全美 50 个州和联邦政府都在共同酝酿一个处理债务、资金和资源的项目，来鼓励棕色区域的发展(Opp,2009)。

同灰色区域一样，棕色区域的问题也可以被视为当地管理者的机会和优势。在实行再发展之前，棕色区域只能给当地带来问题。有一个共性的问题是棕色区域会对本地区自身形象带来负面影响，也会导致外界的负面评价。在理想条件下，一个负责任的政党首先应该治理污染，使其达到可再度开发的标准。

不可否认，在通常情况下，棕色区域是政府财政和税收的负担。为了更好地投资棕色区域，地方管理者必须对于涉及环境污染的债务和经济问题有很好的理解和认识。之前导致该地区裹足不前的债务问题对于许多开发商而言仍是一个非常严重的问题，地方管理者必须具备充分的法律和环境知识，来应对棕色区域可能出现的问题。正如之前所说，全美 50 个州都在酝酿的棕色区域项目几乎都考虑到了减免开发商在棕色区域可能发生的无辜债务。本书第 11 章将会对这一问题进行详细阐述。另外,联邦和州政府已经实现了为棕色区域提供资金进行评估和治理的常态化。正视已经存在的污染而且正确使用资源,会对发展产生积极影响。

地方管理者可以积极参与到棕色区域发展的具体活动中,例如创立一个互联网信息平台来清算房屋、借力使力发展、租税增额融资(第9章讨论内容)、内部区域集成和土地整合等。最简单便宜的方式就是为开发商提供关于棕色区域的信息,印发包含信息的小册子,并在小册子中着重强调棕色区域可能得到的好处,可以刺激棕色区域的长期修护和再发展。采取长效机制提供互联网信息,不仅可以强化州内棕色区域的财政和债务款项,也可以为开发商提供可能的刺激因素,进而打消他们投资的顾虑。

借力使力发展也是实现棕色区域修复和再发展的方法。简单而言,借力使力发展就是借用本地区新的发展机会,实现老旧社区(棕色区域)的修复和振兴。例如,如果一个地方打算利用联邦和州政府的资助来完成一个大型运输改进项目,借力使力也可以应用于其中。这种借力使力的思维在全美取得了成功。比如,在马萨诸塞州的劳伦斯,利用该方法成功完成了棕色区域的修复(Opp and Osgood,2011)。如果一个城市愿意且能够帮助棕色区域实施污染治理和环境修复,那么这些棕色区域对于潜在的投资者将会更有吸引力。

分区激励、税收刺激和其他方式都可以对地区的振兴起到帮助作用(Oppand Osgood,2011)。这些刺激因素必须建立在鼓励合适的发展和保护城市振兴的基础上。另外一个会严重影响城市振兴而又容易被忽略的问题就是犯罪。对于城市振兴而言,确保犯罪率的下降是比实现棕色区域振兴更为棘手的问题(Porter,1997)。地方管理者对于这一问题的处理应该站在更广的角度,而不是受限于某一区域。

棕色区域发展的另外一个策略就是土地整合和区域集成(Porter,1997;Opp and Osgood,2011)。土地整合就是将区域内分散的土地整合起来,减少修复过程和实现振兴计划的费用。这对于依靠资助的开发商而言尤为重要。最后,城市可能会受到自身特点的影响而形成集成状态,比如区域性的商业中心对于恢复市场的活力是很有好处的。

预期发展

区别于振兴发展计划,预期发展主要是针对绿色区域而言的。这些计划可以直接帮助城市进行填充式发展而抑制城市的扩张。尽管振兴或者修复对于改善环境和提供居民生活质量会有十分重要的影响,但是预期发展也可以从环境的角度出发。当预期发展参与到城市发展中时,混合利用发展、经济适用房、城市边界增长和低冲击发展就都是可以在环境和经济中找到平衡的重要发展方式。

混合利用发展

混合利用发展可以定义为发展的目的和收入的混合(Talen,2009)。传统而言，由于城市和特大城市的向外延伸，新的发展在设计上总是单一目的且相互分离的。通过鼓励和利用混合发展模式，一个城市的发展将从依附型发展模式走上可持续发展道路。

单一发展目标的两个主要问题是：收入的隔离和对汽车的依赖。当一个城市的发展被刻意按照种类分割开来，城市居民不得不被迫依靠汽车到达单位、购物中心和公共区域。而且，当城市的发展以收入划分，不同教育质量的学校就会出现，对于特定人群的工作机会就会受限，一些习惯做法就可能出现(Talen,2009)。相反，混合利用的发展方式通过将居民区、商业区、开放空间和部分工业区进行集成，使得居民不过分依赖汽车。这种模式下，同一区域可以居住不同收入的人群。通过这种发展方式，可以实现不同收入来源的不同阶层的整体发展。

经济适用房

正如上述内容所讨论的，中产阶级化是振兴计划可能导致的问题。但是收入和居民区的分离可能会造成新的发展阶段中更严重的贫富差距。"按照惯例，低收入人群更有可能居住在危险地区缺少维修的房子中"(Daniels and Daniels,2003,377)。一个发展中的城市为了避免这样的问题，可以鼓励或者推行部分或全部提供经济适用房的方式作为其发展战略的一部分。例如马里兰州的蒙哥马利县，城市规定超过50户的新建住房必须将其中的15%划分为经济适用房(Daniels and Daniels,2003)。致力于寻求贫富平衡的城市采取积极行动会在很大程度上减少对于城市发展的制约：教育质量会更加均衡，犯罪会减少，服务交付也不会变得那么扰民。

增长的边界

规划出一个增长的边界可能是限制绿色区域发展的一种激进方式。增长的边界就是在城市和县之间预留出一块土地，作为绿色空间，而且不允许这一区域的任何开放(Daniels and Daniels,2003)。这些增长的边界有力地保证了城市在中心区域的发展，抑制了城市向外扩张。这些边界可以限制扩张，减少基础设施花费和环境改造。但是这些边界存在争议，会导致房价猛涨，审批手续复杂。有些学者认为，增长的边界事实上导致了城市再次扩张，因为某种意义上，它也在鼓励市中心之外某些区域的发展。

低冲击发展

低冲击发展是一个相对较新的现象，它利用技术来保护环境，降低基础设施花费(NAHB Research Center,2003)。低冲击发展技术形式多样，主要包括结构性和非结构性两种方法。低冲击发展的开发商主要进行以下工作：保护开发空间和自然环境的脆弱地带，确认并连接环保基础设施，综合进行环境设计，合理实施雨水收集和管理(NAHB Research Center，2003)。低冲击技术在雨水管理上已经显现出成功。

城市发展绿色区域的一个主要挑战就是如何高瞻远瞩地预见那些未来环境中难以预测的因素，尤其是不透水的表面。利用低冲击发展技术处理暴雨雨水可以保护航道运河、栖息地和地下水(DeLaria，2008)。低冲击技术的应用在新的居民区通常比较成功(NAHB Research Center，2003)。作为城市发展的进步，一个城市应该鼓励开发商使用低冲击技术进行雨水管理。传统系统依靠收集系统，增加不透水的表面积来避免洪水等问题；而低冲击技术在造价、美观提升和环境保护上都更胜一筹。

低冲击发展技术因地域和发展种类的不同而不同。但是低冲击发展技术的核心就是系统的环保和前瞻性设计，尤其对于一个新的区域。低冲击打造技术旨在更好地保护自然资源，减少对土地的影响。

案例：北卡罗莱纳州新汉诺威尔县

可持续发展型经济往往是以振兴和再发展为发端的。但是，正如之前所说，可持续性经济也可以通过预期发展和新发展来实现。本章之前的部分提供了地方管理者和相关事例的深入分析，下面以美国北卡罗莱纳州威尔明顿的低冲击发展事例进行佐证。

可持续性和建筑环境：低冲击开发

美国北卡罗莱纳州拥有超过300英里(482.7km)的海岸线，其所辖的20个滨海县的总人口超过80万人。北卡罗莱纳州海岸不仅是热门的居住地点，也是一个旅游胜地，每年可以创造约20亿美元的旅游业经济收益。因此，符合标准的水质、蓬勃发展的渔业和贝类养殖业以及向游泳者开放的海滩，是维持本州沿海地区生活质量和实现经济持续增长的重要因素。北卡罗莱纳州人口最稠密的沿海地区位于该州东南部。威尔明顿是这个迅速城市化区域的都市中心，它位于新汉诺威县，毗邻不伦瑞克县南部。两个县都经历了20世纪90年代和21世纪初前所未有的经济增长。但伴随这种增长而来的是当地某些地区本就脆弱的生态环境的持续恶化，特别是地表水质量与大量污染的雨水径流。

雨水管理技术

雨水管理技术已经证明，增加不透水面积的传统做法，降低了土地的渗水能力,结果使径流和峰值排放量持续增加,大量污染物、细菌、营养成分、金属在雨水的裹挟下进入受纳水体。具有讽刺意味的是,人们兴建的高效排水系统导致问题更加复杂。这些城市排水系统将雨水和污水集中转运出去,导致局部地区的污染物累积,往往会诱发这些地区的洪水、侵蚀和水质恶化。

低冲击开发(LID)技术是通过分散的、小规模的源头控制机制和设计技术,来达到对暴雨所产生的径流和污染的控制,从而使开发区域尽量接近于开发前的自然水文循环状态。这是一种以生态系统为基础,从径流源头开始的暴雨管理方法。LID的重点是恢复和优化土地、捕获污染物,并通过景观过滤、吸收水分。

新汉诺威县和布伦瑞克县的 LID 推广

在新汉诺威县和布伦瑞克县推广 LID 是为了解决雨水污染。对于北卡罗莱纳州监管部门来说,LID 的雨水管理理念是超前的。两县应用 LID 技术主要借助于美国国家海洋和大气管理局(NOAA)拨款资助的一个项目,该项目的参与者包括多个公共和私人合作伙伴,以及布伦瑞克县、新汉诺威县、威尔明顿市,项目名称定为"北卡罗莱纳州海岸非点源污染水质项目",该项目涉及的内容包括:

① 检查现存的法规和条例,以确定它们是否阻碍推行 LID 技术。

② 全面审查 LID 技术原则,评估该技术是否适用于沿海地区。

③ 结合当地情况和国家法规要求,制定 LID 技术应用规范。

④ 准备 LID 手册,以使开发人员能够使用 LID。

⑤ 分发教育和宣传材料。

⑥ 开发电子表格 LID 建模工具,以帮助工程师、规划师和开发人员设计和实施 LID 项目。

拉里·科夫曼是国家 LID 顾问,为该项目提供了最初的技术支持。他支持在威尔明顿市和布伦瑞克县实施司法审查。本次审查发现,两地的司法条例并不限制 LID 项目推广,最大的障碍可能来自北卡罗莱纳州制定的州内《公共道路运输要求》,以及当地消防部门对道路宽度规定的技术标准。这些问题将根据具体情况逐案处理,并由委员会裁决。

司法审查完成后,当地成立了技术咨询委员会(TAC),成员包括当地住宅建筑商协会、房地产经纪人、工程师、承包商、环保组织、非营利组织和教育机构的代表,以及项目所在地的司法工作人员。在科夫曼建议下,咨询委员会首先解决了如何将 LID 项目纳入政府程序的问题。达成的共识是,LID 项目不能由政府强制推行,必须采取自愿的方法。会议讨论发现,LID 项目执行还存在一系列问题,比如社区内推行 LID 技术,缺乏工程、建筑和设计、施工及内部维护知识;对审批过程中可能出现的其他障碍不确定;不清楚实施 LID 技术的时间和成本等。会议决定,LID 技术应用只能作为一种自愿选择,而任务完成期限不受限制。

在咨询委员会的支持和援助下,科夫曼起草了指导手册的最初部分,乡村和城市规划人员完成了其余部分。在未来一年半的时间内,咨询委员会继续提供手册草稿的指导意见和建议。重要的是,在文档形成的早期,咨询委员会就意识到保护或改善水质不能成为地区新发展的标志,甚至不能形成新的开发区,因为威尔明顿和新汉诺威县的大部分区域已经被开发了。如果水质得到改善,现有雨水污染源的影响将予以解决。为了解决现存问题,手册中有一章专门讨论了利用 LID 技术对现状进行改造。案例研究来自于现有的城市化社区,还有许多案例来自于威尔明顿。在那里,生物与农业工程人员已经实施了某些 LID 改造试点项目。该手册一旦定稿并经过咨询委员会许可,就会进入当地司法管辖区的政治审核环节。在该手册通过政治审核的同时,该地区一项鼓励使用 LID 技术的决议也被提出。每个地方政府都签署了这份决议,从而明确 LID 技术成为新汉诺威县、威尔明顿市和布伦瑞克县雨水治理的首选方法。

在 LID 手册定稿的同时,咨询委员会还完成了一个后来被称为 LID-EZ 的电子表格建模工具。电子表格的功能是协助将 LID 技术整合到区域内的项目。建模工具利用计算机信息技术,实施量化设计,将 LID 水文设计对当地生态的影响降至最低。

整个过程中一个关键组成部分是 LID 知识培训。培训必须在工作人员身上实现,必须对咨询委员会成员进行培训,当地的政治家必须接受 LID 培训,地区承包商、工程师和土地规划者也要接受培训。为了使当地承包商、工程师和土地规划者受到教育,举行了一系列研讨会。其结果是,所有准备实施 LID 技术的辖区一致投票支持这一项目。

LID 技术经济性

当 LID 技术首次被介绍给指导委员会和地区监管机构时,人们最担心的问题之一就是技术实施成本。毕竟,在人们的意识里,许多标榜为绿色或可持续的技术都比较昂贵。于是环保局开始审查 LID 的技术经济性,最终发现了一个被称为"里奇菲尔德"的前期项目。这是一个位于新汉诺威县的项目,是一个以前批准的对于 56 个单户地段实施雨水细分的设计项目,但未曾开工。该项目设计曾荣获"里奇菲尔德"设计奖。在这一项目的早期设计中,利用传统雨水管理技术实现最大量快速转运雨水。该传统设计包括兴建大量的雨水基础设施,必将增加很大一笔开支。项目开发商偶然从一篇报纸的文章中读到了 LID 技术的相关报道,对 LID 技术产生了好奇,并自愿接受了 LID 技术培训。而且,他利用 LID 技术原理,对局部区域重新进行了细分设计。他最感兴趣的是 LID"水现场浸润技术",这一技术与传统的长输转运技术正好相反。他决定聘请熟悉 LID 技术的工程师,利用 LID 技术重新进行设计。新的设计结果是:雨水管道减少 89%;道路宽度减少 9%;修建 9000ft (2743.2m) 长的边沟;削减 3 个渗透池;消除了 3 个雨水泵,将雨水强制泵入池塘;减少了原设计中绝大部分填充材料。另外,新设计方案使可用于开放空间的土地增加 53%,将限制开发的干扰减少 18%,新增了四个地段的可用土地。

开发商通过这种结合了 LID 技术、省去了数额特别巨大的雨水基础设施的新设计,节省了 100 多万美元的费用,还不包括额外获得的四个地段的可用土地,将来这些地段开发也会增加开发商的最终利润。新设计方案还可能增加房屋的潜在价值,对那些购房者来说,新设计增加了更多树木,开放了更多空间,居住环境更为"绿色",都会激发他们迁居于此的兴趣。

结论

新汉诺威县、布伦瑞克县以及威尔明顿市都从 LID 技术实践中得到了好处。因此,以上地区的 LID 项目十分踊跃,从事 LID 技术设计和工程建设的人数也显著增长。这种趋势与当地政府提供给开发者的承诺无关,最大的因素可以归因于:

① 当地水质严重恶化的现实,和提高水资源质量的强烈社会欲望。
② 实施 LID 项目前的普遍培训,有助于减少人们对 LID 技术的忧虑。
③ LID 项目不仅修复了生态系统、改善了环境,而且可产生良好的经济效益。

这些因素都有助于创造一个良好氛围,促使人们自愿将包括 LID 技术在内的尖端、绿色技术纳入地方发展轨道,并不需要其他激励政策。

参考文献

5280 The Denver Magazine. 1996. (March) LoDo Lofts, http://www.5280.com/magazine/1996/03/lodo-lofts

Adams, J. 1970. The residential structure of midwestern cities. Annals of the Association of American Geographers 60:37-62.

Blackburn, E. 2011. Homeless panel asks impact of development. Lubbock Avalanche Journal, March 10.

Chilton, K. 2004. Greyfields:The new horizon for infill and higher density regeneration. Center for Environmental Policy and Management, Southeast Regional Environmental Finance Center, http://louisville.edu/cepm/publications/practice-guides-1/PG6%20-%20Greyfields.pdf/at_download/file

City of Miramar. 2012. Revitalization, http://www.ci.miramar.fl.us/econ/revitalization.html

Daniels, T., and K. Daniels. 2003. The environmental planning handbook for sustainable communities and regions. Chicago:American Planning Association.

DeLaria, M. 2008. Low impact development as a stormwater management technique. The Rocky Mountain Land

Use Institute, http://www.law.du.edu/images/uploads/rmlui/rmlui-sustainable-RMLUILowImpactDevelopment.pdf

Denver History Tours. 2008. Larimer Square, http://denverhistorytours.blogspot.com/2008/07/larimer-square.html

EPA. 2007. Reducing stormwater costs through low impact development (LID) strategies and practices, http://water.epa.gov/polwaste/green/upload/2008_01_02_NPS_lid_costs07uments_reducingstormwatercosts-2.pdf

Ferrier, P. 2012. Foothills Mall in Fort Collins sold to Alberta Development. Fort Collins Coloradoan, July 3.

Handy, S., M. Boarnet, R. Weing, and R. Kinngsworth. 2002. How the built environment affects physical activity: Views from urban planning. American Journal of Preventative Medicine 23(2):64-67.

Hunt, H. 2009. Overton's overhaul. Teirra Grande, http://recenter.tamu.edu/pdf/1918.pdf

Kennedy, M., and P. Leonard. 2001. Dealing with neighborhood change: A primer on gentrification and policy choices. Brookings Institute, http://www.brookings.edu/~/media/research/files/reports/2001/4/metropolitan-policy/gentrification

Morris. E. 2007. From horse power to horsepower, http://www.uctc.net/access/30/Access%2030%20-%2002%20-%20Horse%20Power.pdf

NAHB Research Center. 2003. The practice of low impact development. U.S. Department of Housing and Urban Development, http://www.huduser.org/Publications/PDF/practLowImpctDevel.pdf

Opp, S. 2009. Experiences of the states in brownfield redevelopment. Environmental Practice 11(4):270-284.

Opp, S., and S. Hollis. 2005. Contaminated properties: History, regulations, and resources for community members. Center for Environmental Policy and Management, Southeast Regional Environmental Finance, http://louisville.edu/cepm/publications/practice-guides-1/PG9%20-%20Contaminated%20Properties.pdf/at_download/file

Opp, S., and J. Osgood. 2011. Sustainable economic development: Navigating the pitfalls and reaping rewards. ICMA InFocus 42(6).

Porter, M. 1997. New strategies for inner-city economic development. Economic Development Quarterly 11:1.

Renew Denver. 2008. Denver urban renewal authority: 50 years of revitalizing Denver, http://www.renewdenver.org/assets/files/50thAnniversaryReport.pdf

Stewart, J. 2012. Church could find sanctuary in former Wal-Mart, http://www.greenfieldnow.com/news/147791855.html#! page=1&pageSize=10&sort=newestfirst

Talen, E. 2009. Urban design reclaimed: Tools, techniques, and strategies for lanners. Chicago: American Planning Association.

Tatti, K. 2010. Midtown study starts with Foothills Malls question. Northern Colorado Business Report, February 12.

U.S. Census Bureau. 2010. 2010 Census.

U.S. Department of Transportation. 2011. Federal aid road act of 1916: Building the Foundation, http://www.fhwa.dot.gov/publications/publicroads/96summer/p96su2.cfm

Weingroff, R. n.d. June 29, 1956: A day in history, http://www.fhwa.dot.gov/interstate/thisday.htm

Wheeler, S. 2002. Infill development. In eds. S. Wheeler and T. Beatley, The sustainable urban development reader. San Francisco: Routledge.

第3章 能源、环境与经济

在美国人的生活方式中,能源起着至关重要的作用。另外,能源也影响着一个城市的商业吸引力。在美国,由于能源的重要性,它往往会成为一个引发极端感情和观点的话题(Browning,2009)。在美好的20世纪,美国人享受了丰富而廉价的能源。但"化石燃料时代"正在接近尾声(McNerney and Cheek,2012)。曾经风靡全球的"石油峰值理论"认为,在全球范围内,我们已经触及了石油产量的峰值,随着石油产量的下降,我们即将面对毁灭性的经济灾难(Smil,2010)。关于石油峰值预测的准确性,虽然存在一些争论,但可以确定的是,成本的增加、供应量的降低、石油对生态环境的冲击,都促使公民和政府开始探索化石能源的替代问题(Daniels and Daniels,2003)。美国的政治和经济都支持探索替代能源;成本、环境冲击和安全问题三者之间的复杂联系,使可再生能源吸引着各个阶层的美国人。

对于一些美国人来说,驾驶私人汽车到办公地点所产生的费用,已经高到足以成为一项经济问题。事实上,根据得克萨斯大学提供的2012年3月全国民意调查显示,81%的人认为汽油价格"太高"了。在这份调查中,59%的人认为未来六个月里汽油价格将大幅提高;76%的家庭认为,未来一年有关能源的消费支出也会增加(University of Texas at Austin,2012)。当美国人将更多的可支配收入支付给汽油时,其他领域的支付能力理所当然将会减弱。这将对更广泛的社区的经济状况产生真正的影响。

除了能源价格上涨导致成本支出加大外,更多的美国人还担心化石燃料引发的环境污染问题。随着美国人持续关注自然环境,对清洁能源的需求也会增加。在上述民意调查中发现,65%的受访者相信全球气候变化正在发生,而导致气候变化的最主要原因是燃烧化石燃料(University of Texas at Austin,2012)。

许多决策者、公共部门、非盈利组织管理人员、公民和学者认为,能源效率更高的可再生能源可以化解化石燃料造成的不良影响(Shuford,Rynne,and Mueller,2010)。但是,当被问及环境保护和经济增长孰轻孰重时,41.9%的美国人认为经济增长优先于环境保护,只有30.3%的美国人认为环境保护比经济增长更重要(University of Texas at Austin,2012)。鉴于上述观点的分歧和能源对于美国人的重要性,本章将重点关注能源和环境的相互影响,提供美国当地政府的观点和选项。为此,本章首先概述美国当前的能源使用状态,然后是清洁能源的探索,最后结合波特兰、俄勒冈州的实例进行总结。

美国现阶段能源局面

美国现阶段的能源主要有五大类:煤、石油、天然气、核能和可再生能源(Daniels and Daniels,2003;Energy Information Administration,2012b)。2011 年,美国能源消耗量大约是 9.75×10^{12} BTUs (EIA,2012b)。为了便于对比,10×10^8 BTUs 相当于 4500×10^4t 煤,或 100×10^{10}ft³ 天然气(1ft=0.3048m),又或 1.7×10^8 桶原油(Wilcoxen,2009)。总能源消耗量的 39.6% 消耗在电能上,26.9% 消耗在交通上(EIA,2012b)。简单来讲,美国的能源可以分为两类:可再生能源和不可再生能源。根据美国能源信息管理局提供的数据(2012a),2011 年,美国的可再生能源只占总能源份额的 9%(图 3.1)。

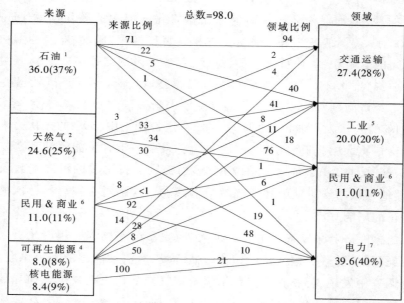

1 不包含已经掺入石油的生物燃料。

2 不包括补充气体燃料。

3 包含少于 0.1×10^{12}Btu 的煤焦网出口量。

4 传统水电,地热,太阳能/光伏,风能以及生物质能。

5 包含工业热电联产(CHP)和单独工业用电。

6 包含商业热电联供(CHP)和商业单独用电。

7 单独供电和热电联供的工厂主营业务是售电或者将电热联供给用户端。电网引进的 0.1×10^{12}Btu 热能没有包含在内。

注释:表中所列能源数量以未经转换的一次能源为主(例如,煤是用来发电的)。

来源:美国能源信息部,年度能评 2010。

图 3.1 2010 年度主要能耗

不可再生能源

美国使用的不可再生能源主要有石油、天然气、煤炭和核能(Daniels and Daniels,2003)。在下文中,我们将展现每个不可再生能源独有的问题,从而更好地理解能源问题的复杂性和解决这些问题的困难性。

石油

在美国,石油是消耗量最大的能源,约占能源消耗总量的36%(EIA,2012b)。石油存在的问题也是最复杂的,这些问题始终贯穿经济、政治和环境等多方面。石油还牵涉到美国的对外能源政策,因为某些国家严重依赖美国的石油供应。

2011年,美国进口的石油占当年全美石油消费总量的45%(EIA,2012a)。虽然美国的石油进口比例逐年下降,但是美国仍然拥有大量可以直接控制的外部能源。2011年,据估计有将近60%的贸易逆差可以归因于石油进口(Consumer Energy Alliance,2012)。石油价格和供应的波动,可以带给美国人更深远的影响。根据美国人口普查局(2009)提供的信息,大约有80%的16岁美国人单独开车上班。此外,大约有94%的交通工具使用石油作为燃料(EIA,2010)。这就很容易理解为什么美国人对石油市场的风吹草动特别关心。Moody's投资服务公司的经济学家Marl Zandi指出,天然气价格"可以直接威胁消费者的信心,并对更广泛的经济产生影响"(Reagan,2012)。家庭可支配收入中能源费用支出比例的增加,导致人们不得不消减其他费用支出,从而可能严重影响经济的其他部分。

对石油的严重依赖将给国家安全带来风险。美国在制定外交政策时,很少受到国外石油供给的影响和限制。石油出口国通过向其他国家销售石油而赚取利润,并且能够左右能源政策、干预能源价格,而这些做法通常是不符合美国利益的。另外,能源依赖型国家(如中国),不得不牺牲更大的全球安全,来寻求持续而稳定的石油供应(Victor,2006)。

石油生产除了会伴生经济和政治问题外,在石油的勘探和消费阶段,也会对环境造成负面影响。无论是国内还是国外,各种石油开采活动都可能导致环境危害。例如,陆地或水上钻探开采石油对环境造成的伤害包括:"森林砍伐,生态系统破坏、化学物污染土地和水、长期危害动物(特别是迁徙的鸟类和海洋哺乳动物)、危及附近社区和钻井工人的健康,甚至还会取代当地社区的原住民"(O'Rourke and Connolly,2003,594)。除此之外,勘探和开采石油过程中产生的固废物,必须妥善处理,避免对环境造成进一步危害。最后一点,美国运输行业大量使用石油燃料,产生大量的温室气体排放(稍后讨论)。鉴于化石燃料与气候变化之间的联系,气候变化与能源将在本章重点讨论。

天然气

与石油基能源不同,天然气能源被视为更有利于美国。天然气的一个优点是比石油或煤炭更清洁(Daniels and Daniels,2003)。另外,天然气储量丰富,可以生产各种燃料,因此被称为清洁能源。虽然天然气燃料确实比其他化石燃料产生更少的二氧化碳排放量,但是它仍然存在着必须提及的环境问题。其中两个最大的问题是甲烷排放和开采方法(特别是液压压裂或水力压裂法)对环境的不利影响。

甲烷

甲烷是一种温室气体,其捕捉热量的能力是二氧化碳的 20 倍(EPA,2011)。众所周知,甲烷正在从天然气气站里排放,目前还不清楚排放量到底有多少。在一项由美国国家海洋和大气管理局(NOAA)的研究中发现,一个科罗拉多州丹佛北部的天然气生产商,正在泄漏大约 4% 的气体,这些泄漏的气体进入了大气(Tollefson,2012)。这一数字是人们预期的 2 倍以上。考虑甲烷捕捉热量的级别,与化石燃料产生的二氧化碳相比,天然气泄漏将对气候变化产生更大的影响。展望未来,如果美国人仍将天然气作为可行的环境友好的石油替代品,那么不可避免的需要一些政策来监管甲烷的排放。

水力压裂

对于天然气开采工艺,水力压裂或液压压裂可能会产生更加明显的环境问题。水力压裂技术是"钻探技术,使用水和化学品的混合物,从深层页岩和煤层中驱逐天然气"(Davis,2012,177)。随着天然气需求的持续增加,能源公司正在寻找开采更多资源的方法,其中水力压裂法用得最多,争议也最多。在水力压裂的政治博弈中,经济与环境的辩论仍在进行。输入一个简单的网络搜索词"水力压裂"和"就业",将会出现数以万计的网站讨论水力压裂技术的优点,其中包括潜在的高薪工作。举例来讲,在宾夕法尼亚州,与水力压裂相关的工作年薪平均约 62000 美元,比平均工资高了近 20000 美元(Pennsylvania Fracking,2012)。

虽然天然气开发有利于当地的社区经济,但是水力压裂带来的周围环境危害问题尚未解答。事实上,这些问题迫使一些州和城市暂停了水力压裂技术的使用(Davis,2012)。水力压裂技术带来的主要环境问题是有毒化学物质、爆炸、废水、化学泄漏、噪音污染和地震(Enviromental Working Group,2012;Rascoe,2012)。此外,水力压裂技术导致住户发出"NIMBY-ism"(不要在我家后院)的抗议。很多社区的居民不满水力压裂技术在自家附近或者干脆在住家地下开采天然气(Adair,2012)。随着对天然气依赖程度的加深,需要对水力压裂技术进一步进行评估研究,克服存在的问题,才有可能取得社区居民的认可,并接受天然气开发带来的经济增长和新职位。

燃煤

　　和天然气一样,煤炭资源通常被认为可以解决诸如能源自主和成本等问题。事实上,美国拥有世界上最大的煤炭储量,估计高达 $4×10^{12}$ t(Daniels and Daniels,2003;National Research Council,2007)。大量的煤炭资源提供了经济增长的机会。但是,煤炭资源自身也存在一定的问题,这些问题涉及煤炭运输、城市配送和环境恶化。

　　尽管美国拥有丰富的煤炭资源,但是煤炭开采是困难、昂贵和危险的过程。煤炭开采主要有两种方法:地下和地表(National Research Council,2007)。尽管煤炭开采由经济和技术因素决定,但是大约 60% 的煤炭是从地下开采得到的(National Research Council,2007;World Coal Institute,2009)。煤炭开采对环境的冲击主要包括周围地区的噪音污染,从尘埃到颗粒的空气污染,酸性废水污染地表水和地下水(Daniels and Daniels,2003)。煤矿开采除了带来环境危害,这个职业本身也是一个非常危险的行当(National Research Council,2007)。一名矿工在一年的煤炭开采中没有遇险, 是非常罕见的。例如 2010 年, 美国有 48 名矿工死于煤炭开采(Huber,2010)。除了煤炭开采过程中发生的意外死亡外,许多矿工都患有黑肺病。在一些地区,煤炭开采是最大的、或许也是唯一可以为当地人提供就业机会的营生,当地人为了生计不得不从事这样危险的职业。由于煤炭开采的自身特点以及煤炭资源所处的位置,许多社区不会将经济发展的希望寄托在煤炭开采上。

　　煤炭运输和最终燃烧环节也存在一些负面的外部效应。首先,煤炭从煤矿到燃煤发电厂的运输是繁琐而昂贵的过程。大约有 64% 的煤炭运输由铁路完成(EIA,2007)。近年来, 铁路运输的成本稳步提高, 但是可靠性逐渐降低(National Research Council,2007)。同时,从环保的角度来看,煤炭燃烧会排放有害的二氧化氮、二氧化硫和二氧化碳(Daniels and Daniels,2003)。二氧化氮和二氧化硫会引起烟雾和酸雨(South Carolina Department of Health and Environmental Control,2011),而二氧化碳是主要的温室气体,可引发全球气候变化。

　　近年来, 围绕洁净煤技术和煤气化技术引发了很多讨论。事实上,1980 年联邦政府主导了一个名为"洁净煤技术"的项目(U.S.Department of Energy,2011a)。该项目在降低煤炭使用带来的环境危害方面取得了一些成功(Management Information Services,2009)。但是,成功开发的洁净煤技术并没有得到大家的认可。很多科学家相信,任何一种方法都不可能实现真正意义上的煤炭清洁(Andrews,2009)。有科学家认为,煤炭引起的排放问题将会通过碳捕集和封存技术来解决,但该项技术仍处在初期阶段,大规模应用这项技术的时间尚未可知(U.S. Department of

Energy, 2010)。

与其他能源相比,煤炭的应用前景暂不明朗。唯一肯定的是煤炭不是一种清洁能源。另外,在煤炭使用和生产中存在很多外部特性。但是,煤炭确实也存在一些积极方面,如增加就业机会、提高经济收入等。对愿意接受的人来讲,煤矿带来了就业机会,风险高收入也高。根据网站 payscale.com(2012)信息显示,一个煤矿工人的平均年薪是 50868 美元。但是切记的是,作为能源,即使煤炭带来了一些利好,它毕竟是一种不可再生能源,不可能成为国家能源需求的主力军。另外,煤炭开采带来一系列环境伤害,即使煤矿关闭几十年后,其地表"疤痕"仍然存在,从而引发很多问题。

核能

在日本福岛核电站发生毁灭性地震海啸和随之发生核灾难以前,核电站被美国视为一个潜在可行的提供清洁能源的选项。但是,不可再生的核能能源也存在着很多问题,当下公众对核能的理解存在分歧,因此核能尚不能成为解决美国能源问题的重要选项。核能存在的主要问题包括政治问题、安全问题、燃料棒产生的废物污染环境问题等。

根据美国能源信息管理局(EIA,2012c)提供的信息,美国目前拥有 104 座核反应堆和 65 座核电站,这些核电站分布在 31 个州。一个积极的方面是,核能不会生产碳排放。虽然在核燃料准备反应过程中确实存在一定程度的排放,但与其他能源相比,它的排放量很低(EIA,2012c)。

几个逻辑问题仍然困扰着美国的核能利用。第一,核电站的建设成本数以百万计,有时达到了数十亿美元(Daniels and Daniels,2003)。第二,控制核电站是极其困难和费时的。事实上,几十年间美国已经审批通过了某些新申请的核电站。第三,核能产生的核废弃物存在着严重的存储、安全、环境和健康风险。铍的废物(大约释放核能 1/3 的能量)几千年后仍会保持活性,需要极为安全的储存方法才能确保不会造成健康和环境风险(Daniels and Daniels,2003)。尤卡山(内华达州)被资助建造存储危险核废物的场所,但是围绕它一直存在争议,可能永远也不会使用这一场所。最后,讨论核能中出现的"不要在我家后院"(NIMBY)现象。即使很多人支持核能利用,但是这些人的大多数仍不愿意在自己的社区存放核设施或核废物。

核能的一个重要方面,常常被忽略的,是它的不可再生性。核设施需要的铀-235 的特性,决定了其只能储存在地壳或海洋底下。这种类型的铀是非常罕见的,在开采过程中也会导致与煤矿类似的环境危害(World Uranium Association,

2012)。与煤炭和天然气相比,核能的前景不那么乐观,更不易被人接受。

全球气候变化

对某些人来讲气候变化存在争议,但是当考虑能源时又必须被提到。气候变化可以被定义为"......改变气候、可以识别(例如使用统计测试)的变化和/或其属性的可变性,依然存在较长一段时间,通常是几十年或更长时间......"(Shuford, Rynne,and Mueller,2010,21)。正如前面所提到的,大多数美国人相信气候变化正在发生,森林砍伐和使用的化石燃料是罪魁祸首(University of Texas,2012)。

如果关于气候变化的科学预测是准确的,那么美国就面临着一个非常不确定和困难的未来。最坏的场景是,预计美国平均温度超过90℉(32.2℃)的平均天数明显增加,海洋温度、水平面、极端风暴和显著的降水/干旱也会显著增加(Shuford, Rynne,and Mueller,2010)。气候变化即使没有预测的那么严重,这些后果也将深深影响美国的决策者和管理者。

可再生能源:清洁能源

目前,美国不到10%的能量来自于所谓的清洁和可再生能源。然而,随着能源价格和环境问题持续发酵,许多人都希望扩大可再生清洁能源的使用。与上述提到的石油、天然气、煤炭、核能不同的是,可再生能源具有持续再生的能力(EIA, 2012d),尽管技术上仍存在缺陷。目前,美国主要的可再生能源包括生物质能/生物燃料、水能、地热、风能和太阳能。

生物质能/生物燃料

生物质能通常用于描述一些生存体产生的能源(Renewable Energy Centre,n. d.)。在全世界范围内,能量从各种各样的生物体和诸如糖、玉米、柳树、藻类和垃圾填埋场的副产品中产生。生物燃料受到青睐通常是由于它们可以减少温室气体排放,同时自身具有可再生性(U.S.Department of Energy,2011b)。

多年来,作为替代燃料生物燃料得到了广泛发展,而亨利·福特(Henry Ford)是一个伟大的乙醇支持者(Smil,2010,98)。现在,在政治上生物质能和生物燃料仍然是一类受欢迎的替代能源。虽然联邦政府通过积极的能源政策和研究经费支持生物质能、生物燃料项目,但是某些科学家并不认为生物燃料可以作为美国能源问题的解决方案。具体来说,某种程度上食品价格将影响玉米作为燃料的供应(Mitchell,2008);同时,在生物质能种植转换为能量的过程中,也会产生温室气体排放,还要消耗大量的水(UNESCO,2009)。还有一些人指出,应该禁止这类能源的大量供应(Smil,2010)。

在生物燃料研究领域,大家普遍看好纤维素乙醇。对于一些研究人员来说,纤维素分解产生糖的过程提供了一个减少碳排放的好方法，并且可以得到近10×10⁸t未使用的剩余农作物(Smil，2010)。虽然关于此类能源的议论仍然存在分歧，但是必要的研究不可或缺，这是使之成为切实可行的替代能源的唯一途径。随着这一领域研究技术的不断发展，有望为当地提供新的经济发展机会。

水能/水电

在所有可再生能源中，目前占比最大的能源是水力发电。这种类型的能源通常有几个好处，包括最少的污染、相对较低的运营成本和可靠的技术(U.S. Geological Survey，2012)。但是，和其他能源一样，水力能源自身也存在缺点。有证据显示，水力发电大坝在发电过程中会排放大量的二氧化碳和甲烷(Graham-Rowe，2005)。研究人员也指出，水力发电大坝中断了动物种群的自由迁徙(EPA，2007)。尽管水电能源有着明显的优势，但是并不能最终完全替代当前的能源。

地热

地热能是来自地球内部的一种热量(EIA，2012e)。目前，美国拥有大约87MW的地热能源网络(Geothermal Energy Association，2012)。尽管这在美国可再生能源中所占的比例较少，但是在未来几年内地热能源将持续增长。与地热相关的信息和存在的问题在很大程度上是不透明的。但是，有研究者认为，与其他可再生能源相比，地热能是一个很好的选择，地热能最大的缺点是该技术需要的能量和潜在的地震风险，也存在开发成本较高等问题(Levitan，2011)。地热能还要走很长的一段路，才会成为美国能源问题解决方案的重要组成部分。

风能

风能是可再生能源中增长速度最快的一类能源。风能通过涡轮机使风流气转换成能量(Wind Energy Development Programmatic EIS，n.d.)。2011年，美国的36个州拥有大型涡轮机，这些涡轮机产生巨大的能量(EIA，2012d)。大体来讲，风能是一种可以取代其他能源的洁净能源。但是，这种能源也存在问题，比如噪音污染、鸟类死亡，以及NIMBY-ism现象(Wind Energy Development Programmatic EIS，n.d.)。风能拥有某些推动经济发展的可能性，这将在本章后面继续讨论。

太阳能

太阳能本质上是利用太阳辐射产生的一种能量(EIA，2012b)。近年来，美国政府制定政策鼓励开发并使用太阳能，将太阳能作为传统化石燃料的替代能源。然而，与其他能源一样，太阳能存在的主要问题是发电环节存在能源浪费。而且，太阳能发电过程中会生成两类最有毒性的毒废物：汞和铬(Underwood，2009)；还有一些人担忧太阳能使用设备价格昂贵，且寿命较短。

经济增长与能源的十字路口:使用清洁能源促进本国经济发展

阅读完上述美国能源概述,有两件事希望是很清晰的:能源是极其复杂的;不存在一个正确的能源解决方案。虽然每一种能源都有着自身的缺点,但是因为化石燃料导致的问题愈发严重,因此政府仍致力于鼓励清洁能源利用。近年来,美国政府通过了两项旨在保持清洁能源的大规模立法:《2005 年能源政策法案》和《2007 年能源独立与安全法案》,这两部法规为清洁能源的开发利用提供了重要的激励措施和法律保障。可再生燃料标准立法中的一个关键片段,将在后面的波特兰案例中讨论。此外,2009 年通过的《美国经济复苏和再投资法案》(ARRA)中包含了资金和贷款担保条款,用于鼓励清洁能源的增长。

即使我们尚未发现解决能源危机的良方,仍要继续努力,必须要找到可以接受的解决方案。在过去的十年里,清洁能源投资不断增加。"到 2008 年,在美国风险投资资本中,清洁能源技术企业已经拥有 33.5 亿美元的资金"(Opp and Osgood,2011,14)。针对清洁能源领域的刺激增长,已经为决策者提供了一些促进当地经济增长的契机。本章提到的清洁能源中,三个最有可能提供经济发展机会的是风能、生物质能和太阳能。与地热和水能不同的是,这三种能源可以在几乎所有的地方被利用或制造。一些更具有适应能力的技术将在以下部分突出讨论。

制造业

过去几十年里,美国的普通制造业已经急剧下降,而绿色技术生产领域在未来极具增长潜力。本章涉及的所有清洁能源的开发利用都需要制作业的参与。考虑到很多清洁能源技术起步较晚,再加上这些技术研发的相关费用,政府通常会在设备制造领域发挥核心作用。

灰色地带、棕色地带和绿色地带能源制造业

第 2 章提到的灰色地带、棕色地带可以发展清洁能源制造业。社区里的"去工业化"和由此导致的经济衰退,迫使人们下很大力气去寻找老旧空旷厂房的新用途。其中的一个可能,就是选择某些大型厂房用于清洁能源制造业。

在美国大规模"去工业化"浪潮的拍击下,曾经根植在很多社区的制造业逐渐凋零,废弃厂房随处可见。这些陈旧的工业建筑通常适宜清洁能源技术制造。这些建筑周围拥有比较完善的基础设施,这些基础设施可以作为一项积极的资产用于清洁能源制造公司。富有远见和创造性的本地决策者,可以利用当地的库存资源,提供整合营销方案;州和联邦政府也可以制定激励政策,吸引当地社区所需的工业类型。随着清洁能源的持续增长,城市可以作为参与者,促进这个行业的增长,城市自身也得到发展。

除了简单的评估和市场营销外，全面吸引清洁能源制造业还需要人力资源分析。换句话说，你的本地居民有什么类型的技能？你可以提供培训让本地居民做好就业准备吗？你和当地技术学院或大学联合制定培训计划吗？此外，还要动用某些资源：你怎么宣传未来的能源工业？网络、宣传册和专业网站都可以发挥作用。

在美国，清洁能源制造业的扩展时机已经成熟。例如，根据美国风能协会(AWEA)的统计，美国目前拥有超过470个专用风力涡轮机的生产设备和厂房，另有100个风能设备生产项目正在研发中(AWEA, 2012)。但大型风力涡轮机设备存在运输困难，且运费高昂，这是未来发展必须要重视的问题。

在全国范围内，有很多将陈旧废弃(可能被污染)厂房改造成清洁能源生产基地的成功案例。EPA提供的一个案例在爱德华州牛顿：老美泰工厂关闭的时候，留下了1800名待业工人，以及$190×10^4m^2$的工厂(EPA, 2009)。最终，在当地决策者的支持下，城市、县和私人物业公司组成了一个伙伴关系，开展了积极的推介活动，希望将本地区变成清洁能源制造业基地。在2008年，为风能涡轮机配产一部分钢铁和混凝土的公司进驻当地工厂。这家新工厂利用了原本陈旧的厂房，企业节省了大笔建设资金，并为当地创造了新的就业机会(EPA, 2009)。

激励政策

一个有争议的话题是，吸引任何行业(不只是清洁能源)进入社区本身就是激励政策。最常见的激励政策包括赠款、贷款、税收减免和销售税回扣(Koven and Lyons, 2010)。许多成功的社区都将金融激励作为政策的一部分吸引清洁能源的发展。在学术和科学文献上，使用激励政策未必都会产生积极的结果，最开始就应该小心翼翼。不幸的是，真正回答城市使用激励政策是否合适并不简单。在过去，诸如创造了多少就业岗位，公司能运行多久，当地人的就业需求，以及某些入驻企业是否受欢迎等问题，都会影响激励政策的实施。

一些有用的建议是将是否使用激励政策的权利交给当地决策者。具体来讲，实施任何一类激励政策，当地公共事业部门都应该积极介入，以确保可以收到预期收益(Koven and Lyons, 2010)。同时制定合同撤销门槛，特殊情况下可以收回补助的钱或利益。另外，一段时期内的分阶段激励政策，也可以保护当地公共部门的利益。

行动中的结论和概念：波特兰，俄勒冈州

清洁能源提供了未来最重要的经济增长机会。当地的决策者可以利用本章的内容，应对未来几年能源市场必然发生的变化。很多城市可以参与这个日益增长

的清洁能源行业,从而获得自身的经济收益。本章的第一部分为决策者提供了非常有价值的信息和建议,可以通过这些实际案例获得更多内容。本章的案例包括10个部分,可以收集到某些城市介入清洁能源行业并提振城市发展的经验。俄勒冈州的波特兰是一座闻名于可持续发展的城市。波特兰的案例表明,追求可持续发展的城市,能从清洁能源的发展中获益。

清洁能源和经济发展的案例分析

尽管美国的很多城市享受到了当地清洁能源产业和项目带来的经济发展,但俄勒冈州波特兰的案例,也许是城市财政利益和非石油电力、燃料投资最好的示范。波特兰位于俄勒冈州西北部,城市人口超过58.37万,在这133.43平方英里($345.58×10^6m^2$)的市区内,有超过6.54万家公司在经营(U.S.Census Bureau,2010)。波特兰闻名于玫瑰、桥梁和自行车,被称为"玫瑰之城",是全美第25大区域经济体,预期年度劳动力增长率达到了2.4%,是全国平均水平的6倍。为了抵消目前的失业率,并为不断增长的劳动力提供就业,波特兰实行了一个名为"可持续发展经济"的五年经济计划,通过引入清洁能源企业,希望在2009~2014年创造10000个就业岗位(Economic Development Stratery,2009,2-5)。

在某些流行科学杂志上,波特兰被称为"美国最环保的城市",这主要是说波特兰通过清洁能源产业带动地方经济发展(Svoboda,2008)。在波特兰,有适合企业发展的市场环境,当地文化也支持发展绿色能源。但假如没有财政的支持,其经济战略本身将面临风险。同时,美国联邦政府的政策摇摆,有可能带来清洁能源产业未来发展的不确定性;发展清洁能源还需要进行基础设施建设、清洁能源本身也存在技术缺陷、银行贷款不稳定,所有这些都将大大阻碍清洁能源的发展速度。

波特兰的案例证明,熟悉绿色能源项目和相关政策,有助于可再生能源的发展,并使其顺利成为促进城市经济多元化发展的驱动力。因此,我们应该全面考察波特兰的新能源发展战略,而无需特别看重某一个项目。通过范例研究,其他城市会根据自身特点,制定关键策略刺激清洁能源的发展,并恰当引进生物燃料、水电、太阳能或风能等新能源。

绿色能源的背景:波特兰清洁能源经济发展的辅助条件

俄勒冈州的波特兰,有望成为全球绿色经济资本增长最快的城市。州和地方公共管理者支持绿色政策,并鼓励当地企业生产的产品进入国际市场。波特兰拥有美国西海岸第三大港口,每年的商品航运价值达到180亿美元。围绕该港口还有机场可以提供全球空中服务(Portland Development Commission,2009,3-5)。

尽管波特兰优越的地理位置促进了全球贸易,但是它之所以能吸纳更多的清洁能源产业,部分原因也在于俄勒冈州的亲商政策。除了免除销售税,俄勒冈州也提供了清洁能源商业投资的税收抵免。到 2025 年,该州要求 25% 的电力必须来自可再生能源(Greater Portland,Inc.,2011;State of Oregon,2012a)。这些能源税收抵免涉及到设备和材料制造商、设计单位、非营利组织、当地族群或公共实体,减免幅度高达总成本的 50%(State of Oregon,2012a)。

俄勒冈州还制定了一项为期 10 年的"能源行动计划",将能源视为"我们时代的问题",并制定了三个核心项目,以改善国家的电力和燃料前景:提高能源效率;消除清洁能源基础设施建设中的金融和监管障碍;尽快完成一套更环保的交通系统建设(Morris,2012)。

与此同时,俄勒冈州成百上千的个人、公共组织和非盈利组织,也为波特兰的清洁能源经济提供了理想的发展环境,这些人都支持绿色能源、清洁技术以及可持续发展实践活动。这其中,一个最值得关注的事件是 2002 年俄勒冈成立了能源信托公司,这是一家州政府委托机构。这家非营利组织代表州政府向四大投资者拥有的能源供应公司的用户收购能效资源。从 2002 年到 2010 年,俄勒冈州能源信托公司创造了近 800 万美元的能源节约效益。为了满足不同工业用户的需求,俄勒冈州能源信托公司根据不同的行业和工艺特点,推出了一系列的工业节能项目,从技术和资金上有针对性地对工业用户提供帮助(Energy Trust of Oregon,2010)。

除了俄勒冈州鼓励清洁能源的举措外,波特兰也有着悠久的绿色政策历史。自 20 世纪 70 年代初以来,波特兰一直在制定城市范围内的法律和以社区为基础的绿色项目,促进循环再造,减少温室气体排放,建造公共设施和绿色建筑,打造城市清洁交通, 同时鼓励公共部门和私人企业使用清洁能源。在 1991 年和 2001 年,波特兰也有针对性地削减过多的能源支出,并通过"城市能源挑战计划",节省了 946 万美元的公共能源成本(Englebert,2012)。波特兰还制定了多种城市绿色发展项目,以及以气候和可持续发展为导向的行动计划,意在到 2050 年降低 80% 的当地碳排放(Portland Development Commission,2009,5)。

显然,波特兰市围绕清洁能源工业建设当地经济的努力获得了成功。然而,必须强调的是,波特兰的成功并不完全归功于"绿色文化"的吸引力,其鼓励清洁技术和可再生能源业务的深度和广度,奠定了波特兰的发展基础。

为什么会是这样?周边的城市希望吸引清洁能源产业到本区域发展,并不需要花费很长的时间,也无需高唱环境保护论。生产和使用替代性能源(比如燃料和电力)的理由不再局限于生态基础的论点;摆脱传统能源被认为是一个明智的财政投资,因为它创造了新的经济部门,提供了新的就业岗位,同时可以遏制不断上涨的能源成本,降低对国外的石油依赖,鼓励国内发展前沿技术。

本案例研究将会讨论10种策略,这些策略源自波特兰的清洁能源和财政双增长经验,同时试图解释这些策略如何用于其他城市,无论这些城市过去是怎样的,只要它们热衷于发展清洁能源。

建立城市级别的目标和自主政策

策略一:在追求清洁能源产业发展方面展示城市的主动性和独立性

虽然国家级别的能源税和有利的商业政策可以确保初步的经济增长,但是一个城市吸引清洁技术和可再生能源企业的最佳策略,是自己成为清洁能源的独特窗口。城市政府应积极营造自己的声誉,成为新兴市场和企业的友好地区,而不是依赖于国家政策、社会或环境记录。在2007年,波特兰为展示自己的清洁能源"标签",将自己设定为美国首家采用当地可再生燃料标准的城市。强制要求在波特兰市区范围内,在2007年销售的所有燃料中添加至少5%的生物柴油共混物(到2010年上升到10%)和10%的乙醇(City of Portland,2012c,2012d)。在波特兰,实施可再生燃料标准的动力是,将自己摆在一个致力于可再生燃料的位置上,并欢迎新的生物质和生物燃料生产公司入驻。事实上,在2007年,俄勒冈也紧随其后,通过了自己的国家级可再生燃料标准(first passed in 2005),在全州强制推行5%的生物燃料和10%的燃料共混物,同时加大了各种燃料的供应量。因此,波特兰的企业不需要作出重大改变,企业现存的基础设施和成熟的商业行为足以适应城市和州立法中的新要求(State of Oregon,2012b;Environmental Protection Agency (EPA),2012)。

通过制定简单但有吸引力的政策,无需花费巨资改变现有工业格局,波特兰就树立了一个清洁能源重点市场的城市形象。

策略二:成功的区域政策为国家/地区的改变铺平了道路,不要等待清洁能源政策"渗透"到城市

俄勒冈的"清洁能源工程"是一家非营利性组织,成立于2011年,以实现"三重利益"(分别为金融、社会和环境)为己任。该组织在吸纳清洁能源企业和承包商进入社区,以及提供技术用来降低成本方面有着特别重要的作用;它还发放大量无货币融资,提供关于新能源升级的指导。在其运营的头三年,它就创造或保留了1300个工作岗位,完成了6000个住宅和大批商业设施的节能改造,节省超过30×10^{10}BTUs的能源,减少二氧化碳排放量20×10^4t(Clean Energy Works Oregon,2011)。虽然俄勒冈州的"清洁能源工程"组织代表了一个重要的国家实体,汇集了公共、私人和非营利组织,鼓励清洁能源利用率的提高,但在波特兰,该组织仅仅是一家清洁能源试点单位(Clean Energy Works Oregon,2011;Ansary,2011)。作为最具创新特点的能源改造项目之一,"波特兰清洁能源工程"最初是作为城市管理者,一个代表了集体利益的非营利性组织,向周边城市的家庭和企业主提供清洁能源发展资金和信息资源,旨在扩大清洁能源技术市场。几经努力,"波特兰清洁能源工程"变得如此成功,特别是由于500位早期参与者的慷慨奉献,使这座城市能够吸引美国能源部的重视,最终,能源部出资2000万美元,将清洁能源项目扩大到全州范围内(Ansary,2011)。

总体而言,波特兰市政府、企业和地方组织在2009年增加了清洁能源的用量,创造了良好的节能效益。波特兰依靠自己的力量,创建了"波特兰清洁能源工程"这样一家非盈利组织,积极开展新能源示范项目并取得了成功,所获得的资金反过来又帮助这家机构将新能源项目推广到周边城市。在这一过程中,波特兰进一步巩固了自己"清洁能源窗口"的城市形象,同时也证明了自己愿意培育新的市场发展机会。

公众参与

策略三:通过公共宣传和教育促进清洁能源产业发展

创造一个有吸引力的环境,清洁能源公司需要更多的友好型政策和当地的货币政策。公民的接受程度对一个行业在社区中的存在或区域的长期吸引力是至关重要的。公众的参与和教育(培训)带给清洁能源产业的益处是城市管理者应该优先考虑的;一项具有公益性质的清洁能源技术可以为本地市场创造一个强大的行业产品。虽然波特兰提供了最好的财政奖励政策,为鼓励业主安装太阳能,提供了所需资金的80%,但规划和可持续发展城市局(BPS)仍然意识到,必须使公民和企业认识到,太阳能是可以安装在俄勒冈波特兰多云、多雨地区的(City of Portland,2012f,2012g)。2006年,携手美国能源部、俄勒冈能源信托公司和另外几个国家机构,波特兰开始实施"太阳能计划",加速推动太阳能能源系统,并为此提供公共教育培训和技术援助。通过召开多次研讨会,制定了继续支持太阳能市场扩张的城市发展战略,为居住在多雨地区的居民解释了太阳能发电的好处,同时也展望了太阳能产业对波特兰经济和环境带来的美好前景(City of Portland,2012f)。

策略四:提供清洁能源企业和产品信息,使推行清洁能源铺路

即便了解了清洁能源产品和技术的好处,市民可能仍不支持发展清洁能源,原因是他们不知道如何轻松获得这些资源。城市管理者应及时向当地居民发布清洁能源产品的各种信息。目前,波特兰通过制作简洁明了的城市规划和可持续发展局网站(BPS),已经做到了信息发布/获取无障碍。

这一战略对波特兰的生物燃料产业尤其有用。虽然许多人购买了"弹性燃料"汽车,而且有兴趣使用生物燃料,但是通常情况下很难找到燃料分销商。因此,BPS的网站不仅提供生物燃料的有效信息、生物燃料相关项目,还会介绍生物燃料的城市运营情况,也会给出最新的生物燃料零售点信息和地图,其区域覆盖到波特兰、俄勒冈和华盛顿市(City of Portland,2012h)。这一举措不仅方便居民购买生物燃料,也等于为生物燃料零售商做了宣传,可谓一举两得,多方受益。

市场成长与产业扩张

策略五:吸引相关清洁能源产业,形成"清洁能源集群"

清洁能源产业的发展,还有助于吸引其他绿色产业或企业,与该地区现有的产业形成互补,从而促进当地的经济增长。在波特兰,有三分之一的制造类企业的员工具有风能生产经验或技能,因此该市积极推行"集群"发展战略。集群战略是一种上下游关联发展思路,通过统一的贸易活动将这些企业汇集在一起,协调它们的生产经营,从而有效地利用资源,并获得协同发展效应(Portland Development Commission,2009,7)。换句话说,对当地那些与清洁能源有关联的企业,城市应给予政策扶持,将这些企业做大做强,让它们与清洁能源产业之间形成互补,共同发展。波特兰的做法是,将当地的金属制造企业与生产风力涡轮机的企业汇集起来。

集群发展战略不仅有助于延伸清洁能源业务,而且也可以降低整体制造成本,提供绿色、高效的能源产品。在波特兰以及俄勒冈州其他地方,形成的风能产业集群预计将带来31亿美元以上的资本投资,每年可以向土地所有者支付土地使用费200万美元,支付的房产税和社区服务费高达2.5亿美元,同时为当地提供了2800个建筑就业机会和155个永久就业机会(Portland Economic Development Strategy,2010)。

策略六:使用清洁能源伙伴关系,扩大企业网络

2012年3月,波特兰水务局与Lucid能源与环境工程公司签署了一份协议,使用该公司的"lucidpipe水力发电系统",为波特兰市300户家庭供电。"lucidpipe水力发电系统"将安装在城市的地下高压水管上,只需简单地用"lucidpipe水力发电系统"替换一部分输水管道,外置的涡轮机就能够在内部四片42in(107cm)长的涡轮叶片带动下工作。更给力的是,由于采用了特殊设计,这套系统不会对水的流速和管线效率产生多大影响。这个项目具有明显的优势,首先是引入了一家符合城市发展规划的能源企业,其次是提供了一种新的清洁能源电力,这种电力的供应模式是可持续的。

此次合作也为波特兰日后与其他国际大公司开展商业合作提供了契机,因为
Lucid 能源公司与美国西图公司(CH2M HILL)以及其他著名的企业,如西门子公
司、霍尼韦尔公司、西北管道公司、江森自控公司等,都有着业务和技术合作,波特
兰市可以利用此次安装"lucidpipe水力发电系统"的尝试,继续扩展相关业务,与
这些公司逐渐形成长期的业务合作伙伴关系(Lucid Energy,2012)。

简而言之,波特兰在创建清洁能源城市、追求财政发展经济体的过程中逐渐
认识到,每个引进的项目都有可能为关联企业之间的合作搭建平台,最终形成并
巩固自己"全球清洁能源技术领导者"的地位,为未来的城市发展创造机会。

策略七:清洁能源产品和技术拓展目标市场,避免市场饱和

任何行业生产的产品行销一段时间后都会面临市场饱和的问题,导致市场产
品需求下降,影响企业发展。毕竟,一旦城市、企业或住户对清洁能源技术发生了
兴趣,并实际安装了太阳能电池板或风力涡轮机,则他们将在很多年不再购买同
类产品。对生产企业来说,市场饱和情况下,重新开辟新的客户群或为老客户提供
一款全新的产品,从而创建一个新的需求市场是极具挑战性的。

为了避免太阳能产业在波特兰的市场饱和问题,城市管理者制定了一项"社
区太阳能计划",允许社区或家庭将自家太阳能设备产生的额外电力出售给电力
公司,公民或企业不一定花钱购置太阳能发电设备,只需购买当地社区及其附近
的太阳能电力即可。波特兰官方还建有太阳能推介网站,鼓励市民参与支持太阳
能发电项目。"社区太阳能计划"还鼓励市民小额捐款,成立支持基金,用来资助城
市大型太阳能公益项目的前期设计、材料购置和安装。在波特兰,拜"社区太阳能
计划"所赐,几乎所有的公立小学都安装了太阳能发电设备。(City of Portland,
2012e)。

除了防止市场饱和和与清洁能源有关的工作岗位流失,清洁能源项目还提升
了公民的参与程度,并将他们变成项目的核心支持者。波特兰的做法有利于扩展
当地的经验和人脉,优化项目的规划选址,并对新的发展模式或融资方案提供了
测试机会(Bonneville Environmental Foundation,2011)。

策略八:通过可再生能源培训和认证计划,打造一个强大、持久的清洁能源产业

未来,为了继续扩张波特兰的清洁能源产业,当地必须拥有一批受过良好教
育的从业人员,确保继续推进清洁能源发展和市场繁荣。因此,波特兰极为重视学
徒制、培训项目和暑期工作机会,广泛开展清洁能源特别是太阳能、风能、水电的
培训教育。研究表明,高等教育、地方政府和行业之间的关系,对于一个地区的社
会经济发展扮演者越来越重要的角色(Portland Development Commission,2009,17;

Mayer,2006)。

目前,在波特兰大市区,缺乏优质综合型大学,当地高校开设的专业课程较窄。俄勒冈州理工学院和波特兰社区学院仅仅开设了与清洁能源产业相关的部分课程。俄勒冈州理工学院设置了可再生能源工程学士和硕士学位,此类学位涉及的专业包括光伏发电、地热发电、燃料电池、风能和生物质能源的电气和机械工程,学生毕业后可以在当地从事上述工作 (Oregon Institute of Technology,2012)。波特兰社区学院设有电子工程课程,可以使学生们参与制造、维护或安装可再生能源设备,成为训练有素的技术人员(Portland Community College,2012)。

虽然当地高校可能会继续开设新的课程,但由于清洁能源和可再生能源行业日益增长,波特兰市政府需要在以替代能源为核心的教育和工作认证计划中发挥更加积极的引导作用。缺乏专业广泛的、可以直接参与公共机构筹备工作的高水平人员,是未来波特兰清洁能源经济发展的短板。

积累和利用外部资源

策略九:利用联邦、州的资金和信息资源,改善当地清洁能源和经济发展

虽然城市应该制定优质政策,主要依靠自身力量壮大清洁能源产业,促进经济发展,但市级公共管理者应该大胆寻求联邦和州政府的金融和信息资源,力争取得联邦和州政府的货币支持和清洁能源项目指导,这对确保当地财政增长和项目成功至关重要。

波特兰的做法很值得研究。当地政府非常重视向私人和公共团体以及州和联邦政府募集资金、寻求项目。2009年,《2009美国复苏与再投资法案》(ARRA,简称复苏法案)授予波特兰市超过560万美元的能源效率扶持项目,但当地政府获得的大部分资金还是来自外部捐款。自2009年以来,波特兰市已从《复苏法案》申请得到了以下项目和资金:

① 国家清洁柴油资金援助计划,资助162.2348万美元;

② 太阳能市场转型项目,资助40万美元;

③ 国家能源计划(SEP)项目,资助56.5448万美元;

④ 局部能量保证计划(LEAP主动),资助27.6099万美元;

⑤ 节能社区拨款:资助1300万美元。

能够多次从州和联邦政府获得赠款项目,代表波特兰在吸引和促进清洁能源产业发展方面具有重要优势(City of Portland 2012a)。这座城市不仅赢得了宝贵的名声,有利于成功争取财政援助,而且也表明波特兰拥有一个多样化的清洁能源市场,适合各种类型的清洁能源发展。

除了寻求资金和项目支持外，波特兰也一直在谨慎地参与联邦政府主导的创建清洁能源市场计划。从 2007 年开始，一直持续到 2008 年，波特兰参与了美国能源部的试点项目——"美国太阳能社区项目"，这个项目促进了全美 25 个城市之间的协作，加快了太阳能技术的研发和应用，部分消除了阻碍太阳能市场发展的障碍(U.S.Department of Energy，2012a)。

到 2011 年，于 2009 年形成的这种独特的联邦-当地政府的合作模式让位于"Sunshot 倡议"。"Sunshot 倡议"是联邦政府推出的一个计划，旨在减少民众在太阳能项目上的花费。目前，"Sunshot 倡议"每年发表一份综合指南，提供建设太阳能市场的整体框架，同时讨论物流和政策选择，以期创造一个有利于经济发展的太阳能社区(U.S.Department of Energy，2012b)。

总的来说，参与"美国太阳能社区项目"为波特兰借鉴其他城市的清洁能源发展经验提供了便利；而参与联邦政府主导的"Sunshot 倡议"，又为波特兰的太阳能产业发展提供了新思路和解决问题的新技巧，两者都有助于波特兰打造一个强大的太阳能产业。

确保整体方向

策略十：将清洁能源产业和经济发展目标与城市认同感链接起来

要想成功实现清洁能源经济发展，管理者必须确保这种增长战略获得城市所有阶层的整体认同，必须要有符合当地文化理念的发展规划，制定满足所有阶层发展愿望的财政政策，也许这种政策不能立即给社区带来发展机会。如果公众认为政府制定的发展计划破坏了城市"个性"，则公众不会接受这样的安排。例如，在波特兰，根据文化或种族的不同，城市居民形成了不同的社区文化，所谓"小镇气氛"极为浓厚，这些社区居民天生排斥任何试图实施大规模城市化和工业化的政策。因此，像波特兰这样的城市，它植根于城市生活质量和可持续发展理想，必须让城市所有阶层认识到，吸引清洁能源行业将继续培养而不是破坏波特兰在发展规划中提出的繁荣、教育、健康和公平的城市整体目标。

波特兰的计划是制定一个"战略路线图"，以帮助城市在未来阶段"茁壮成长"(City of Portland，2012b)。经过两年的准备，期间召开了多次研讨会和社区会议，举办了博览会，并经过多方论证，终于在 2000 年，波特兰居民、企业和社区组织提交了一份报告。2012 年 4 月，市议会在这份文件的基础上，通过了《波特兰发展计划》。它是波特兰未来发展的蓝图，主要的目标有三个：

① 一个蓬勃发展的知识青年阶层；

② 经济繁荣和经济承受能力；

③ 一个健康的城市(City of Portland,2012b)。

接下来,需要根据发展蓝图审慎规划更为具体的目标。很显然,通过吸纳可再生能源和替代能源产业,从而促进城市经济发展,适宜预期目标,容易取得所有阶层的认同,反过来又为这一经济增长战略的长期可行性创造了条件。

反思波特兰

俄勒冈州的波特兰,通过实施配套的产业政策,吸引各类清洁能源产业,并且努力扩大当地的替代能源市场,已成功实现经济增长。本案例研究概述了 10 种策略,都是从波特兰的经验中提取的,这些经验值得美国其他城市和地区借鉴。波特兰的经验表明,城市吸纳"绿色"产业,追求可持续发展,并不需要一个与之相关的城市历史或文化,甚至不需要完备的基础设施。作为必要条件,只需一个谨慎使用的多元化经济发展策略即可。

参考文献

Adair,E. 2012. Colorado:Don′t FRACK our schools. Clean Water Action,http://blog.cleanwateraction.org/2012/ 06/12/colorado-dont-frack-our-schools/

American Wind Energy Association (AWEA). 2012. Industry statistics,http://www.awea.org/learnabout/industry_stats/index.cfm

Andrews,W. 2009. Clean coal—Pipe dream or next big thing? CBS Evening News,February 11.

Ansary,K. 2011. Clean energy works Oregon launches,http://www.portlandonline.com/mayor/index.cfm?c=49522&a=344119

Bonneville Environmental Foundation. 2011. The northwest community solar guide. Northwest Sustainable Energy for Economic Development,pp. 1–49.

Browning,W. 2009. Energy and communities. In Green community,ed. S. Piedmont-Palladino and T. Mennel. Washington,D.C.:American Planning Association.

City of Portland. 2012a. Portland ARRA projects,http://www.portlandonline.com/index. cfm?c=51209

City of Portland (Bureau of Planning and Sustainability). 2012b. The Portland plan,http://www.portlandonline.com/portlandplan/index.cfm?c=56527&

City of Portland (Bureau of Planning and Sustainability). 2012c. Portland renewable fuel standard,http://www.portlandoregon.gov/bps/article/149360

City of Portland (Office of the City Auditor). 2012d. Chapter 16.60 motor vehicle fuels,http://www.portlandonline.com/auditor/?c=28608&a=146102

City of Portland (Bureau of Planning and Sustainability). 2012e. Community solar,http://www.portlandoregon.gov/bps/article/365294

City of Portland (Bureau of Planning and Sustainability). 2012f. Solar energy program,http://www.portlandoregon.gov/bps/43478

City of Portland (Bureau of Planning and Sustainability). 2012g. Solar, http://www.portlandoregon.gov/bps/59002

City of Portland (Bureau of Planning and Sustainability). 2012h. Biofuels, http://www.portlandoregon.gov/bps/42843

Clean Energy Works Oregon. 2011. About us, http://www.cleanenergyworksoregon.org/about/Consumer Energy Alliance (CEA). 2012. Issue of the week: Imported oil grows trade deficit, http://consumerenergyalliance.org/2012/02/issue-of-the-week-imported-oil-grows-trade-deficit/

Daniels, T., and K. Daniels. 2003. The environmental planning handbook for sustainable communities and regions. Chicago: Planners Press.

Davis, C. 2012. The politics of "fracking": Regulating natural gas drilling practices in Colorado and Texas. Review of Policy Research 29 (2): 177–191.

Energy Information Administration (EIA). 2007. Coal transportation issues, http://205.254.135.7/oiaf/aeo/other-analysis/cti.html

Energy Information Administration (EIA). 2010. Primary energy consumption by source and sector, http://www.eia.gov/totalenergy/data/annual/pdf/sec2_3.pdf

Energy Information Administration (EIA). 2012a. Energy in brief: How dependent are we on foreign oil? http://www.eia.gov/energy_in_brief/foreign_oil_dependence.cfm

Energy Information Administration (EIA). 2012b. Energy in brief: What are the major sources and users of energy in the United States? http://www.eia.gov/energy_in_brief/major_energy_sources_and_users.cfm

Energy Information Administration (EIA). 2012c. Energy in brief: What is the status of the American Nuclear Industry? http://www.eia.gov/energy_in_brief/nuclear_industry.cfm

Energy Information Administration (EIA). 2012d. Renewable energy explained, http://www.eia.gov/energyexplained/index.cfm?page=renewable_home

Energy Information Administration (EIA). 2012e. Geothermal explained, http://www.eia.gov/energyexplained/index.cfm?page=geothermal_home

Energy Trust of Oregon. 2010. Getting more from our energy, http://energytrust.org/about/annual-report/Englebert, A. 2012. Portland is one of the greenest cities in U.S., January 5, http://www.cereplast.com/portland-or-one-of-the-greenest-cities-in-us/

Environmental Protection Agency (EPA). 2007. Hydroelectricity, http://www.epa.gov/cleanenergy/energy-and-you/affect/hydro.html

Environmental Protection Agency (EPA). 2009. Re-powering America's land, http://www.epa.gov/oswercpa/docs/success_maytag_ia.pdf

Environmental Protection Agency (EPA). 2011. Why buy green power? http://www.epa.gov/oaintrnt/greenpower/buy.htm

Environmental Protection Agency. 2012. Renewable fuel standard (RFS), http://www.epa.gov/otaq/fuels/renewablefuels/index.htm

Environmental Working Group (EWG). 2012. What you need to know about fracking, http://www.ewg.org/gas-drilling-and-fracking

Geothermal Energy Association. 2012. Geothermal power plants-USA, http://www.geoenergy.org/plants.aspx

Graham-Rowe, D. 2005. Hydroelectric power's dirty secret revealed. NewScientist, http://www.newscientist. com/article/dn7046-hydroelectric-powers-dirty-secret-revealed.html

Greater Portland, Inc. 2011. The wind industry in Greater Portland-Vancouver, (PowerPoint® slides), http:// www.pdxeconomicdevelopment.com/docs/wind/Wind-Industry-inthe-Portland-Metro-Region.pdf

Huber, T. 2010. U.S. coal mine deaths: 2010 deadliest year since 1992. Associated Press, December 30, http://www.huffingtonpost.com/2010/12/30/us-coal-mine-deaths-in-20_n_802790.html

Koven, S., and T. Lyons. 2010. Economic development: Strategies for state and local practice. Washington, D. C.: ICMA Press.

Levitan, D. 2011. Geothermal energy 扭 promise and problems, http://spectrum.ieee.org/green-tech/geothermal- and-tidal/geothermal-energys-promise-and-problems

Lucid Energy. 2012. Lucid Energy announces commercial availability of the LucidPipe power system for in- pipe hydropower, March 26, http://www.prweb.com/releases/2012/3/prweb9325750.htm

Management Information Services. 2009. Benefits of investments in clean coal technology, http://www.americ- aspower.org/sites/all/themes/americaspower/images/pdf/Benefitsof-Investment-in-Clean-Coal-Technology.pdf

Mayer, H. 2006. What is the role of universities in high-tech economic development? The case of Port- land, Oregon, and Washington, D.C. Local Economy 21 (3): 292–315.

McNerney, J., and M. Cheek. 2012. Clean energy nation: Freeing America from the tyranny of fossil fuels. New York: AMACOM.

Mitchell, D. 2008. A note on rising food prices. World Bank Policy Research Working Paper No. 4682, Washington, D.C.

Morris, J. 2012. Homegrown: An energy plan that puts Oregon first. Sustainable Business Oregon of the Portland Business Journal, July 23, http://www.sustainablebusinessoregon.com/columns/2012/07/homegrown - an-energy-plan-that-puts.html

National Research Council. 2007. Coal research and development. Washington D.C.: The National Academies Press.

Opp, S., and J. Osgood. 2011. Sustainable economic development: Navigating the pitfalls and reaping re- wards. ICMA InFocus 42: 6.

Oregon Institute of Technology. 2012. Renewable energy engineering, http://www.oit.edu/wilsonville/programs/ renewable-energy-engineering/overview

O'Rourke, D., and S. Connolly. 2003. Just oil? The distribution of environmental and social aspects of oil production and consumption. Annual Review of Environmental Resources 28: 587–617.

Payscale.com. 2012. Salary for industry: Coal mining, http://www.payscale.com/research/US/Industry=Coal_Min- ing/Salary

Pennsylvania Fracking. 2012. Pennsylvania hydraulic fracturing and natural gas development, http://www.penn- sylvaniafracking.com/

Portland Community College. 2012. Renewable energy systems—EET option, http://www.pcc.edu/programs/elec- tronic-engineering/renewable-energy/

Portland Development Commission. 2009. Economic development strategy: A five-year plan for promoting job creation and economic growth, pp. 1–35, http://www.pdxeconomicdevelopment.com/docs/Portland–Ec–Dev–Strategy.pdf

Portland Economic Development Strategy. 2010. Wind energy, http://www.pdxeconomicdevelopment. com/cluster–cleantech–wind.html

Rascoe, A. 2012. U.S. study sees little earthquake risk from fracking. Reuters, http://www.reuters. com/article/2012/06/15/us–usa–earthquakes–fracking–idUSBRE85E14K20120615

Reagan, C. 2012. Pain at gasoline pump cutting into consumer spending. CNBC, March 26, http://www.cnbc. com/id/46857155/Pain_at_Gasoline_Pump_Cutting_Into_Consumer_Spending

Renewable Energy Centre. n.d. Biomass and biofuels, http://www.therenewableenergycentre.co.uk/biomass–and–biofuel/

Shuford, S., S. Rynne, and J. Mueller. 2010. Planning for a new energy and climate future. Chicago: American Planning Association.

Smil, V. 2010. Energy myths and realities. Washington, D.C.: The AEI Press.

South Carolina Department of Health and Environmental Control. 2011. Nitrogen dioxide & sulfur dioxide, http://www.scdhec.gov/administration/library/CR–008071.pdf

State of Oregon. 2012a. Business Energy Tax Credits, http://cms.oregon.egov.com/energy/CONS/BUS/Pages/BETC. aspx

State of Oregon. 2012b. Biofuel Renewable Fuel Standard, http://cms.oregon.gov/ODA/MSD/Pages/renewable_fuel_standard.aspx#Biodiesel_mandate

Svoboda, E. 2008. America's 50 greenest cities. Popular Science, Feb. 2, http://www.popsci.com/environment/article/2008–02/americas–50–greenest–cities?page = 1

Tollefson, J. 2012. Air sampling reveals high methane emissions from natural gas field. Scientific American, http://www.scientificamerican.com/article.cfm?id=air–sampling–reveals–high–meth

Underwood, K. 2009. The dark side of solar panels. Treehugger, http://www.treehugger.com/corporate–responsibility/the–dark–side–of–solar–panels.html

UNESCO. 2009. Biofuels and environmental impacts. United Nations Educational, Scientific, and Cultural Organization, http://unesdoc.unesco.org/images/0018/001831/183113e.pdf

U.S. Census Bureau. 2009. American community survey ACS supplemental table A, http://www.census.gov/hhes/commuting/files/2009/means_of_transportation.pdf

U.S. Census Bureau. 2010. Portland (city), Oregon, updated 2012, http://quickfacts.census.gov/qfd/states/41/4159000.html

U.S. Department of Energy. 2010. Federal task force sends recommendations to president on fostering clean coal technology, http://energy.gov/articles/federal –task –force –sends –recommendations –president –fostering –clean–coal–technology

U.S. Department of Energy. 2011a. Clean coal technology & the clean coal power initiative, http://www.fossil.energy.gov/programs/powersystems/cleancoal/

U.S. Department of Energy. 2011b. Biomass explained, http://www.eia.gov/energyexplained/index.cfm?page= biomass_home

U.S. Department of Energy. 2012a. Solar America communities (Energy Efficiency and Renewable Energy), http://solaramericacommunities.energy.gov/

U.S. Department of Energy. 2012b. SunShot initiative (Energy Efficiency and Renewable Energy), http://www4.eere.energy.gov/solar/sunshot/resource_center/resources/solar_powering_your_community_guide_local_governments

U.S. Geological Survey. 2012. Hydroelectric power water use, http://ga.water.usgs.gov/edu/wuhy.html

University of Texas at Austin. 2012. Energy poll, March.

Victor, D. 2006. National security consequences of U.S. oil dependency. Council on Foreign Relations Independent Task Force Report No. 58, http://www.cfr.org/energy-security/national-security-consequences-us-oil-dependency/p11683

Wilcoxen, P. 2009. How large is a quadrillion BTU? http://wilcoxen.maxwell.insightworks.com/pages/137.html

Wind Energy Development Programmatic EIS. n.d. Wind energy basics, http://windeis.anl.gov/guide/basics/index.cfm

World Coal Institute. 2009. The coal resource: A comprehensive overview of coal. Richmond, U.K.: WCI.

World Uranium Association. 2012. What is uranium? How does it work? http://www.world-nuclear.org/education/uran.htm

第 4 章 绿色运输：构建便利设施的方式

正如前面章节讨论的那样，运输在一个城市的发展中发挥着显著作用。事实上，运输在社区的各个方面都发挥作用。经济可持续发展将会关注运输，运输也是实现经济可持续发展的核心之一。

保持社区理性增长的努力常常与良好的交通措施相联系。公认的理性发展原则是追求发展的压力和区域内居民的生活品质之间的平衡。广为人知的是，没有可持续发展的交通行业，则不能实现社区的理性发展。从大的方面来说，可持续发展的交通规划可以纳入城市综合规划范畴，将其嵌入更大的城市发展理性之中；从小的方面来说，良好的交通也可以缓解拥堵。

在美国，尽管有许多交通运输方式，私家车仍然是主要出行方式。但从环保角度看，私家车又是最主要的空气污染源之一。综合对环境的损害，美国城镇现行的交通运输方式同样导致了当地的经济损失。道路设施建设、修理和维护也占了社区年度预算的可观比例。此外，一些经济学家也指出，依靠公共交通出行，在达到一个临界点后，也会对城市的税收产生负面影响。花费在乘公共交通上下班的时间、无法顺利到达城市的某些地方，以及对交通的失望，都是对城市经济造成负面影响的因素。交通运输是城市追求并实现可持续经济发展的重要部分。迄今为止，许多城市将交通运输系统的改造作为自身可持续发展行动的组成部分。

对于有志于追求绿色环保型交通运输的都市，本章将提供一系列从简单到复杂的选项供其考虑。本章节的第一部分介绍了某些适合绿色、可持续发展的交通运输技术，第二部分提供了美国亚利桑那州图森市绿色交通的研究案例。

绿色/可持续发展的交通

传统交通规划强调的是线性或系列模式的更新、更快发展(图 4.1)。然而，可持续的交通规划则看重交通运输的联合模式。这一模式要求规划者利用每种交通运输模式的优势。因此，城市的交通规划制定者应该注重交通运输的系统性，而不是始终强调单一模式的汽车运输。也就是说，规划者应该具有综合性的交通运输视野，全面考察包括步行、自行车、铁路、公共交通、轻轨和汽车等所有运输模式的有用性和可行性。决策者、管理者和规划者可以探索一条与发展相结合的可持续交通运输道路。

图 4.1 线性交通规划模型

透过第 1 章所述的第三次经济发展策略,能够很好地理解可持续发展的交通运输业与经济发展的关系。所谓第三次经济发展策略的核心是,居民生活品质及其对城市经济发展的促进。"为了留住区域内已有企业并吸纳新的商业,社区需要保持良好的生活质量和高水平的环境标准"。如果一个城市空气质量恶劣、交通拥堵、总是不断维修道路,其生活质量将被这些行为产生的消极性所挤压,这将造成负面经济结果。城市交通运输系统在设计阶段就要有确保环境和当地经济受益的意图。本章之后的段落将探讨现存的某些最适合交通运输业实现可持续发展的因素。

基础设施的现有技术

在实施任何政策前,都应该首先考察当地的现有条件。尽管道路建设和城市发展肯定会导致交通蔓延、空气污染、交通肇事和拥堵,但是没人敢说良好的交通基础设施建设对于减少或消除此类问题没有帮助。分析当前的交通状况,一般步骤包括:

① 起草社区现有交通运输方式的详细目录和示意图:包含密度、类型、位置、能力和条件;各种问题(如实际条件和交通事故);各种拟议中的改进计划(城市制定的或联邦政府制定的)。

② 收集民众意见和关注点(需求评估):搜集居民关于改进交通运输行业的想法,以及对于现行交通运输设施的不满和抱怨。

③ 信息分析:预测人口的增长和迁移;考虑其他交通运输方式的可行性与适用性。

在收集现有交通运输系统状况和将来发展等方面的必要信息后,可以很容易(和最具成本效益的)处理交通拥堵问题。交通拥堵会造成 CO_2 排放增加和燃料消耗,对环境造成污染,尤其是这些燃料还是不可再生的化石能源。除此之外,由于交通拥堵阻碍消费者出行,对经济也会产生不利影响。社区可以在现有条件下制定缓解交通拥堵的措施,不需要重建现有交通设施。

公共汽车

公共交通运输是解决社区交通拥堵和空气质量的常见办法。城市公交系统是缓解这些问题的首选办法。不幸的是,由于延长了抵达目的地的时间、刚性的运行路线和给人一种不太可靠的感觉,公交运输不受居民欢迎。对于这一情况,最好的解决办法就是扩大运营路线。但是,对于某些社区而言,扩大运营路线却是昂贵和不切实际的。不过,也有其他办法可以缓解交通拥堵,之后几段会提到。

技术的改进

对城市公交而言,减少乘坐时间才能促进乘客人数的增加。研究认为,公交车的行驶速度达到私家车速度的60%时,人们才愿意乘坐公交出行。通过简单的技术改进,就可以减少公交乘坐时间。例如在俄勒冈州波特兰市,公交车安装与交通讯号相连的传感器,城市公交可以优先接收到交通信号灯的信号。这些传感器可以触发绿灯或迟滞红灯循环,使公交车运行得更加高效和可靠。高效的运行可以减少乘坐时间。随着运行时间的减少,更多的居民会选择公共交通出行,交通拥堵状况也会缓解。

应用新科技也可以改善上下车所需时间。在繁忙的车站,许多乘客抱怨上下车用时过多。预付车费是一种简单的解决上下车费时的办法,这样乘客可以通过公交车的所有门上下车。通过节省付费时间、增加公交停靠点,是对乘客具有明显益处的善举。节省时间将扩大乘车人数并减少城市交通拥堵。洛杉矶市已经在一些公交线路实施了车票预付措施。此外,该市还创立了站点买票替代上车买票的方法。目前,公交到达时乘客可以更加快捷的上下车。

低成本的交通设施提升

通过改进基础设施来提升公交行驶速度的方法较少,包括:

① 预留车道,给公交车设专用线路,提升其运营速度,避免堵车。

② 改变停车点位置,公交车在上下乘客后进入车道时,普遍会因为右转车辆而造成延误等待。分析停靠点的位置,可以深刻理解其他交通模式是否会增加本就缓慢的公交运行速度。在一些十字路口设置禁止右转标志,或将公交停靠站从十字路口移开的做法都可以避免延误。

伙伴关系

除了技术和基础设施的提升,建立有效的伙伴关系也有利于吸引那些从未考虑乘坐公交出行的人群。鉴定潜在伙伴的简便方法是对社区内的大雇主进行分析。例如学院或大学,或者社区内的顶级企业,它们往往是导致交通拥堵的主要因素之一。通过与这些机构结成伙伴关系,可以引导教师和学生乘坐公共交通,此举也会为交通管理局或运输机构产生新的经济收益。例如,卡罗拉多大学自1991年就与当地公交系统建立了良好的伙伴关系,学校将学生的公交乘车费计入学费统一收取,而学生在乘坐当地所有公交车时则无需付费。此举也使卡罗拉多大学所在的博尔德市减少了因为数以万计的大学生出行而造成的交通拥堵。除此之外，目前许多大学开始流行"无车校园"观念，即校园内部分区域限制汽车行驶。随着越来越多的校园追求绿色化，学生和教职员工的出行方式正在改变，乘坐公交车的人多了，也就意味着开私家车的人少了，其结果是城市交通状况得到改善。

轻轨

就事实而言，轻轨对于小型或中型社区并不是一个具有经济可行性的选择，它仍然依赖社区资源和乘客人数作为基本条件。修建轻轨产生的所谓经济开发效益是否与实际相符？应该根据最近的一些经济数据进行研究。事实上，在2004年的一份关于美国轻轨交通分析中，圣路易斯市联邦储备银行的一名高级经济师提供的数据表明，轻轨交通需要大量且持续的政府补助，这笔财政负担对于承受它的市民来说过于沉重。然而，尽管需要补助，许多城市和首都经济圈仍然能够感受到轻轨对缓解交通拥堵和提振区域经济的重要性。轻轨交通对环境的好处在于可以使用可再生能源作为动力。相比于依靠不可再生的石油作为动力的其他交通模式(如汽车)，轻轨交通使用电力，而可再生能源能够产生电力。大体估计，全美有超过40个城市正在考察兴建轻轨的可能性，此外有50个城市已经拥有轻轨。

在一些城市，相比于缓解交通拥堵，轻轨更有利于经济发展。例如，在亚利桑那州菲尼克斯，城市轻轨主要应用于娱乐、购物而不是上下班通勤。结果，轻轨被看做是促进菲尼克斯市中心经济复苏的功臣。地区税收也明显增长了，市中心的公共形象由于轻轨的投资而显著提升。菲尼克斯的轻轨工程大获成功，其原因在于轻轨使人们的出行更为便利，轻轨连接了当地的大学校园，确保了必要的乘坐人次，而且它的票价比较合理。像之前讨论的，就投资而言，轻型轨道交通不是便宜的交通运输方式。然而仔细研究和考量表明，这项投资可以给当地带来福利。除轻轨外，在美国，某些城市社区还修建了"古老的"有轨电车，成功促进了当地旅游业的发展。总的来说，轻轨对交通拥堵的缓解作用要小于增加经济活动的作用。

步行和骑自行车

大量的美国人不喜欢走路。在某些情况下，假设一部分居民能走路上下班是完全不合实际的。牵手幼儿的父母、恶劣的天气以及不完善的基础设施，都会阻碍人们将走路或骑车当成个人首选或辅助的出行方式。骑车比走路可能更流行些(骑车占美国出行方式的1%)，但骑车仍不是美国人出行的首选方式。尽管如此，社区仍可以做很多事情，鼓励居民走路或骑车。

阻碍骑车或徒步出行的三个主要因素是距离、安全和便利性。缺乏人行道或自行车道，使安全成为最主要的因素。某些城市正尝试通过增加自行车道或人行道以提高行人和骑车者的安全。在发达城市,人们一想到从居住区到工作区的距离,立马就会打消骑车或徒步上下班的念头,尤其是居住在主要公路或州际公路边上的人们更是如此。尽管很多人追求健康和良好的生活方式,但是每天步行或骑车几英里上下班,对于大多数人来说是不可能的。

表 4.1 美国运营的轻轨/无轨电车/有轨电车交通系统

地　点	类　型	开始年度
巴尔的摩,马里兰	轻　轨	1992
波士顿,马萨诸塞州	轻　轨	1888
布法罗,纽约	轻　轨	1984
肯顿,新泽西	轻　轨	2004
夏洛特,北卡罗莱纳	轻　轨	2007
克利夫兰,俄亥俄	轻　轨	1920
达拉斯,得克萨斯	轻　轨	1996
丹佛,科罗拉多	轻　轨	1994
柯林斯堡,科罗拉多	古老的无轨电车	1984
史密斯堡,阿肯色	古老的无轨电车	1991
加尔维斯顿,得克萨斯	古老的无轨电车	1988
休斯顿,得克萨斯	轻　轨	2004
泽西城,新泽西	轻　轨	2001
肯诺沙,威斯康辛	古老的无轨电车	2000
小岩城,阿肯色	古老的无轨电车	2001
洛杉矶,加利福尼亚	轻　轨	1990
洛厄尔,马萨诸塞	古老的无轨电车	2003
孟菲斯,田纳西	古老的无轨电车	1993
明尼阿波利斯,明尼苏达	轻　轨	2004
新奥尔良,路易斯安那	古老的无轨电车	1835
纽约(JFK机场),纽约	轻　轨	2003
纽瓦克,新泽西	轻　轨	1935
欧申赛德,加利福尼亚	轻　轨	2008
费城,宾夕法尼亚	轻　轨	1858
菲尼克斯,亚利桑那	轻　轨	2008
匹兹堡,宾夕法尼亚	轻　轨	1859
波兰特,俄勒冈	轻　轨	1986
萨克拉门托,加利福尼亚	轻　轨	1987
盐湖城,犹他州	轻　轨	1999
圣地亚哥,加利福尼亚	轻　轨	1981

地 点	类 型	开始年度
旧金山,加利福尼亚	轻 轨	1960
圣何塞,加利福尼亚	轻 轨	1987
圣佩德罗,加利福尼亚	古老的无轨电车	2003
西雅图,华盛顿	古老的无轨电车	1982
圣路易斯,密苏里	轻 轨	1993
塔克马,华盛顿	有轨电车	2003
坦帕市,佛罗里达	古老的无轨电车	2002
图森,亚利桑那	古老的无轨电车	1993
雅基马,华盛顿	古老的无轨电车	1974

对那些想要鼓励人们骑车或徒步上下班的城市,必须要有创新的配套措施,减轻骑车或徒步上下班的负担与不便。为了实现预期目的,城市可以设立人行道和/或小径。这些设施可以设计得更加紧凑而美观,以进一步激发人们徒步和骑行的愿望。在缺乏这些设施的城区,采取的措施可以集中在增加自行车道和人行道上。

当地民众对这些徒步或骑行者的文化感观是一大不利因素。与某些欧洲国家不同,在美国,骑行并不被认为是日常生活中的常规活动,相反它被认为是一项偏门的娱乐活动。只有骑行被当成是日常行为时,人们才会接受它。通过实施一些公共政策,可以帮助居民改变对徒步和骑行的认知。

科罗拉多州柯林斯堡市的骑行

柯林斯堡市早已开始鼓励骑行。为了创建利于骑行的社区,柯林斯堡建设和维修了横跨全市的数英里长的自行车道,大多数街区也已经规划了自行车道。除了专用的基础设施,柯林斯堡还实施了一些利于骑行的项目。本市特别倡议:冬天在工作日骑车上下班,夏季每周三骑车上下班,并建立了自行车租借点,方便人们租借自行车。某些房屋出售广告也会打上"靠近自行车道"这样的文字,作为待售房屋的一大优势。除了交通便利外,大多数居民还认为这样的生活品质是优越的。实际上,在过去的几年中,柯林斯堡连续被美国《财经杂志》评为全美最适宜生活的 100 个城市之一(最高时排第六位)。

如上所及,环境友好、经济发展与生活品质、设施便利的关系,可以通过第三次经济发展策略得到最好的理解。通过这一视角,城市尝试整合那些被居民视为与社区生活品质相关的便利设施,以作为吸引商业和外来居民的方法。在许多社区,大量自行车道和人行道的可用性已经被列为首要的便利设施。因此,想要在环境与经济发展之间找到共同点的其他城市,可以利用比私家车更具可持续发展性的运输方式,并将其作为经济发展计划的一部分。

高效的车辆

除了通过改变、提升和增加基础设施来缓解居于支配地位的私家车的负面效应外,社区也可以尝试制定某些有利于汽车可持续发展的措施。尽管公共交通、骑行和徒步从经济环保角度来看是首选,但从更为综合的视野来看,城市也要考虑如何减少私家车对环境的影响。因此,政策的目标也就由改变个人用车偏好变为追求汽车使用的可持续性。最终,相比于改变个人的用车偏好,后者的目标更为实际,也是更为合理的选择。

最近几年,电动汽车的销量稳步增加。随着市场供应的增加,电动汽车对美国交通运输行业变得更加重要,这也符合人们的预期。通过鼓励拥有电动汽车,城市可以从更低的低排放中获得环境方面的回报。尽管鼓励市民购买电动汽车不一定对城市产生直接的经济回报,但城市可以节省公共支出。此外,政府公职人员、城市公共交通使用电动汽车,也可以为社区的居民作出榜样。

早些年,电动汽车运输协会曾经提到,全美有四个城市立下誓言,决意发展电动汽车,它们分别是:伊利诺伊州的诺默尔、得克萨斯州的奥斯汀、华盛顿州的默瑟岛、加利福尼亚州的洛杉矶。至少,它们中的一个——伊利诺伊州的诺默尔市,已经利用电动汽车发展当地经济和提高居民的生活品质。特别是诺默尔市市长要求三菱公司确保全新电动汽车——i-MiEV 的性能指标。社区也建成了至少四个充电站,以方便居民为爱车充电。社区领导者报告称,不断提升的社区荣誉,已经增加了他们吸引和留住高品质员工和商家的能力。

图森市的行动总结与理念

不像本书的其他章节,本人无法给出一个具有普遍适应性的交通运输方案。不过,有关交通运输的话题与本书其他章节有联系。本节给感兴趣的地区行政官提供了一些宽泛的建议,接下来将提供一个关于绿色交通运输的真实案例。

绿色交通运输和经济发展

搭建一个绿色交通运输体系会给当地政府提出难题。在美国,运输行业的温室气体排放量占 29%。与此同时,强有力的运输设施又被视为经济发展的必要保障。本案例将考察图森市的有轨电车系统,探索运输方式、经济增长和可持续发展间的关系。

在城市景观中,有轨电车并不新奇,实际上它曾存在于美国许多城市。然而随着市郊的发展,有轨电车线路被废弃或移除。但是,在全美社区中,有轨电车再度被认为是促进经济增长和可持续发展的良方。在图森,当地政府在 2011 年底破土动工,开始兴建有轨电车。

背景

这一区域已经快速增长了 50 多年。在 2011 年,图森市成为美国第 32 大城市,规划者希望这一区域在之后几年内继续保持发展态势(表 4.2)。城市的陆地区域也在增长。实际上,自 1996 年起,它的城市区域面积已经增加了超过 30mile² (78km²)(图 4.2 为土地面积;图 4.3 为人口密度)。城市规划者预测,到 2030 年,城市中心人口将增长 21%,达到近 7 万人;在城市中心工作的人数将增长 35%,超过 8 万人(图森市,2011 年)。最终,城市就业基数将超过 6 万人,每年还将吸引 300 万游客,还要容纳 3.5 万名亚利桑那大学的学生。

表 4.2 图森市人口趋势 1970~2020

年 份	图森市/人	增速,%	皮玛郡/人	增速,%
1970	262933		351666	
1980	330537	26	531433	51
1990	405390	23	666880	25
2000	486699	20	843746	27
2010	546569	12	1025000	21
2020	640092	17	1258529	23

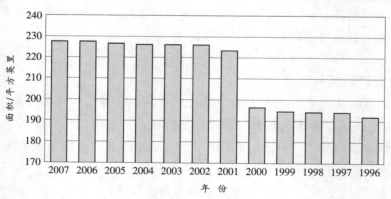

图 4.2 图森市土地面积(数据来源:图森市 2007 年年度总结)

图森市中心是区域文化和历史中心。认识到其对区域经济和文化的重要性,市领导和选民开始运筹中心发展规划,制定了包括变革土地利用办法,实施奖励措施,改革城市规制,以及完善公共交通等一揽子促进城市可持续发展的新举措。

以下所列概述了自 1999 年以来的主要政策：

① 自 1999 年开始，选民批准成立《里约·努埃沃租税增额融资机制行政区》。行政区可以收集并接纳区域内贸易和商业的营业税资金。自 2001 年生效起，里约·努埃沃主体规划需要通盘考虑住房、商业区、旅游地和娱乐场所的兴建整合。这一计划持续到 2025 年，并已经为从土地征用到历史古迹翻新等公共投资提供资金。需要注意的是，这个行政区还没有真正成功。一些参与者认为这个计划在大的社区范围内会对市中心产生消极作用。对于那些持此观点者，有轨电车系统面临的最大挑战即是克服此种污名。

② 在 2004 年，图森市运输局着手一项由联邦政府支持的关于图森市中心交通运输方式的研究，其中包含了这样的问题：哪种公共交通最适合市中心的发展？在长达一年的研究以及向相关者咨询后，明确了现代有轨电车是首选方案。

③ 在 2006 年，市里沿着进城主干道以及亚利桑那大学周边，创建了市中心充实奖励区，实施更加灵活的激励措施，授权商家和开发商在近郊从事房屋建筑和商业活动，并配套开发这一区域的公共交通。例如，在行政区内，市政府放弃了 1 万美元的建筑许可费，为了提高公共优先权，提供了 2% 的建筑物营业税抵免，允诺彻底解决停车难问题，简化人们的出行负担。同时，对商业区的景观美化标准不做硬性规定，减少商家的费用支出。

④ 由于认识到保护城市历史的重要性，在 2008 年，市府公布了旨在保护具有历史价值的社区的新政策。条例规定了一系列设计标准，要求新建建筑要真实反应历史特点，并与老社区的格调相一致。

⑤ 市府也给商家提出了市中心建筑外观改进计划。该计划指出，业主可以向市府寻求财政帮助，以开展建筑外观翻新。

⑥ 市府制定政策，明确要求新的市政建筑要符合能效标准。

⑦ 在亚利桑那大学 2009 年整体规划中，设立了在不增加校园面积情况下扩大学生人数的目标，并打算通过提高校园建筑密度和能源效率来实现这一目标。学校也在寻找合作伙伴，希望找到房源，让部分学生低价租住。

区域运输计划

现代化的有轨电车计划首先是在区域交通运输局《2006 年综合运输计划》中提出的。区域交通运输局是一个由代表市政府(图森市、南图森、奥罗瓦莱镇、萨瓦里塔、马拉纳)、皮玛县政府、部落政府[帕斯夸雅基部落、托赫诺奥哈姆族[Tohono O'odham]]和通过亚利桑那州运输董事会所代表的州政府的行政人员组成的区域团体，这些实体代表组成了一个无否决权的九人董事会。这一结构设计促进了成员间的合作。成立后不久,区域运输局向皮玛郡选民提交了一份绿色交通运输"五年规划"(表4.3)。

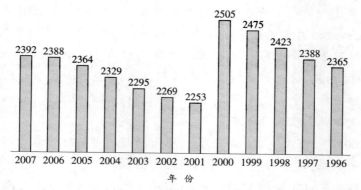

图4.3 图森市人口密度(人/平方英里)(数据来源:图森市2007年年度总结)

表 4.3 项目情况

	区域运输局概要	项目数	
项目一览: 2006年7月1日至 2011年1月31日	正开发项目	97	
	在建/实施项目	54	
	实施的运输项目	22	
	总项目	286	
	使用资金	5.05168亿美元	
绿色交通运输	道路建设	完成项目	实施中项目
	绿荫道路、自行车道、小径道路、人行道	43	17
	项目名称	完成项目	实施中项目
	工作日晚间	21	0
	周末服务	23	0
	公交频率和拥挤缓解	7	1
	特殊需求	3	0
	街区传递	11	0
	高容量有轨电车	0	1
	快递服务	7	0

绿色交通运输"五年规划"要解决4个特别的政策目标。首先,这一规划中的35个项目用来改善区域公路和街道状况。第二,此规划提出通过聚焦十字路口、公交线、铁路(公路)交叉道口和桥梁,来提升交通运输安全。例如,要求对超过200个十字路口和公交站点进行建设或重新配置。第三,关注于提升公共交通,包括铺设有轨电车线路、未通车社区的公交服务扩展、开设新社区的传递服务,和采用驻

车换乘式直达公交服务。五年规划"最后一部分强调了环境的可持续性,像建设绿茵道路、山径和小径、保护道路沿线野生动植物、新的自行车道和人行道等。此外,这一规划支持创建主要街道商业辅助设施,以此支持项目建设区域四分之一英里内的商业活动。

2006年5月16日,皮玛郡选民核准这一规划。大多数选民还同意,以20年为限,截至2026年,将半数营业税充入发展基金,来支持此计划。绿色交通运输"五年规划"获得了60%的选票,其基金构成方式获得了58%的赞成票。

图森市现代有轨电车项目

包含在区域运输局最初项目里的有新型有轨电车系统。自2012年起,它每天暂定运营时刻表为早上6:00至凌晨2:00,白天10min一班列车,晚上20min一班列车。每辆列车的运载人数为130人。到2020年,预计工作日每天的平均乘客人数将达到4217人。

新型有轨电车的费用占了区域运输局数十亿美元预算的一小部分(见表4.4)。此项目由联邦政府和当地政府共同筹集资金。除了当地数百万美元的营业税外,这个项目可以从2009年的《救市法案》中通过杠杆作用撬动超过6300万美元。但是持续筹集项目资金存在压力,尤其是营业税收正在减少。在2011年5月,项目主管承认,项目资金预计缺少1900万美元。鉴于资金短缺,项目经理提出了两个办法以降低成本:首先,应该确保一次性建成全长3.9mile(约6.3km)的电车轨道,而不再分成4段建设。将工程交给一个主承包商而不是分拆4份,预期可以节省至少600万美元;其次,将轨道变更为T形铁轨,预计又可以节省大约600万美元。

表4.4 现代有轨电车成本预算

项 目	成本/万美元
铁轨和导轨面	2700
有轨电车停靠站	400
物资供给庭院、商店和行政楼	1500
爆破、公用工程、环境补偿和考古	4000
车辆信号、交通信号和电力配给与分布	1500
八辆电车(七辆运营、一辆储备)	3700
工程、设计、项目管理、法律、许可证、测试和检查	3600
意外事故	1400
财务费用	800

不过,区域运输局运输服务项目主管卡洛斯·德莱昂认为,经济衰退对项目建设将产生良好的正面影响。他谈到,"经济衰退促使建设费用下降,建筑商之间存

在激烈的竞争。通过实施项目招标,成本费用开始降低,这将有助于项目维持在1.96 亿美元预算范围内"(见表 4.5)。应当注意的是,在使用联邦资金时,项目经理会遇到随款项拨付而附带产生的规章制度的约束。例如,采购的有轨电车必须是美国制造,这明显限制了有轨电车的产地和制造商。

表 4.5 整个工程造价

来　源	数额/百万美元	用　途
当地区域运输局	88	资本和运营费用
当地公共事业	11	公共设施重置
当地 Gadsen 发展	3.2	梅尔卡多区域提升
图森市政府	4.6	资本与运营费用
联邦投资复苏拨款	63	资本、建设和运营费用
联邦重启拨款	6	规划与设计
联　邦	14.98	库欣大街桥梁工程

有轨电车系统全线长度 3.9 英里(6.28km),设置 18 个停车站,连接了一些主要的活动中心,分别为:亚利桑那大学、亚利桑那健康科学中心、大学正门商务区、第 4 大道商务区、国会街购物娱乐区和梅尔卡多区。此项目倡议,利用有轨电车系统促进当地经济增长,同时降低外部因素对环境的影响。

经济的发展和道路连通的收益

据项目支持者说,有轨电车系统将有助于大学和市中心间廊道人口的增长。人们期望电车将大学和市中心连为一体。学校健康科学中心举例说明了新交通系统如何服务于大学和周边社区。健康科学中心位于校园的东北边,目前人员超过了 5000 人。学校预计今后十年,在中心工作或来访的个体人数增长一倍。若果真如此,就像校园其他部门一样,将导致停车位的缺少,而且还需要为这些新增人群提供住房和娱乐设施。多亏了有轨电车,由于健康科学中心以及整个大学都被四周环绕包围,中心将通过提高建筑密度而不是增加建筑面积的方式来应对人口增长。

市区学生人数的增加将导致电车沿线零售、商业办公和居家住宅的发展。事实上,自 2009 年起私人投资者已经在市中心投资了 1200 多万美元。例如,前校长罗伯特·谢尔顿宣布,2011 年春季学校将在罗伊大楼(一个沃尔格林模范店)开设课程。亚利桑那大学同样致力于打造公私伙伴关系,以便将电车沿线内三处建筑设为宿舍,供大约 1000 名学生住宿。这些建筑均是商住混合型,楼上是宿舍和停车场,底层是商铺。

图森市中心的空间需求正在增加。表 4.6 详细列出了市中心近期的工程项目。这一需求也促进了电车沿线和停靠点房产增值,幅度从2%~30%不等。即使平均增值4%,到2015年,每户房产也会有9200美元的增值。同样到2015年,对于电车线路附近的3800栋房产,市里的产权税收入也将增加3500万美元。

表4.6 处于前期规划阶段的重建项目

部 门	发 展
与居住有关的	341个新住宅单元,其中143个是低收入住房,其余是市政府指导价工人住房
制度上的	校科学探索中心和国家博物馆的未来选址
	亚利桑那健康科学中心到2020年增加1000个保健职位的扩展
	2011年5月,环境组织索诺兰协会宣布拟在市中心设立办事处
商业上的(混合用途)	上部375个车位、学生宿舍;下部12000ft²(约1200m²)零售面积的大楼
商业上的	用于商业零售和娱乐业的15英亩(60703m²)土地

项目支持者所期望的另一个经济收益是工作岗位的增加。这些工作岗位分为三部分:临时性项目设计和施工岗位、长期/固定工作岗位、间接或派生的工作岗位。

① 图森市预计,这个项目将产生大约3000个设计和施工工作岗位。其中,大约1200个岗位直接与项目施工有关,另外1600个岗位产生于19个服务于此项目的行业,大约1000个岗位将雇佣低收入者,这相当于新增4300万美元的劳动收入。

② 到2020年,预计在有轨电车沿线将创造4000个永久工作岗位:迎客,200个岗位;零售,720个岗位;服务,2880个岗位;医疗保健,1000个岗位。虽然绝大多数工作岗位不是有轨电车系统直接产生的,但随着市区人口的增加,新的工作岗位将随着新居民对便利设施和服务的需求而产生。

③ 尽管现在尚无明确的统计数字,但是由于图森市采购的有轨电车在美国国内制造,这将同样会产生新的工作岗位。

绿色运输和环境可持续性发展的收益

有轨电车丰富了城市公共运输体系。市领导乐观的认为,体系完备的城市公交有助于减少私人开车里程,缓解市区交通拥堵,而且还能产生一些列环保收益,像提高空气质量、减少温室气体排放和石油消耗等。在2013年当年运营中,本市预计将减少 90×10^4 km 的行车里程,这将节省4600gal(约合17413L)汽油,并减少220t温室气体排放。

值得注意的是,有轨电车是由电力驱动的,这意味着新能源可以作为能量来源。此外,车厢装备有制动再生装置,还能够回收一部分能量。最后,有轨电车的运行比城市现有公交车队的运营更加高效。通过建设有轨电车和公交车共用的停靠站，能效得到了进一步提升。顺带一句，有轨电车的运营将通过绿色建筑设计的评估。

调解纷争和经验总结

现代有轨电车项目落地开发并不容易。实际上，在经历了四次失败的尝试后，这个区域交通运输项目才得以成为现实。尽管已经完成了设计阶段，项目主管仍然面临着从产权收购到减轻人们对有轨电车的担忧的难题——人们一直担心有轨电车可能对具有历史考古价值的地点产生干扰。

本文接下来的部分简略说明这些困难，并详述项目组的应对之法。不过，区域运输管理局项目服务主管卡洛斯·德莱昂说道："不能回避在高度城市化的地区建设新的运输系统具有某种破坏性这一事实。当谈到现代有轨电车项目的建设时，我们不能粉饰这种事实"。

合伙与容忍

城区和其他地区的领导者早就认识到，在项目建设过程中，受影响最大的是市区的商家。区域运输局已经和商家合作了4年多，并举行了6000次关于有轨电车项目的会议，以尝试将施工建设产生的不利影响最小化。缅因街也对商家免费提供价值6000~8000美元的咨询服务，并帮助策划一系列商业活动。最后，市区的商人也推出了"施工建筑期间消费者购物卡"，给在施工期间购物的消费者打折。尽管如此，市区商家仍然认为，有轨电车项目施工的确对商业活动产生了影响，现在他们更加需要忠诚的顾客。

产权的获得

由于此项目主要落实在公共共同权的地段，并满足城市土地使用和经济发展目标，因此没有经历太多关于产权方面的困难。不过，项目的东部区域处在亚利桑那大学校园内，不归市政管理。通过与学校合作，项目组将学校的计划和关注点融合到有轨电车线路设计中，避免了可能的冲突。

噪音与震动

由于噪音和震动影响到周边的生活质量，施工经常会引发人们的不满。为了应对这些问题，项目组采取了许多缓解施工影响的措施。每项政策和行为都是确保在居民生活品质和承包商快速、灵活、高效施工之间达到平衡：

①施工在白天进行。②如果可能，采用封装发动机和/或具有高性能消音器的设备，以降低噪音。③设备和施工集结区将尽量远离噪音敏感区域，施工车辆和设备也会远离居民区。④限制设备车辆的空转。⑤给固定设备安装隔声板，例如压缩机和发电机。⑥如有必要，可能需要更换窗户，或提高30dB的声音穿透等级。

靠近大学敏感设备的轨道线路导致人们对电磁干扰的担忧。市政和学校再次共同合作，以避免这些潜在问题的发生。当事方同意将这些设备移入房内以避免电磁干扰。市政和学校还同意将电力牵引变电所设在离敏感设备至少30m远的地方。这样的合作对于确保交通投资拉动经济复苏项目的拨款尤其重要。

骑行

项目规划者与骑行者合作，以解决一些潜在的冲突。在骑行者较多的地方，有轨电车的轨道将置放在道路中央。在市中心的街区，电车将靠左运行，以避免干扰到骑行者和路边停车地。最后，电车将优先驶过格拉纳达大街东侧，以减少对图森自行车赛的影响。

环境影响

尽管人们期望此项目能提高空气质量并减少污染，但是它还是会对环境造成影响。施工期间的流量、挖掘以及泥土的运输都可能对水质造成负面影响。这种影响的范围和程度现在还不可预知，这取决于土壤和气候等一些列因素。注意到这些问题，政府公布了一项泥土侵蚀和泥沙控制计划，采取某些雨水控制措施缓和环境问题。

管理计划涉及到若干临时性和长久性的减缓暴雨影响的控制措施，包括安装拦沙网和覆盖物。如有必要，市里和承包商还将安装澄清池、泄露预防、保留盆地、拦截壕和侵蚀垫。其他措施也会用到，如清理淋湿暴露或存积的污垢、清扫街道、种植植被和门窗密封等。最终，值得注意的是，由政府职员和顾问共同编制的城市环境影响评价表明，有轨电车项目对生态敏感地区和濒临灭绝的动植物没有显著影响。

历史意识和考古

有轨电车项目由于在已开发的地区进行施工，少数人行道和建筑物会受到影响。同时这一项目有可能穿过考古遗址。鉴于此，先于施工之前，市府已经与相关人士合作，同意清理或已经清理了10号州际公路西侧敏感地区。一经确认，政府将进行考古监理。

结语

案例研究表明，对当地政府来说，能同时保护环境和促进经济增长的交通运输设计是一项艰巨和具有挑战性的项目。但为了实现当地经济的可持续发展，同时减少碳排放，就必须解决交通运输问题。通过调查图森市3.9mile(约6.3km)长的现代有轨电车项目，本章展示了绿色经济发展的希望。此项目在减少了220t碳排放的同时，创造了超过1500个固定工作岗位。图森市的案例表明，服务于经济可持续发展的公交系统改造项目既不容易也不顺利，但是通过与合作伙伴的积极努力，许多问题是可以避免或解决的。

参考文献

Allen, L. 2012. Doing what they can to help heal the hurt of construction. Inside Tucson Business, June 1, http://www.insidetucsonbusiness.com/news/doing-what-they-can-tohelp-heal-the-hurt-of/article_253b5758-ab75-11e1-a0e4-001a4bcf887a.html.

Barth, M., and K. Boriboonsomsin. 2009. Traffic congestion and greenhouse gases, http://www.uctc.net/access/35/access35_Traffic_Congestion_and_Grenhouse_Gases.pdfCity of Tucson. 2007a. Annual summary of growth: Tucson, http://cms3.tucsonaz.gov/sites/default/files/imported/data/general/annual.pdf

City of Tucson. 2007b. Major transit investment study, http://www.google.com/url?sa=t&source=web&cd=12&ved=0CBkQFjABOAo&url=http%3A%2F%2Fdot.tucsonaz.gov%2Fprojects%2Fattachments%2F6638D2BE-FBF1-E5C6-A82F29CBF9A9D531_C29A821A-FF90-024D-981FE49DC70CCD79.pdf&rct=j&q=what is a flange bearing frogs streetcars&ei=qA0NTta3J-bZiAKIq8XMDQ&usg=AFQjCNEgwLVWOqEgdNvmpV_-9LQajbuVgA

City of Tucson. 2010. Final supplemental, http://www.tucsonstreetcar.com/documents/TucsonFinalSupplemental EA12.28.10.pdf

City of Tucson. 2011a. Modern streetcar project: Background, http://www.tucsonstreetcar.com/background.htm

City of Tucson. 2011b. Modern streetcar project: Economics, http://www.tucsonmodernstreetcar.info/

City of Tucson. 2011c. Programs & initiatives to help you do business in Tucson, http://cms3.tucsonaz.gov/business-major-initiatives

Coffin, S., S. Williams, and P. Muething. 2002. Managing growth with fairness: The regulatory takings test of smart growth policies. Center for Environmental Policy Management, Environmental Finance Center, http://louisville.edu/cepm/publications/practice-guides-1/PG2%20-%20Takings%20-%20Smart%20Growth.pdf/at_download/file

Daniels, T. and K. Daniels. 2003. The environmental planning handbook for sustainable communities and regions. Chicago: American Planning Association.

Downtown Tucson. 2009. Revitalizing downtown Tucson: Building the new pueblo, http://www.tucson12.tv/docs/CMS1_035243.pdf

Downtown Tucson. 2011a. History, http://www.downtowntucson.org/culture/history/

Downtown Tucson. 2011b. Rio Nuevo, http://www.downtowntucson.org/investment/rionuevo/

EVTown. 2011. The community of Bloomington-Normal, Il: Bloomington-Normal, IL, http://www.revengeofthe-electriccar.com/take-revenge/the-town-of-normal-il

Federal Highway Administration. 2011. Economic development: Three levels of analysis, http://www.fhwa.dot.gov/planning/econdev/

Federal Transit Administration (FTA). n.d. Issues in bus rapid transit, http://www.fta.dot.gov/documents/issues.pdf

Federal Transit Administration (FTA). 2011. Transit's role in environmental sustainability, http://fta.dot.gov/ planning/planning_environment_8514.html

Garrett, T. 2004. Light rail transit in America: Policy issues and prospects for economic development, https:// www.stlouisfed.org/community_development/assets/pdf/light_rail.pdf

Glock, J. 2010. Inside the modern Tucson streetcar project. APWA Reporter, July, http://issuu.com/apwa/docs/ reporteronline_072010/67?mode=a_p

Kelly, A., and Meltzer, E. 2006. Voters greenlight $2.1 billion road plan. Arizona Daily Star, May 17, http:// nl.newsbank.com/nl-search/we/Archives?p_action=doc&p_docid=111F0D7851C41AE0&p_docnum=3&p_theme= gannett&s_site=azstarnet&p_product=ADSB

Koven, S., and T. Lyons. 2010. Economic development: Strategies for state and local practice. Washington, D. C.: ICMA Press.

Litman, T., and D. Burwell. 2006. Issues in sustainable transportation. International Journal of Global Environmental Issues 6(4): 331–347.

Lydersen, K. 2011. Illinois town aims to make electric cars ⋯ Normal. Midwest Energy News, November 8.

O'Dell, R. 2011. $9.5M in savings found on streetcar project. Arizona Daily Star, May 4, http://azstarnet. com/news/local/govt-and-politics/article_50caee06-a753-5cd2-b972-e96ab3cde927.html

Pallack, B. 2011. UA picks 2 firms for downtown housing. Arizona Daily Star, April 16, http://azstarnet.com/ news/local/education/college/article_415ee9fe-883f-5bfd-931dd470477274dd.html

Pima Association of Governments. 2011. Population estimates, http://www.pagnet.org/RegionalData/Population/PopulationEstimates/tabid/582/Default.aspx

Pima County. 2011. Pima County 2010/2011 adopted budget, http://www.pima.gov/finance/AdptBdgt/2010-2011/

Pollard, O. 2001. Smart growth and sustainable transportation: Can we get there from here? Fordham Urban Law Journal 29(4): 1529–1566.

Pucher, J., C. Komanoff, and P. Shimek. 1999. Bicycling renaissance in North America? In The sustainable development reader, eds. S. Wheeler and T. Beatley. London: Routledge.

Racca, D., and A. Dhanju. 2006. Property value/desirability effects of bike paths adjacent to residential areas, http://128.175.63.72/projects/DOCUMENTS/bikepathfinal.pdf

Regional Transportation Authority (RTA). 2010. 2009-2010 RTA annual report, http://www.rtamobility.com/ images/stories/pdfs/RTAPlan/RTAFY09-10AnnualReport.pdf

Regional Transportation Authority (RTA). 2011a. About RTA, http://www.rtamobility.com/AboutRTA/tabid/55/ Default.aspx

Regional Transportation Authority (RTA). 2011b. Our mobility, http://www.rtamobility.com/documents/OurMobilityMay2011.pdf

Regional Transportation Authority (RTA). 2011c. RTA plan, http://www.rtamobility.com/RTAPlan.aspx

Schack, D., and J. Mason. 2010. Congestion management solutions for dense urban corridors: A plan for center city. Philadelphia: City of Philadelphia.

Shuford, S., S. Rynne, and J. Mueller. 2010. Planning for a new energy and climate future. Chicago: American Planning Association.

Steinhauer, J. 2009. In Phoenix, weekend users make light rail a success. The New York Times, September 20.

Tucson Regional Economic Opportunities (TREO). n.d. City of Tucson programs and incentives, http://www.google.com/url?sa=t&source=web&cd=5&ved=0CDgQFjAE&url=http%3A%2F%2Fwww.treoaz.com%2FTREO%2Fmedia%2Fdocs%2FIncentive%20Docs%2FCOT_Marana_OV_Sahuarita_Flyer.pdf&rct=j&q=downtown tucson incentives&ei=BfQJTqW0JbDUiALUgsjWAQ&usg=AFQjCNGHaZEiCl6MyoHWsD4Axspqgwd5SQ

University of Arizona. 2009. Comprehensive campus plan, http://cfp.arizona.edu/files/UACCP−2009Update_FinalDraft_low_res.pdf

Vanderbilt, T. 2012. The crisis in American walking. Slate, http://www.slate.com/articles/life/walking/2012/04/why_don_t_americans_walk_more_the_crisis_of_pedestrianism_.html

Wheeler, S., and T. Beatley. 2009. The sustainable urban development reader. London: Routledge.

第5章　绿色管理模式

　　对于公共管理者来说,非常重要的一点是理解公共服务效率和数量与可持续发展不矛盾。公共管理理论和实践越来越关注可持续发展这一课题。在此背景下,可持续发展的一个重要特征就是不能为了满足当代人的利益而牺牲子孙后代的利益(世界环境发展委员会,1987)。公共管理的原则与可持续发展区别不大。事实上,良好的公共供应和管理要求在短期内有效管理资源。因此,良好的公共管理对未来的公民来说风险很小(温伯格,2006,200)。公共管理与可持续发展之间不存在竞争关系,而是相互补充。在可预见的未来,两者之间更可能相互影响。

　　公共行政官与非营利董事面临的挑战,是如何可持续地管理服务和货物供给与日益有限的资源之间的矛盾(Leunberger and Wakin,2007,394)。当专家试图实施矛盾管控策略时,问题的复杂性就出现了。这主要缘于缺乏可持续发展和绿色管理知识。不过,可持续发展和绿色管理之间也有相同之处,那就是两者都属于公共管理范畴(Slunge and Loayza,2012)。

　　本章为公共管理者和非盈利组织管理者提供如何把可持续发展纳入他们的日常实践,以造福于底层民众的指导意见。本章首先介绍环境运动的历史,然后讨论如何在地方一级实现效率和效益上的可持续发展。本章以两个案例作为结束,这两个案例成功地将可持续发展和实践操作相结合。

环保运动史

　　环保运动经历了三个不同但重叠的时代:环保监管;以效率为基础的监管的改革与灵活运用;最近兴起的社区可持续发展运动(Mazmanian and Kraft,2001,8)。每个时代都包含6个关键组成部分:

① 问题识别和政策目标;

② 实施哲学;

③ 干预点;

④ 政策手段和工具;

⑤ 信息和数据管理需求;

⑥ 主要的政治和制度背景(Mazmanian and Kraft,2001,8-10)。

通过对问题的认识和政策方法的调整来检验环保运动,说明我们已经达到了一个新高度,进入了关注可持续发展时期。

环保法规

从 20 世纪 70 年代开始,持续到 1990 年,刚开始的环境运动专注于发展行政和监管基础设施来保护环境(Mazmanian and Kraft,2001,8-10;Rajao,Azevedo,and Stabile,2012)。在此期间,环境恶化被认为是由商业和工业活动引起的。解决方案是建立一套法律和法规,要求企业以对环境负责任的方式来运作。然而,在此期间,政治意愿和公众都缺乏对这个框架的支持。那时的高级政策目标是要提高公众对环境的认识,以便尝试制定某些法规,并希望得到州政府和联邦政府的支持(见图5.1)。

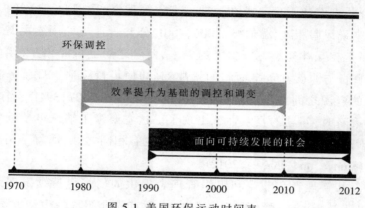

图 5.1 美国环保运动时间表

在这一时期,大部分政策和法规都是用来减少污染物进入环境的(如禁止工厂将污染物排放到河中)。在这一时期,联邦政府发挥了主导作用,联邦政府利用政策手段保护环境;支持研发新技术和新产品(如清洁生产技术和方法);利用各种方法记录了污染对环境产生的不利影响;针对日益恶化的环境问题,为遏制企业层面的污染物排放,在审查现行法律法规的基础上,还设立新的监管结构,并对其职能和作用进行评价。这一时期的研究是最基本的,不是集中在经济效益方面,而是集中在企业污染物的输入和输出上。

对环境的管理和控制大大改变了政府与企业的政治环境。两者的关系变为对抗性的, 这就出现了一种趋势, 即政府的职责主要是改变个人行为(Mazmanian and Kraft,2001,24)。

有效的改革

从 20 世纪 80 年代一直持续到 21 世纪初,环境运动进入另外一个时期,政府试图有效开展新的改革与协作。经济与环境的协调发展成为追求的目标,并重点关注在两者的整合上。在此期间。环境运动的重点转移到社会经济问题上，如更加关注污染对人体健康的影响(Gibbs，1991；Mazmanian and Kraft，2001)。

这一时期，政府为了保护环境而实施的政策方式发生了重大变化，从依赖于市场或合作机制的政策监管型，转向鼓励企业开展对环境负责的业务、探索新的行业运作模式的市场监管型。实施市场监管型的政策被认为是实现可持续发展的必要条件。

基于市场的政策

从政策监管向制定市场化环境政策的转变是政府执行能力的重要发展。围绕这一转变，这一时期形成了以市场为基础的政策机制。此外，对于那些有兴趣以市场监管机制或类似方法处理环境问题的公共管理者、非盈利组织经理来说，充分的讨论是有用的。

如图 5.2 所示，以市场为基础的机制可以分为四大部分：收费系统，交易许可证，降低市场壁垒，减少政府补贴。所有的团体都渴望创造一个具有内在关联性、市场合力且不产生环境危害的政策机制。收费制度和排污权交易都是政策工具，旨在对个人和/或公司产生的污染收取费用或税收。收费系统设置了污染控制的成本，但设置了一个允许污染总量，因此又发明了排污交易制度。排污交易制度又称排污指标交易制度、排污权交易制度、可交易的许可证制度等，它指在特定区域内，根据该区域环境质量的要求，确定一定时期内污染物的排放总量，在此基础上，通过颁发许可证的方式分配排污指标，并允许指标在市场上交易。该制度设定排污总量，并允许由市场力量决定谁使用排污指标。在不影响科技与经济发展的同时，排污交易可以有弹性的减少污染排放量。排污交易制度背后的理论是，应该限制个人或公司的环境破坏行为，但又不能完全牺牲经济利益。

图 5.2 市场化机制的类别

减少市场壁垒仅仅是一种促进市场形成和发展的工具，主要做三件事：创建市场，制定责任规则，或建立信息程序(Stavins，1998，4)。在努力创造市场过程中，减少市场壁垒也就意味着确保贸易自由和公平竞争,同时有利于提高效率。责任规则是指通过立法,对个人或公司行为导致的环境影响,按照影响程度追究责任。责任规则可以设置一个具体的追责时间表,包括对引发环境破坏的公司长期追责。甚至可以向这些环境破坏的公司出售或转让受污染土地,其价格当以受污染程度来计算,污染程度越高,价格也就越高。设定责任规则的结果是,企业是不太可能从事环境破坏活动的,因为这些破坏环境的行动可能导致企业成本攀升和长期负债。减少市场壁垒要做的第三件事,是提供市场信息,以帮助消费者识别环境友好的产品,例如,通过产品标签标注产品能耗。这种方法有利于消费者购买他们真正想要的产品(Stavins,1998,5)。

减少政府补贴是市场机制的基本要求,其目的是终止对低效利用资源或有害生产行为的财政补贴。例如:美国政府结束了化石燃料补贴,和低于成本出售公共土地上生长的木材的补贴(Stavins,1998)。对低效利用资源或有害生产行为实施财政补贴,导致企业的真正生产成本被隐藏,最终损害的还是消费者和纳税人的利益。这种行为还会助长企业的依赖心理,由此延缓新产品的研发和生产。因此,地方政府对某些特殊行业的补贴应该与公平交易市场规则相均衡,注重发展的效率和质量。减少政府补贴意味着鼓励企业寻求更有效的生产方式,生产市场真正需要的产品。

市场为基础的政策效应

任何一个以市场为导向的机制,总是从最初阶段的环境损害、提高成本,逐步过渡到环境保护、开发新产品的阶段。这两个阶段也是市场监管政策转变的结果。

随着市场机制的转变,在第二阶段,取消了事后追责的政策,更加强调生产环节的污染点,同时对生产周期内的整体效率和环境影响进行了评价。政策制定过程中的舆论导向,成为促进环境保护并进行环境污染监督的一种有效手段。政府成为市场的创造者和仲裁者,对环境污染的责任也转移到国家和地方政府。在这段时期,由于存在各种信息与评价,因此在减少污染与降低成本之间权衡利弊时变得更加复杂。

在市场机制建立的早期,政治与环境往往是敌对的。在随后的时期,人们发现这种认识并不正确。相反,人们迎来了一个合作和参与决策并制定规则的时期。结果是更多的谈判、更多的替代性纠纷解决方案,以及更少的法律行动(Mazmanian and Kraft,2001,24-25)。远离对抗,人们的关注点从不同的利益保护转到环境政策的实施上来(Glemarec and Oliveira,2012)。同样,人们认识到,政府及其制定的政策都是可以改变的,政府有能力修复市场行为导致的环境负面影响。同样,在追求环境效益和经济可持续发展方面,企业和行业以更负责任的态度从事生产经营活动,应该被政府和普罗大众看做可信赖的合作伙伴。

专注于可持续发展

从1990年到现在,环境运动第三阶段的特点,是根据是否可持续的创造一个社会的系统和过程进行评估。相比于第二阶段的政策,这是一个更广泛和更全面的概念(Mazmanian and Kraft,2001,8-10)。目前还不存在单一的、权威的关于可持续发展的定义。但最常见的参考定义为:构建一个平衡的空间,既满足当代人的需求,又不损害后代子孙的需求发展(World Commission on Environment and Development,1987)。这是一个复杂的工程,需要对环境实施更具包容性的管理,寻求环境保护和经济可持续发展之间的平衡。

持续制定并推行可持续发展政策,对于形成促进可持续发展机制、建立可持续发展机构、推动形成全民共识都非常重要。政策的要点在于对社会的干预,这需要评估并确定目标的优先次序。在环境运动第三阶段,更加注重个体行为和个体生活方式的可持续性,这与前两阶段"专注于企业和行业行为"的特征明显不同。

可持续社区政策理念超越了传统的分散和本地化范畴,其内涵上升到区域甚至国家层面。与"环境运动"前两阶段相比,可持续社区理念更加追求价值合作,搭建伙伴关系,注重社区参与。当地政府在重大事项的审议和决策过程中,与社区组织的沟通、对话必不可少,这种沟通是确保拟定政策真正符合社区可持续发展的重要途径。鉴于事关重大,地方公共行政人员和非盈利组织管理者可能会成为参与讨论的双方。

在讨论可持续发展的概念,并拟定可持续发展框架时,社区自然会首先评估他们目前的可持续发展程度,这就是典型的社区参与。我们知道这方面的初步努力是有成效的,但还远远不够,毕竟"环境运动"第三阶段仍在发展之中。随着时间的推移,总有一天,技术改进和方法创新会让我们有能力预测、识别、选择那些最可持续的选项(Mazmanian and Kraft,2001,24)。但目前,公众管理者和非盈利组织管理者只能被迫使用现有方法,努力创建可持续发展社区。

可持续发展与公共管理

"环境运动"的三个阶段为公共管理者和非盈利组织管理者提供了一组基准,后来者应该了解并尊重这一发展历程:既要坚定环境意识,又要延续对话传统。大多数人认为,为了实现可持续发展,真正植根于未来,社区的广泛参与是必要的(Kanie et al.,2012,298)。目前阶段,社区的参与程度尚需提升,而公共管理者和非盈利组织管理人员有可能成为引导者和促进者,从而践行公共管理的终极目标——实现可持续发展。

在新的公共服务价值观的语境下,思考公共行政原则。新的公共服务价值观认为,公共管理者和非盈利组织都是公共利益的追求者,应该通过社区对话来分享共同的价值观。公共服务价值观强调:政府是一个可以协商的公仆和代表经纪人利益的职能部门;应该通过非盈利组织与私人机构建立联盟,实现公共政策目标;“责任”是一个多层面的概念,囊括了法律、社会价值观、政治规范和专业标准等方面的考量(Denhardt and Denhardt,2007,28)。除了以服务公民为核心,并鼓励组建“参与式”政府外,公共行政继续奉行社会公平、效率和效益的原则。

对公共行政原则和可持续发展原则进行比较,可以发现二者都特别注重效率、公平和参与(Leunberger and Bartle,2009,5)。效率是二者的共有价值,从这个意义上说,可持续发展和公共管理都强调稀缺资源的有效利用。公平是另一个理想选择,在社区内,它和效率都追求公平地分配资源,而且这种公平必须顾及当代、惠及子孙。最后,在政治和决策过程中,公共行政和可持续发展都寻求社区的广泛参与,体现了包容性,并以此评判制定的政策和提供的解决方案是否正确、可行。正是因为都注重效率、公平和参与,才促使公共行政管理和可持续发展两大体系相辅相成。因此,公共管理者和非盈利组织的专业人士应该了解,在追求可持续发展道路上,他们之间的职业价值观是一致的。

可持续社区:地方政府的绿色管理

鉴于本书的地方特色,大多数可持续发展的案例都是来自美国各地社区。但很多社区的成功都离不开联邦政府的支持,因此在讨论当地社区的努力时,不能不提到联邦干预。即使承认联邦干预发挥了重要作用,地方社区仍然是新兴的广泛可持续运动的领导者(Chifos,2007;Environmental Protection Agency,2005;Fercho,2009;Hirokawa,2009;Vercheick,2003)。以下两点可以略作解释:首先,公共部门的活动是美国经济的重要组成部分,可持续发展政策和公共部门的服务对整个社会有很大影响(Parrado and Loffler,2010)。其次,这是一个重要的发展,人们认为,要达成一个全球性的环境保护协议非常困难,因为全球解决方案需要不同层次、多个方面的集体努力,进展缓慢,因此局部区域可以先行(Ostrom,2009,38)。在此认识下,政治环境遂由国际和国家一级过渡到地方一级(Betsill and Bulkeley,2006,154)。

导致可持续发展途径复杂化的,是“可持续发展的核心主题——经济繁荣与环境保护之间的紧张关系”(Jordan,2008,17)。事实上,早期的辩论主要是取舍论,即经济繁荣与环境保护之间是对立的(Gibbs, 1991)。尽管目前仍然存在着将二者整合的困难和障碍,但坚持可持续发展可以节约成本,节省下来的资金能够促进一个地方的整体经济状况。以下各节探讨可持续发展和经济发展。

本章的基本假设建立在可持续发展的"可持续性"和经济发展的"综合性"方面。可持续发展的基本内涵包括"节约成本,有效利用资源,不依赖于不可持续的能源,创造新的就业机会和经济增长机会"(Geary, 2011, 1)。因此,讨论可持续发展和经济发展时,大部分案例都恪守了社会责任、环境保护和经济增长三重底线(Zeemering, 2009, 249)。

地方政府可持续发展的工具包

地方政府可以通过直接和间接行动落实可持续发展政策和解决方案(Holst, 2009, 91)。

直接作用

在落实可持续发展政策和解决方案过程中,地方政府的直接作用,包括对那些容易产生环境影响的工作环节或流程进行修改。实例包括以更节能的方式改造市政建筑、实施绿色采购流程、修改人力资源职能等。直接行动可以进一步区分为内部或外部两种(Holst, 2009, 92)。如重新划定人力资源职能就是内部绿色行动,因为人力资源的功能虽然必要,但其职能并非专门为市民提供商品或服务。外部绿色行动涉及修改那些直接向公众提供商品或服务的流程或方式,使之更符合可持续发展原则。例如,将本地交通系统的动力从不可再生能源切换到可再生能源。

间接作用

地方政府的间接行为应该有利于社区创造可持续发展机会,或对社区已经实施的良好行为给予鼓励和表彰,包括三种行为:法律或监管,经济行为或奖励,社会行为或信息的提供(Holst, 2009, 91; Li and Li, 2012)。

法规的间接作用包括市政条例对建设项目用水和节约能源的要求。例如:绿色建筑条例,要求建筑项目符合领先能源与环境设计的(LEED)认证标准。以宾夕法尼亚州西切斯特为例,按规定,私人商业楼宇必须按照"能源之星"标准设计。"能源之星"是美国环保署和美国能源部联合发布的能效标准(Borough of West Chester, 2008)。

经济间接行动包括广泛使用的政策,以及确保政策连续性而提供的财政奖励。美国绿色建筑委员会的财政激励措施包括四大类:税收优惠或减免,费用减少或豁免,助学金和循环贷款基金(U.S. Green Building Council, 2012)。税收抵免是指,只要个人或企业的行为符合城市可持续发展指导方针,政府就将在一段时间内减免个人或企业的部分税收。例如,俄亥俄州辛辛那提市规定,用于工业和商业活动的房屋建设,其标准只要符合 LEED 认证标准,则在 15 年内免征房产税。以这种方式,辛辛那提市为住宅和商业开发商提供了一个金融激励政策,确保了城市建筑符合 LEED 认证标准。费用减少或豁免通常适用于新建开发项目,需要生产商主动提交绿色建筑设计、施工方案。不过,为了抵消 LEED 认证费用,纽约城的巴比伦社区允许开发商建设的商业空间或多户住房面积超过 4000ft²(1219m²)。

基金为符合一系列预定的可持续性标准的新建或改建项目提供资金。在华盛顿州的国王县,规定为 15000~25000 美元的新建和改建建筑提供资助。

循环贷款基金又称为风险池基金,为开发者有偿提供绿色建筑的新建或改造融资(Merritt and Stubbs,2012)。例如,密尔沃基的能源效率计划,居民和业主无需前期资金投入,只需获得风险池基金贷款即可进行建筑建设,所贷款项按月分期偿还。此举节省了能源成本,基金使用和管理可控。

社会行为或信息提供是间接行动的最后一类,是通过社会沟通,包括利用数字和社交媒体来实现的(Holst,2009,96)。如加利福尼亚州的圣莫妮卡、密苏里州的堪萨斯市、宾夕法尼亚州的费城,都有广泛的可持续发展计划,并且都建有网站、社会媒体等。另一个例子是位于五大湖地区的密歇根州,该州河道交错,水系发达,地形地貌独具特点。为了让本州居民特别是青少年了解本州的地理知识和所在区域特点,该州非常重视教育,大量普及网络和数字媒体,将信息技术和流域科学联系在一起,希望利用这种方法唤起人们对流域问题的理解并提出适当的管理措施。

有一点很明显,地方政府在追求可持续发展过程中,有许多资源可供利用。公共管理者和非盈利组织管理者可以创建一个议程框架,为社区走向一个更可持续的未来创造条件。

绿色采购与人力资源管理

绿色采购

以身作则是鼓励更广泛的社会采取可持续发展措施的一种方式(Marron,2003)。在这种情况下,国家和地方政府开始通过评估其内部流程,来论证政府行为是否符合可持续发展要求。在推行绿色发展过程中,政府应该发挥示范作用。最近,这方面的实例正在增加(Bansaland Roth,2000;Rangarajan and Rahm,2011;Thomson and Jackson,2007)。典型的例子就是"绿色采购实践"(GPPS),在选择经销商和产品时,要考虑政策要求及环境因素(Green,Morton,and New,2000;Gunther and Scheibe,2006;Lemosand Giacomucci,2002;Min and Galle,1997)。"绿色采购实践"关注的方面包括：材料和产品是否由可再生能源制备,是否节能,有毒化学物质含量是否降至最低(Lemos and Giacomucci,2002)。现实生活中,在购买商品时,某些"绿色采购实践"支持者即便花高价也要选购绿色产品,还有一些人则选购那些既环保又节约成本的产品。"绿色采购实践"关注产品本身的环境影响,也很重视产品的价格;但它更强调绿色产品的成本与环境之间的平衡,产品好,还要人们买得起。

"绿色采购实践"实例

各地已经成功地寻找到了既节约成本又绿色环保的产品。包括加利福尼亚州的阿拉米达县、帕罗奥图和圣罗萨(Alameda County Waste Management Authority,2012)。阿拉米达县的综合服务社位于纸质加工厂,这家造纸厂与普通造纸厂大不相同,它能够提供含有30%再生成分的纸张,并且成本比传统纸张降低20%。帕罗奥图(Palo Alto)建立了投资回报率(ROI)工具,通过在路灯上安装发光二极管(LED)技术,从而获得130万美元的投资回报。圣罗萨的汽车使用环境友好型润滑剂,城市车辆的替代频率大大降低,从而为这个城市每年节约2.5万美元的劳动力成本。还有一个例子是明尼苏达州的亨内平县,该县 花在绿色产品上的金额从24%增加到48%,但购物成本却节约了10%(Kuranko,2010)。在其他领域,通过购买可重复使用的材料,应用先进技术,减少电力需求,杜绝有毒化学品含量高的商品,都可以做到绿色环保,节省开支,是符合可持续发展要求的(Legault,2001)。

如何创建一个GPP

公共管理者、非盈利组织管理者和机构可以采取一组连续的步骤,来启动一个"绿色采购计划"(National Association of State Procurement Officers,2012)。第一步是确定一个领导者,谁将对绿色采购过程进行管理和指导,并最终确定采购时间。下一步,面对众多的商品和经销商,建议从小型商品采购开始。之后,随着各种有用信息的收集,开始组织采购。此外,考虑到类似机构最佳的采买做法,应建立采购标准。对于许多组织来说,这些标准具有双重目的,一个是指定最佳采购方法,另外一个是明确采购目标。

确定采购团队、收集相关基线数据并建立标准后,下一步是寻找投资者。这些人将有助于确定最可行的采购方法,并可以检查采购计划的合理性。这可能是必要的。投资者对绿色采购计划存在的问题进行分析并找到解决办法,这一点非常重要(Gunther and Scheibe,2006)。

在创建"绿色采购计划"中,管理应该贯穿整个过程,并在关键节点提供支持。下一步是创建一个测量和评价系统,这将有助于跟踪"绿色采购计划"的进展情况。结合这一阶段收集的基准数据,将有助于建立一个项目的成功案例。在收集完项目的数据后,采购团队可以奖励他们的支持者并记录他们的业绩。最后,重要的是寻找现有的资源,并寻找类似规模的成功案例。通过利用别人的经验,即使从开始就遭遇失败,也不太可能彻底丧失成功的机会。

绿色人力资源管理

人力资源管理是另外一个政府和机构已经尝试实施绿色管理的领域。私营企业已经开始建立一个绿色人力资源管理部门,但有证据表明,政府的人力资源管理部门已经开始效仿。

行政变化

在最近的一项研究中,公共部门的人力资源专业人士指出,现在将文档变为电子文件, 电子文件成像, 变成一个完全无纸化的办公系统 (Rangarajan and Rahm, 2011, 242)。这样的系统需要投入前期成本,但长期来看可以节约成本,减少纸张消耗和资源浪费,并降低劳动强度,因为工人建立和搜索文件的时间越来越少。

健康的变化

可持续发展与员工的健康状况密切相关。一个健康的员工,其缺席率(以及由此造成的生产力损失)会大大降低。这里提供的案例是路易斯威尔大学的“得到健康”计划。个人参加这个项目的资格为每月减少 40 美元的保险费。在该计划实施之前,大学面临的医疗费用超过全国平均水平(University of Louisville, 2009)。实施这项自愿计划后,现在的大学享受 2.67 的投资回报率,这意味着,花在健康计划上 1 美元,可以节省 2.67 美元。

在 2010,为了连接可持续发展和健康计划,路易斯威尔大学实施绿色健康倡议。基于这项计划的研究表明,当个人的行为对环境有影响时,他更愿意参加该计划(Healthwire, 2011)。该倡议的奖励方式是鼓励自愿者参与环境可持续项目,包括从事园艺、社区支持的农业、自行车工作计划等。路易斯威尔大学的做法,将个人健康与环境建设联系起来,同时降低了工人的医疗费用,连带降低了个人医疗保险的基数。

私人部门后期

公共部门的绿色管理经验和做法很容易被私人公司接纳。根据最近对一家私营企业人力资源专业人士的调查,为减少商务旅行产生的费用,企业各个部门已经采用了网络或电话会议的方式(Buck Consultants, 2009)。当考虑到里程花费和燃油成本时,通过使用新技术来减少商务旅行,可以很容易地节约成本。

许多组织已经在线公布了他们的计划(提供打印的表格)。另一些机构则为员工提供在家工作的机会,这些举措都会减少办公室空间和能源需求。在所有领域中,人力资源管理已经成为一个关键领域,它正在采取自己的创新战略,塑造绿色、可持续性的管理模式。

可持续性指标

在追求实现可持续发展的过程中,一个较为明显的趋势是形成一套用于评价环境对于政策影响的指标,而且这一指标刚好与可持续发展目标相吻合(Keen,Mahanty,and Sauvage,2006;Meadowcroft,2000,376;Sarkis,1999;Satterthwaite,1997;Upadhyay and Brinkmann,2010)。加利福尼亚州圣莫卡(Santa Monica)的可持续发展方案就是一个典型例证,该方案将怎样发展可持续性与评价该方案效率的框架结构相结合,由此证明该市拥有了较为清晰的技术指标和评价体系。而且,城市的框架研究体系也使地方官员可以清楚地判断系统进展情况以及个人的计划与行为达标与否。

圣莫妮卡可持续发展计划

加利福尼亚州圣莫妮卡的可持续发展计划于1994年得以采纳,已经修订过两次,最近一次是在2006年。发展计划的目标是保护城市资源,减少对环境和人体的伤害,有助于城市未来的社会和经济发展(圣莫妮卡市,2006)。为了寻求制定可实施的法律文件,该市确定了八个目标领域。每个领域都有具体的发展规划,确保该市成为可持续发展城市。这些领域包括资源保护,环境和公共健康,交通运输,经济发展,开放性空间和土地使用,住房,居民教育和参选,以及人权。

指标类型

对于每个目标领域来说,城市使用的技术指数可以提供清楚的地区环境信息或者政策(行为)的影响力。指标因素分为两类:系统指标和程序指标。系统指标给出有关目前特定区域的条件信息。程序指标则追踪这些目标朝向可持续性发展的效率。城市同样为这些指标确定了清晰的评价标准,做到对目标进展情况实施明确且有据可查的追踪。而资源保护和经济发展的目标提供了精心设计的指标因素,使得这项措施经过简单修正后,就可以提供给其他城市借鉴。

资源保护

资源保护旨在减少非本地、非可再生和非循环利用材料的整体消费量;它们包括水、能源和燃料(圣莫尼卡地区城市,2006)。系统技术参数包括圣莫尼卡地区的固体废物生成、水资源利用、能源利用、可再生能源使用、温室气体排放和生态足迹。程序参数则包含城市允许范围内的绿色建筑数量。

在固体废物产生方面,城市确定了三条子参数指标:整个城市范围内固体废物生成量、垃圾填埋总量和垃圾填埋场的数量。对废弃物生成而言,该市确定的目标是不超过 2000 年的水平。为了分流,目标也提到:可以循环利用或者作为堆肥处理的固体废弃物应该占到固废总量的 70%。

经济发展

经济发展的目标集中于培养本地居民所需的多元化和稳健的地方经济(圣莫尼卡地区城市,2006)。系统技术参数包括:

① 经济多元性;

② 本地商业重新投资;

③ 平衡工作与住房关系;

④ 生活费用;

⑤ 创造就业质量;

⑥ 收入差距;

⑦ 本地企业的资源使用效率。

这些指标中有一点是值得关注的。经济多元化考量着城市单项商业活动占据整个经济活动的份额。该市设定了如下目标:打造一个生存区间,每项商业活动单元不超过城市经济总量的 25%,而最高的三项商业活动所占份额不超过 50%。该市通过约束单一商业的运营能力,防止其严重破坏整体经济运行,以此确保地方经济稳定和多元化发展。

指标的重要性

各项指标均表明,用于可持续性投资的时间和努力是值得的。自从实施可持续性发展战略以来,圣莫尼卡就可以向居民提供计划实施对于改善本地环境和可持续性的具体信息。指标同样为本地居民提供参考,它们可以帮助居民了解地区正在面临的问题,以及本地政府是如何与多元利益主体共同谋求改变的(Redefining Progress,2006)。

总结及行动理念:得克萨斯州的圣安东尼奥和宾夕法尼亚州的费城

公共行政机关的绿色发展模式是最近才出现的,它可以追溯到 20 世纪 70 年代。自那时起,给予本地政府有关可持续性的关注开始以指数方式增长。本章及后续篇章为行政官员和非营利性专业人士提供信息,具体指出哪些可持续性方案可用于组织实施,并对整体经济发展有利。

下面的案例将可持续性概念带入现实环境中。首例就是圣安东尼奥和得克萨斯引入可持续性发展的过程。除了这些,该市还清楚地表达出将经济发展与可持续性原则融为一体的计划方案。第二则是关于费城水利部门使用可持续发展技术的案例,该部门以此提升城市部分领域的经济发展潜力。这两则案例都是本地经济发展与实施可持续原则共荣的主要例证。

绿色行动:圣安东尼奥市政府的绿色运营模式

近年来,圣安东尼奥市正朝着打造绿色家园的方向前进。这项行动开始于2010年2月4日,同时实施可持续发展计划。这项计划命名得当,以西班牙传教士的传统命名并赋予其新意(Verde 在西班牙语中是绿色的意思)。绿色行动计划初期包括10项内容:

① 创建21世纪能源基础;

② 一项高科技风险投资基金;

③ 一项绿色工作计划;

④ 经济发展策略;

⑤ 新建筑的绿色实施诀窍;

⑥ 绿色翻新计划;

⑦ 交通措施;

⑧ 可持续的不动产发展规划;

⑨ 一站式绿色研究中心;

⑩ 城市内部规划(圣安东尼奥环境署,绿色可持续发展计划,2010a)。

市议会随后拓展了绿色计划的领域范畴,延伸至保护水资源、减少废弃物、多元化交通燃料、紧凑和低冲击发展模式、文物保护、绿化和绿地建设,以及食品本地化(圣安东尼奥环境署,绿色计划更新版,2010b)。

城市所有管理部门全部参与,城市环境署(OEP)负责跟踪监督,监管并起草年度报告。这则案例的数据主要来自对绿色计划(修订版)的分析、圣安东尼奥市永久性库存,以及对 OEP 总设计师 W.Laurence Doxsey 的一次采访。

社区绿化举措

圣安东尼奥市在能源和水资源方面的举措主要是保护和使用清洁可再生资源。一项御寒辅助计划重点关注房屋防寒保暖的能力,由 CPS 能源负责实施;一项小企业增效计划用于提供数百万美元贷款,以帮助小企业更加节能运行;一项绿荫计划负责提供6000棵折扣树木,栽种于建筑物旁,以此减少建筑物能耗;起初,绿色行动中心安装了一套太阳能电力系统;一项相关的绿色工作举措,主要是负责提供与绿色技术相连的工作岗位和市场。

土地使用与交通运输

在建筑和生活区,该市致力于改善建筑规范,并以此增加带有净零能耗的住房存量,直至2030年。市长的工作主要围绕可持续建筑展开,包括新建建筑和老旧建筑翻新。绿色承包商折扣计划负责提供折扣给旧楼翻新工程,以此改善其能耗。此外,该市还在与美国住房与城市发展部(HUD)合作,借助HUD的可持续生活区发展基金,来完成自身的改造。

圣安东尼奥市的交通运输和土地使用策略旨在打造绿色运输枢纽,面向大众的运输模式以及城市间的步行通道。电力机车得到重点发展,同时在整个城市间建设电车充电站。同样鼓励使用自行车出行,在城市中建设自行车公共使用体系,以此保障可以随处取车和停放车辆。在媒体的宣传报道中,自行车出行的安全性得到了赞扬。

社区宣传

2010年,社区宣传工作由市长Julian Castro在绿色计划中主持实施。宣传的主要目标是通过教育和通信资源改善可持续性,同时为绿色计划提供实质性的资源。本地社区大学与绿色计划联手推出绿色课程远程教育,成立的市民咨询委员会与市议会沟通,确保绿色计划的成功实施。

水资源保护

圣安东尼奥与许多城市有着相似的市政供水系统。然而,圣安东尼奥市政供水系统(SAWS)有着悠久的保护水源历史和独特的增加供水计划。由于城市的干燥气候及对于爱德华兹含水层的过分依赖,这些努力得以实施。SAWS不断探索供水多元化,包括瞄准其他含水层及一些地方的表层水资源。2004年,SAWS开始实施一项含水层存储和恢复计划,即在雨季从爱德华兹含水层抽水并将其储存在卡里佐的含水层,待到旱季来临,再从卡里佐的含水层将水反哺至爱德华兹含水层,以此使用。

水资源保护计划在保持低用水量方面发挥着关键作用。尽管在1987~2007年间人口成倍增长,但圣安东尼奥市的用水量却惊人的保持平衡。SAWS的水资源保护计划包括向顾客提供低流量厕所,对购买节水装置的顾客实行补贴,兴建节水工厂和节水园林绿化措施。此外,SAWS还在全美范围内实施了最大规模的废水循环利用系统。SAWS在城市下方兴建了100mile(161km)长的供水管线,将高质量的循环废水用于工厂、高尔夫球场、公园,并注入圣安东尼奥的河流。近来,SAWS与绿色计划有关的努力集中在收集水循环利用中产生的甲烷。随后,这些甲烷在市场上出售给天然气用户(圣安东尼奥水系统,2012)。

能源保护

　　与其他大城市的不同之处在于，圣安东尼奥拥有国内最大的市政产能系统——CPS能源。CPS能源运作着一系列奖励计划,以此改善能源保护和空气质量。它的清洁和绿色项目目标旨在减少老旧的、效率低下的汽油割草机。同样,CPS能源还提供清洁空气,通过在市内建设大量充电站,以此鼓励使用电动汽车。其他的能源保护计划还包括可编程调温器反哺计划、节能装置计划和节能灯安装计划。

　　尽管在CPS能源的燃料调节下,煤炭仍然占据半数产能,但是绿色计划组织单位正在扩大可再生能源使用规模。CPS能源运行着"明天节能计划"(STEP),计划关注减少用能数量,力争在2020年实现减少单套产能装置(771MW)等量输出的需求量。另一项节能计划内容,CPS能源承诺利用太阳能获得的能源不少于400MW。"明天节能计划"主要目标是拥有可再生产能源系统,包括在2020年时,从风能、太阳能和垃圾填埋气获得的能源占到总能源的20%(CPS能源,2012)。

市政部门绿色化办公

　　圣安东尼奥市多管齐下的绿色计划率先从两个实体做起:OEP和可持续发展力(STF)。OEP主要是总体发展模式,而STF则是专业发展规划,STF得到各级政府补助。这些举措收到了来自联邦政府和国家实体的财政补助,多达3700万美元,国家实体中有美国能源部、美国疾病防控中心、得克萨斯交通运输部和得克萨斯国家节能办公室(圣安东尼奥OEP,绿色计划升级版,2010b)。

　　尽管OEP是引导城市绿色资源多元化的主要实体,STF也具有明确责任,去引导城市各部门采纳最好的实施措施。STF计划在2018年分三个领域实施城市可持续发展:环境、经济和社会(圣安东尼奥OEP,2012)。STF的总体目标是从城市管理入手,与各利益相关方沟通,包括市民、社区团体和商业代表。

　　STF的组成目的在于向城市各部门通报有关绿色计划的完成情况。城市信息主管官员共召集了7位城市部门负责人(包括资本改善、管理服务、金融、车辆维护和运营、管理和预算办公室、采购和合同服务,以及固体废弃物管理)。STF为城市各部门间会面、讨论、分享知识和信息,组织协调和宣传提供便利,并为部门内部或跨部门间的绿色创新规划提供论坛。

　　以身作则名义下的举措是本案例研究的中心。城市所有部门、服务机构、受让人和单位均需在这个举措下行事。聚焦点延伸至建筑物和装备、程序与操作方式(圣安东尼奥OEP,绿色可持续发展计划,2010a)。

实例

循环利用的举措

圣安东尼奥市兑现绿色管理承诺最有力的举措，就是严格执行循环利用措施。相关部门的循环利用策略可以分为 4 类：严格的自我评估，以了解消费和回收模式；积极推广、传播最佳回收方法；主动采购由回收材料制成的产品；使用回收材料制成的产品。

在回收评估方面，固体废物管理部门已经进行了废物特性研究，以便回收新型废弃物而非简单回收传统废弃物。城市内的公约、体育和娱乐部门评估这些固体废物循环利用的潜在价值。采购及总服务部协调城市废弃物回收流程，包括市政广场建设和其他区域（圣安东尼奥 OEP，2009）。经济发展部门严格评估劳动力在循环利用产业中所创造的绿色工作岗位。

作为一个宣传回收利用的事例，固体废物管理部门修订了它的网站，以此促进循环利用。除了网站质量获得提升外，该部门还引入"Carter"(意为赶车人)，一种两部分分类的垃圾箱，以此教育市民适当回收利用的重要意义。固体废物管理部门还与非盈利实体合作，包括圣安东尼奥企业回收局、塞拉利昂俱乐部、圣安东尼奥绿色城市协助者组织，以此将循环利用的信息发布至每一个社区。航空部门在候机大厅和办公室安装了循环利用垃圾箱。公约、体育和娱乐部门在每一处办公室和员工休息室都安装了固废物回收垃圾箱，以促进纸张、铝制品、塑料和玻璃的回收。

城市循环利用的产品采购已经形成一种常态。根据 OEP 报告，城市的 23 个部门在可行的时候主动采购循环利用制造的产品。例如，固体废物管理部门从"Office Depot's Green Book 公司"采购办公用品。它的名片由循环纸张打印制成，而且办公室的打印纸是循环使用的。采购和合同服务部门同样在所有打印区域适用循环纸张。

圣安东尼奥市的废弃物循环利用已经为多家部门的实例所证实。车辆维修与运营部循环使用机油、防冻液、汽车电池和金属碎屑。图书馆以电子通知形式取代纸质通知，每年可以减少纸张消耗 17.4 万张。固体废物管理部门的人力资源部报告称，以电子文件代替纸质品，可以减少纸张的浪费。公共工程部通过再利用手段，达到循环使用铝标牌的目的。

能源保护和选择性能源供给策略

城市各部门已经实施一系列能源保护举措。最重要的来自采购及总服务部，它们负责挑选最佳的供应商，简化城市建筑的节能改造(圣安东尼奥 OEP，2009)。

城市所有部门或场所乐于选用政府批准的供应商提供的节能照明系统,这些供应商则用心完成照明设置程序。警察局与采购及总服务部合作,已经为6家派出所和警察学院进行了节能照明系统改换。

固体废物管理部门给所有办公室安装紧凑型荧光灯。信息技术服务部门将常规电灯开关替换为键控开关,在办公室没人的时候自动关灯。航空部门同样选用自动开灯控制系统,在室内阳光充足的情况下,电灯通过感知而自动关闭,以此节约能耗。机场跑道灯为了节能更换为LED灯。几乎城市所有部门都采取了严格措施节约能源,这一切都通过照明改造、空调机组的高效编程和其他措施来实现。

除了CPS能源的努力外,圣安东尼奥市承诺的有关探索能源多样化渠道的努力,还体现在大规模开发太阳能、风能以及替代燃料方面。该市一直坚持开发利用太阳能。2009年,圣安东尼奥市为美国太阳城设计主办了全国太阳能会议。公园和娱乐部门及OEP主办了每年一度的"太阳节",在这个节日,庆祝可再生能源的形式包括展览、公路赛和现场音乐会。城市的OEP一直探索成立太阳城基金,以支持技术革新。该市还与"太阳圣安东尼奥"和"都市能源协会"等非盈利组织合作,提升太阳能的功效。

城市许多部门都在兑现他们对于太阳能做出的承诺。航空管理部门利用太阳能灯的潜力去增加视觉透明度,并且增加售票大厅正面灯的数量。同时,航空管理部门还装配载有太阳能电池板的围护高尔夫球车,以此削减电车的使用量。类似的是,会议、体育和娱乐部门正在探索在会议中心屋顶安装太阳能电池板。公共工程部已将学校使用的闪烁灯光,由白炽灯改换为太阳能。消防部门通过美国能源部的基金资助,在其一个显眼的消防站安装了太阳能热水系统。

经济发展部根据自己对于风能的承诺,采取企业激励举措,以更新城市替代能源计划。会议、体育和娱乐部门正在考虑风电选择。约翰图书馆建设了一座由风能驱动的新喷泉。

为了减少城市对汽油的依赖,车辆管理部采用混合动力电动轿车,以及混合动力轿车和插件混合动力车联合使用的模式。车辆管理部还出台措施,保障加装天然气能源的轿车和丙烷能源的轻型卡车的安全。该市通过特殊许可,鼓励混合动力出租车,同时通过为市民提供免费停车场鼓励其购买混合动力车辆。

绿色建筑

圣安东尼奥市还渴望成为绿色建筑的引领者。城市实施绿色建筑的举措包括如下4个方面:训练、城市对绿色建筑的承诺、开发绿色建筑激励机制、与私营和非盈利机构合作。城市建筑办公室确保每一座新建建筑都能达到LEED银星标准。航空管理部门的建筑参加了 LEED 训练培训，并且在 LEED 认证体系内掌握绿色建筑的复杂性。经济发展部为 LEED 认证项目提供激励措施，包括对 LEED 认证建筑的不动产和财产税实施 100% 折扣。

OEP 鼓励实施绿色建筑的举措包括提供免费或者贴现训练，提供奖学金和赞助给参加 LEED 培训课程的市政员工。OEP 还颁发"绿色领导奖"给本地绿色建筑的革新者。此外，一家本地非盈利机构——圣安东尼奥绿色城市协助者，与其他非盈利组织、政府组织和本地商家携手合作，促进了绿色建筑举措的实现。

绿色计划引领案例：临时评估

绿色计划引领案例虽然相对较新，但其运行如何？值得深究。评估数据主要取自 OEP 负责人 W.Laurence Doxsey。实施过程中的特殊要求或者组织和预算动态会给绿色计划带来正负两方面的影响，而且会成为未来绿色计划进程中的核心驱动因素。

障碍与促进

绿色计划的顺利实施得益于决策人的积极支持，尤其是当决策人清晰展露其大力发展经济的决心时。确信实施绿色计划会促进就业和经济增长，是其获得成功的主要因素。然而，这一势头并非一帆风顺。在许多大城市，部门间的多重利益竞争可能会分散注意力，将员工引入其他方向。而这可能会对实施绿色计划必需的部门协调和一体化造成干扰。

组织预算动态

从政府一级来看，绿色计划的愿景与议程受到官员们的称赞。在州和联邦中均有合作。绿色计划同样与非盈利社团联系紧密。三家最活跃的非盈利社团积极参与绿色计划，他们分别是绿色圣安东尼奥、太阳能圣安东尼奥和绿色计划联盟。非盈利社团并非像案例中展示的那样，直接影响城市内部举措，而是帮助绿色计划，使其落实于城市的各个职能部门当中。每个部门均需上报一份用于 OEP 操作的可持续计划。在城市的 40 多个部门中，协助支持程度可分为勉强达标、表现出兴趣、创新参与。同样，绿色计划也可以传达出强大的经济发展信号，城市内商业社团的稳健关系得以加强。

预算动态是绿色计划成功之路上的主要考量因素之一。联邦激励基金用于实施绿色计划的多个项目。水和能源升级通过联邦基金预置的内部周转基金，很快就得以实施。如果这项计划成功，该市可能会开展储蓄投资，以继续水和能源的改造进程。城市集中采购需要遵从生命周期消费分析报告，报告内容包括环境影响评价。过去，只有低成本的环境改造方案才可能为大众所接受，而随着汽油价格的上涨，人们对混合动力汽车的兴趣与日俱增。该市已经加大了沿河循环利用材料的使用量，并在沿岸安装 LED 照明。一年一度的城市嘉年华活动，需要根据城市绿色规划条例执行，而城市绿色规划条例计划采用多重绿色环保措施。

买进动因

城市内实施绿色计划的核心动因是经济发展的需求。从市民角度来讲，能源主体的变更已经为大众所接受，同时大众也支持城市借助这一变革，为广大市民创造更多的工作岗位并节约更多的花销。城市公务员和当选官员坚定执行绿色计划的核心因素之一，就是该计划的预期效益。如果绿色计划能使用好这部分基金，它将获得广泛支持。同样，绿色计划的美好前景也为该市有影响的城市电气事业单位、CPS 能源、城市水务公司(SAWS)所接受。市政部门与绿色计划的结盟，是该计划得以加强的关键因素。

总结

绿色计划有助于多元利益主体间的融合，比如社区、商业、非盈利性组织，以及政策制定实体和城市各部门之间，以此联系大家共同奋斗，实现绿色城市的梦想。这则举措已经深刻地影响到圣安东尼奥市生活中的各个层面。

费城水务部门

纵观美国，大小城市间都有一段因为供水系统老化所引发的艰难岁月。问题在于传统的基金形式已经不起作用。20 世纪 70 年代至 80 年代间，联邦政府划拨大量补助金给地方政府，以此改善地方政府的水务和废水治理系统。当前，没有足够的资金可以满足日趋增长的老旧供水系统改造项目。今天，联邦政府只需为税务系统改造提供一小部分经费，多数经费由小型社团提供。

考虑到许多供水系统的基础设施已经老化，管理机构决定推迟维修和翻新这些基础设施的时间，这种状况在本地政府管理下的废水和排污系统中比较常见。长远角度看，更新这部分系统有助于社区的发展，但由于资金匮乏，这将变得十分困难。可是，要提升本地政府的环保规划水平，光靠先进的水处理中心是远远不够的。还需要广泛倡导使用节能举措、循环水利用、实施野生动物保护区、实施教育计划以及其他措施。部分可持续发展计划甚至支持创收计划，包括绿色计划的推广，以及本地工作岗位和商机的产生。公众的期盼、加之监管当局持续向城市和自治区域施压，使其即便在雨季条件下也很好地推行可持续水资源利用计划。然而，目前尚没有统一适用的推行模式。

从长远角度看，由当地政府而非联邦政府，在环保工作中扮演主角，有利于解决环境健康问题。当地政府具有许多能力,有助于处理环境问题。这则事例的研究说明,费城水务部门通过引入可持续发展举措,改善其整体表现,同时有利于节约资金并促进经济发展。

背景

费城水务部门(PWD)是世界上最古老的城市供水机构之一,有着近 200 年不间断的城市供水服务历史。今天,PWD 为费城地区更大范围提供综合供水、废水处理和雨水处理等服务。PWD 承诺收集雨水并完成废水处理,以此确保特拉华河、斯古吉尔河以及大量市内溪流和河流的清洁与活力。

像美国许多城市的水务部门一样,PWD 在尽力满足不断增长的用户需求的同时,也遭遇到复杂的环境、人口和财政挑战。不同于其他地区的是,PWD 拓展了它的使命,寻求成为费城河流的管理者和保护人。为迎接这些挑战,PWD 需要制定一系列的城市水资源管理计划。

费城现有的水务基础设施,是近两个世纪以来清洁水和废水分配管理系统的进化结果。同样,它也是不断提高的环保法案的需求产物。因此,目前费城水务基础设施网络结构也是城市供水系统持续改进和更新的迭代结果。

雨水资源管理

当雨水和融雪伴着污染物进入水道系统时,就会形成雨水径流现象。公路、建筑和停车场阻挡着雨水浸入地下,这容易在本地水道生成瞬时急流。高通量的雨水同样会对城市供水设施造成危害。PWD 正试着通过改变城市停车场、公路和其他设施,使之能够更有效地吸收雨水,以此减少雨水径流现象。这一举措使雨水过滤更加容易,且保证其安全和清洁。

作为美国清洁水法案的一部分,国家污染排放消除系统(NPDES)调控着点源和非点源间的雨水流量。雨水系统的管理者和其他负责人可以根据本州和联邦政府的指令,进行雨水资源的调配利用。为了满足这些需求,自治区内需要制定系统的雨水监管计划。

随着土地的开发使用,河流污水(CSO)和雨水径流量显著增长,以往不受影响的城市区域,如公路和建筑,也需要翻新。而这一改变则会因为影响水的质量和降低流域生态环境品质,而直接影响该市的集水区。绿色雨水回用基础设施(GSI)有效缓解了河流污水的难题,并且通过透水区域整合,直接管控整座城市的雨水利用系统。

绿色城市,清洁水计划

2011 年 6 月 1 日,宾夕法尼亚环保署和 PWD 签署了一项开创性协议,允许

PWD正式实施绿色城市、清洁水计划。PWD 计划在未来 25 年间投入 24 亿美元，以显著减少河流污水问题(费城水务部门,2011)。为了保障这一公共投资计划不仅有助于塑造清洁美丽的河道，而且给市民带来真实的、额外的益处,PWD 将计划资金中的一大部分用于绿色雨水回用探索(GSI)。据估算,安装一套 GSI 系统,除了需要 3.45 亿美元的雨季处理升级规划和 4.2 亿美元的适应性管理调试费用外,还需要 16.7 亿美元。

减少合流污水溢流

有两种方式可以管理雨水资源。传统方式是指,采用置于地下的管线和储罐等基础设施收集和运输废水及雨水,将其运至处理厂再次加工处理。减少河流污水的办法是新建一条灰色基础设施，或建设一套绿色基础设施。结合自然条件,GSI 系统允许雨水浸入地下，而不是任其随着雨水系统或下水系统排入河流、小溪。这套系统的实现,采用了很多生物方法,如保护植被、湿地,以及在人口密集区预留雨水吸纳空间。GSI 系统中还有很多人为方法,包括增设雨桶和修筑透水路面、使用绿色基础设施等。总之,管理部门采纳了多种手段来解决下水道溢流问题。PWD 随时随地通过 GSI 系统管理雨水资源。

费城水务部门的绿色探索计划

未来 25 年间,费城致力于实施绿色城市和绿色水务管理计划。绿色基础设施建设需要翻新至少 10000acre(60700 亩)的建筑面积,以此管理地表径流,对于通过建设绿色基础设施减少河流污水的方案,则需要吸纳更多的公共投资,充分利用大量的私人投资来完成。该市将会在州和联邦政府拨款的条件下,基于不透水面积,采用雨水处理费的形式进行投资建设。为鼓励私人产业的翻新,该市采取激励机制,如减少其雨水处理费用、提供低息贷款。同样,该市还计划建设一批绿色基础设施示范项目,并公布了设计手册,还设计了一套基于 GSI 方法的开发维护手册。

长期的 GSI 系统建设需要 16.7 亿美元的基金。据估算,每 1 美元的投资都将带来超出 1 美元的社会、经济和环境效益回报(费城水务部门,2011,17)。计划中的某些要点包括:

① 存留标准:该市需要给新开发和重建项目设定一英寸的渗透标准。

② 使用绿色基础设施的要求：不透水表面的三分之一区域并入城市综合下水系统,以此转换为绿色实施区域。每 1acre(6.07 亩)的绿色区域代表 1acre(6.07 亩)综合下水系统的不透水区域,这包括雨水管理区域和排入其管理区域的部分。一般来说,每英亩每年吸收 100×10^4gal(3.79×10^4kg)的雨水量。今天,如果地面不透

水，雨水就会流入下水道和水处理系统。每英亩绿色区域会减少80%~90%的污染，还会减少大量需要深度处理的雨水(绿色城市，清洁水资源，2007，5)。

③ 私人激励机制：该市减免其雨水处理费用，绿色屋顶税收抵免，雨桶赠品，加速论证，提供免费设计，并给不透水地面所有者提供低息贷款，用于改造工程。

④ 引导计划：费城已经建设若干套绿色基础设施示范项目，公布了工艺设计手册，同时开发出一套完整的维护手册。

⑤ 专用资金：绿色城市和清洁水资源计划包括至少16.7亿美元的公共投资，用于减少污水危害。该市的部分投资费用由州和联邦政府拨款补充。

这些绿色基础设施有望减少排入河道中的受污染雨水总量，从而为子孙后代留下一笔宝贵的绿色遗产(费城水务部门，2011，17-19)。未来45年间，绿色城市和清洁水资源发展计划，将会产生超过其投资的回报率，具体如下。

① 创造工作岗位，减轻社会负担。而且，这些岗位不需要工作经验，非常适合那些没有工作或者生活在贫困中的人们。

② 提高公园附近的房产价值和绿地价值，使之接近3.9亿美元。由于增设了这些绿色便利设施，附近的地产将会增值2%~5%。

③ 在未来45年间，因为过热而死亡的人数会减少至140人以内。绿色基础设施的改进会带来阴凉、减少人行路和房顶建筑吸收的热量，以及由此带来的水汽蒸发。这些联合效应将会给城市创造清凉效应。

④ 增加树木的数量可以改善城市整体空气质量，这将有助于减少过早死亡、哮喘发作和无法工作或入学的人口数量。

⑤ 减少制冷至少需要1MBtu热量，这要求将二氧化碳排放量减少至15亿磅(约等于$68×10^4$t)，相当于减少3400辆机动车的排放量。

正面效应

除了经济利益外，许多正面效应都与绿色服务计划的实施有关。因为绿色举措显而易见，它们正确引导公众的行为，又受到公众支持，所以政府也自然会扶持这样的产业。这与兴建地下储罐和其他灰色基础设施存储雨水所引发的负面情绪形成鲜明对比。

与那些将城市和自然视作对立面不同的是，GSI的建设理念中融入了很多自然元素。这与以往的做法，诸如迁移山丘、排干湿地和重塑河道为市政建设让路，形成鲜明比对。在翻新城市基础设施过程中，PWD植树、扩建花园，并兴建其他地上便利设施，以此为经济、生态和公共健康提供多重保障。

其他城市将面临80亿美元的雨水和污水管网分离的重建费用。与之形成对比的是,在未来 25 年间,PWD 仅仅需要上述费用的四分之一,即可完成雨水并网改造项目。最终结果是,城市中的街道很少有因为兴建新的管线而被分隔的情况发生。同样,城市里会种植更多的树木和草坪,在减少城市"热岛效应"的同时,带来更加清新的空气和水资源。

在重新定位数十亿美元投资的过程中,还需要挖掘城市内每一条街道,在雨水直接流入河流前,铺设新的雨水管线或者建设大量存储结构单元;而 PWD 模式会在这些雨水变成污水前,大量加以利用,因此整个系统的资金规划仅仅是上述方式的 25% 左右。

参考文献

Alameda County Waste Management Authority. 2012. Green purchasing benefits, http://www.stopwaste.org/home/index.asp?page = 1154

Bansal, P., and K. Roth. 2000. Why companies go green: A model of ecological responsiveness. Academy of Management Journal 43:717-736.

Betsill, M., and H. Bulkeley. 2006. Cities and multilevel governance of global climate change. Global Governance 12:141-159.

Borough of West Chester. 2008. West Chester, PA passes ENERGY STAR ordinance for private commercial construction, http://www.wcbluer.org/docs/WCEStarPressReleaseFeb28.pdf

Buck Consultants. 2009. The greening of HR: Survey results, January, http://www.buckisgreen.com/pdfs/Go_Green_Survey.pdf

Chifos, C. 2007. The sustainable communities experiment in the United States: Insights from three federal-level initiatives. Journal of Planning Education and Research 26:435-449.

Christopoulos, S., B. Horvath, and M. Kull. 2012. Advancing the governance of crosssectoral policies for sustainable development: A metagovernance perspective. Public Administration and Development 32:305-323.

City of Santa Monica. 2006. Sustainable City Plan: City of Santa Monica, http://www.smgov.net/uploadedFiles/Departments/OSE/Categories/Sustainability/Sustainable-City-Plan.pdf

CPS Energy. 2012. San Antonio's energy future and you, http://www.cpsenergy.com/Residential/Information_Library/Strategic_Energy_Plan_faq.asp

Denhardt, J. V., and R. B. Denhardt. 2007. The new public service: Serving, not steering. Armonk, NY: M. E. Sharpe.

Environmental Protection Agency. 2005. Everyday choices: Opportunities for environmental stewardship, http://www.epa.gov/osem/pdf/rpt2admin.pdf

Ernst and Young. 2012. Can the market economy function without environmental transparency? State of the debate, http://www.ey.com/Publication/vwLUAssets/Can_the_market_economy_function_without_environmental_transparency/$FILE/EIU_Environmental%20transparency_v8.pdf

Fercho, M. 2009. Incorporating sustainability into local government systems, http://mypg.ca/resources/Documents/Incorporating_Sustainability_Into_LG.pdf

Geary, C. 2011. Sustainable connections: Linking sustainability and economic development strategies. National League of Cities, city practice brief, http://www.nlc.org/build-skills-networks/resources/city-practices

Gibbs, D. 1991. Greening the local economy. Local Economy 6: 224-239.

Glemarec, Y., and J. Oliveira. 2012. The role of the visible hand of public institutions in creating a sustainable future. Public Administration and Development 32: 200-214.

Green, K., B. Morton, and S. New. 2000. Greening organizations: Purchasing, consumption, and innovation. Organization & Environment 13: 206-225.

Gunther, E., and L. Scheibe. 2006. The hurdle analysis: A self-evaluation tool for municipalities to identify, analyze and overcome hurdles to green procurement. Corporate Social Responsibility and Environmental Management 13: 61-77.

Healthwire. 2011. University of Louisville's green program links health behaviors to healthy environment, http://healthfitness.com/newsletter/february-2011

Hirokawa, K. 2009. A challenge to sustainable governments? Washington University Law Review 89: 202-210.

Holst, A. 2009. The "greening" of local governments. Commonwealth: A Journal of Political Science 15: 89-99.

Jordan, A. 2008. The governance of sustainable development: Taking stock and looking forwards. Environment and Planning C: Government and Policy 26: 17-33.

Kanie, N., M. Betsill, R. Zondervan, F. Biermann, and O. Young. 2012. A Charter Moment: Restructuring Governance for Sustainability. Public Administration and Development 32: 292-304.

Keen, M., S. Mahanty, and J. Sauvage. 2006. Sustainability assessment and local government: Achieving innovation through practitioner networks. Local Environment 11: 201-216.

Kuranko, C. 2010. Green CA Summit, http://www.green-technology.org/gcsummit/images/Buying_Green-connie_Kuranko.pdf

Legault, L. 2001. Towards greener government procurement: An environment Canada case study. Paper presented at the Top Forum on Enhancing Competitiveness through Green Productivity, People's Republic of China, May 25-27.

Lemos, A. D., and A. Giacomucci. 2002. Green procurement activities: Some environmental indicators and practical actions taken by industry and tourism. International Journal of Environment and Sustainable Development 1: 59-72.

Leunberger, D. 2006. Sustainable development in public administration: A match with practice. Public Works Management & Policy 10: 195-201.

Leunberger, D. Z., and J. R. Bartle. 2009. Sustainable development for public administration. Armonk, NY: M. E. Sharpe.

Leunberger, D. Z., and M. W. Wakin. 2007. Sustainable development in public administration planning: An exploration of social justice, equity, and citizen inclusion. Administrative Theory & Praxis 29: 394-411.

Li, W., and D. Li. 2012. Environmental information transparency and implications for green growth in China. Public Administration and Development 32:324–334.

Marron, D. 2003. Greener public purchasing as an environmental policy instrument. OECD Journal on Budgeting 3:71–105.

Mazmanian, D. A., and M. E. Kraft. 2001. Towards sustainable communities: Transition and transformations in environmental policy. Cambridge, MA: MIT Press.

Meadowcroft, J. 2000. Sustainable development: A new(ish) idea for a new century? Political Studies 48: 370–87.

Merritt, A., and T. Stubbs. 2012. Complementing the local and global: Promoting sustainability action through linked local–level and formal sustainability funding mechanisms. Public Administration and Development 32:278–291.

Min, H., and W. Galle. 1997. Green purchasing strategies: Trends and implications. International Journal of Purchasing Materials, http://leml.asu.edu/Wu–SDIs–website/ Grad_presents/Sharma–Lucky/Min+Galle–1997–Green%20purchasing%20strategies.pdf

National Association of State Procurement Officers. 2012. Section 5: Steps to developing a green purchasing program, http://www.naspo.org/content.cfm/id/steps_to_developing

Ostrom, E. 2009. A polycentric approach for coping with climate change. World Bank Policy Research Working Paper Series, no. 5095, Washington, D.C.

Parrado, S., and E. Loffler. 2010. Toward sustainable public administration, http://www.eupan.eu/files/repository/Final_Report_on_Measuring_Sustainability.pdf

Philadelphia Water Department. 2011. Green City, Clean Waters: The City of Philadelphia's program for combined sewer overflow control, http://www.phillywatersheds.org/doc/GCCW_AmendedJune2011_LOWRES –web.pdf

Rajao, R., A. Azevedo, and M. Stabile. 2012. Institutional subversion and deforestation: Learning lessons from the system for the environmental licensing of rural properties in Mato Grosso. Public Administration and Development 32:229–244.

Rangarajan, N., and D. Rahm. 2011. Greening human resources: A survey of city–level initiatives. Review of Public Personnel Administration 31:227–247.

Redefining Progress. 2006. The community indicators handbook, http://www.sustainable.org/creating–community/inventories–and–indicators/290–the–community–indicatorshandbook

San Antonio Office of Environmental Policy. 2009. Department sustainability initiatives, http://www.sanantonio.gov/oep/SustainabilityPlan/Appendices/Initiative%2010/COSA%20Sustainability%20Inventory.pdf

San Antonio Office of Environmental Policy. 2010a. Mission Verde sustainability plan, http://www.sanantonio.gov/oep/sustainabilityplan.asp

San Antonio Office of Environmental Policy. 2010b. Mission Verde update, http://www.sanantonio.gov/oep/pdf/OEP–MV–BSession–2010.pdf

San Antonio Office of Environmental Policy. 2012. Sustainability task force executive committee, http://www.sanantonio.gov/oep/CitySustainability.asp

San Antonio Water System. 2012. Your water, http://www.saws.org/Your_Water

Sarkis, J. 1999. A methodological framework for evaluating environmentally conscious manufacturing programs. Computers & Industrial Engineering 36:793–810.

Satterthwaite, D. 1997. Sustainable cities or cities that contribute to sustainable development? Urban Studies 34:1667–1691.

Slunge, D., and D. Loayza. 2012. Greening growth through strategic environmental assessment of sector reforms. Public Administration and Development 32:245–261.

Stavins, R. N. 1998. Market–based environmental policies. Discussion Paper 98–26: Resources for the Future, http://www.rff.org/Publications.

Thomson, J., and T. Jackson. 2007. Sustainable procurement in practice: Lessons from local government. Journal of Environmental Planning and Management 50:421–444.

U.S. Green Building Council. 2012. Green building incentive strategies, http://www.usgbc.org/DisplayPage.aspx?CMSPageID = 2078

University of Louisville. 2009. Get Healthy Now is paying off for U of L, http://php.louisville.edu/news/news.php?news = 1441

Upadhyay, N., and R. Brinkmann. 2010. Green local governments in Florida: Assessment of sustainability performance. Sustainability: Science, Practice, & Policy, http://sspp.proquest.com/static_content/vol6iss1/1002 – 015.upadhyay.pdf

Vercheick, R. R. M. 2003. Why the global environment needs local government: Lessons from the Johannesburg summit. Urban Lawyer 45:1–19.

World Commission on Environment and Development. 1987. Report of the World Commission on Environment and Development: Our common future, http://www.un–documents.net/our–common–future.pdf

Zeemering, E. S. 2009. What does sustainability mean to city officials? Urban Affairs Review 45:247–273.

第 6 章　可持续经济发展中的公私合作伙伴关系

公私合作伙伴关系(即 PPP)在公共服务中较为常见。近年来,公共管理和非营利性管理已将 PPP 添加进自身经济发展的工具包,成为促进经济发展的手段。这些伙伴关系以准政府结构形式出现,用于建立并实施传统承包框架外公共部门和私营部门之间的政策(Walzer 和 Jacobs,1998;Weaver 和 Dennert,1987)。PPP 在创新机制上保有较为成功的业绩记录,与传统公–私交互相比,通过此机制,实现两个部门间的协同增效更为便利(Mullin,2002 年)。

从广义角度讲,公私合作伙伴关系是公共部门和私营部门之间的协作关系,其中公共机构与私营组织建立合约,使其提供一定的服务或功能。从技术层面讲,这些合作关系是公共机构和私营部门组织之间建立的结构化协议,共享供给和公共设施服务(全国委员会公私合作伙伴关系,2012)。但是,它们的形式和功能受国家和地方的授权立法制约。2010 年,美国有 29 个州以及自由联邦波多黎哥,通过立法制定了与交通相关的公私合作框架,通过这些协议吸纳了超过 460 亿美元投资(全美州议会联合会,2010)。

本章首先讨论了什么是公私合作伙伴关系,根据形式和功能,从广义和具体两方面对当地可用的 PPP 类型进行了综述。进而,对 PPP 的优缺点以及形成伙伴关系的实际问题进行了概述。同时还介绍了各地如何平衡这些伙伴关系,从而在经济发展和可持续性之间找到共同点。最后,本章根据库克维尔市和田纳西州使用 PPP,同时追求经济发展与可持续性两个目标的实际案例,进一步阐述本章中的概念。

公私合作伙伴关系的特征

有五大特点可以区分基础设施和经济发展的公私伙伴关系与其他类型的公私协议:长期合作关系、价值转移、风险和责任共享、整合和强调成果(Forrer 等,2010;Rivenbark,2010,7)。经济发展和基础设施建设合作伙伴关系是与众不同的,因为它们往往是长期协定,在整个合同期限内,概括了各合伙人承担的角色和责任。这种伙伴关系往往是刚性的、固定的,这既是优势也是劣势。一个独特之处在于,PPP 中的关系是相当综合且全面的, 这意味着选择的私营部门合伙人一般会参与该项目的每一个方面。这是与其他公私合约形式的主要不同。其他形式的合约往往规定了有限和狭义的职责范围,且参与时间明显要短得多。

公私伙伴关系,特别是用于基础设施建设和经济发展的公私伙伴关系,是极具特色的,为满足项目任务,可向私人合作伙伴转移权力和权威(Rivenbark,2010,7)。这种权力转移可促使任务成功实现。例如,公共事业或市政地役权是为确定用途而使用的私有财产权。当地役权必须用于开展与合作相关的活动时,私营部门合作伙伴有权通过协议这样做。因此,这种伙伴关系是独一无二的,因为私营部门合作伙伴取得了某些公共组织的权力,它通常不会签订严格的劳务合同。

新型公私合作伙伴关系与传统的公-私实体协议最典型的区别是引入了分担风险和责任机制。传统的公-私交易可能是雇用一家私人公司,建造一座设施或开展基础建设,同时公共机构承担所有的风险和责任。相较而言,PPP 以更加均衡的方式对风险和责任进行分配。PPP 的共享特性也延伸到由各种安排产生的潜在经济利益。合作双方进入项目时必须制定金融激励措施,否则,公共部门将无法找到自愿的私人合作伙伴。此外,PPP 具有全面的特性,公私双方都会参与过程的每个阶段,从开始到结束。此特点明显区别于传统的公-私合约,传统合约通常将外界参与限制在过程的特定部分或阶段。

区分基础设施和经济发展的公私合作伙伴关系与其他形式公-私合作的最后一个特点是:前者注重成果和绩效指标。众所周知,PPP 有严格的性能标准和成果要求。事实上,许多伙伴关系在管理私人合作伙伴的工作时,建立了经济奖励或处罚措施。

除了绩效追踪外,人们对私营机构可以促进项目建设的效率和质量,存在较高的预期。在许多公私合作伙伴关系中,维护和运营的责任在于私营实体。我们的理念是,由于任何方面的不足均会增加维护成本,所以私营合作伙伴将使用更有效的方法进行施工和运营(Rivenbark,2010,8)。

公私合作伙伴关系的类型
风险和责任分担程度
PPP根据公共服务供给的活动、风险和责任,以及移交给私有实体的程度进行分类(Corrigan 等,2005)。这种分类方法将 PPP 划分为三个重要的模型:

① 运营、维护和服务合同;

② 施工、运营和投资项目;

③ 合资(Koppenjan 和 Enserink,2009)。

在第一类型中，公共合作伙伴将公用设施或基础建设的运营和维护责任转交给私人合伙人。因此，项目的任何融资需要，包括新建或资本性投资，均由公共组织承担。在这种情况下，私有合伙人接管设施管理，并同意满足特定的性能要求和最低操作标准。此类PPP在改造行业非常普遍。公私合作的第二种模式利用民间融资，其中私营合伙人资助设施或基础设施建设，并监督其运行和维护，直到收回成本。然后，私营合伙人将所有权转交给公共组织。PPP的最终模式是合资，此模式下双方当事人共同筹措项目资本。

公私合作伙伴关系的12种模型

广泛的公私合作伙伴关系涵盖了上述三种类型的统一体。因为本书旨在为从业人员提供具体实例和实用信息，所以值得将泛泛的内容具体化。相应地，地方政府在追求经济发展和可持续性时，可能会用到12种特定类型的PPP。这12种模式可以分为三个特定的类别：建筑协议、合同协议和租赁协议。接下来的部分将对每个特定类别作进一步详述(美国政府问责局，1999年)。

建筑协议

施工-拥有-经营是第一种类型的合作伙伴关系模式，其中私人组织建造和经营设施或公共建设，没有将所有权转移给公共合作伙伴的意图。这种方法可以提高私人合作伙伴的施工效力和运作效率。在这种安排下，企业需对合作双方负责，这就需要设定一个激励机制，鼓励私人合作伙伴这样做 (Engel，Fischer 和 Galetovic，2011)。或者，在建设-拥有-转让安排时，过程相同，但是通常理解为公共部门将在一段时间后取得所有权。该协议的期限通常足够长，方便私营合伙人收回建设成本和运营资金，并有可能获得投资回报。

购买-建造-运营多以相同方式运作，但在此模式中，要购买并扩展、改造现有公共建筑或工厂。总承包的合作伙伴关系是建设-拥有-经营方式的变体，即用私人机构与私人机构签订合同，以预定价格和明确的绩效标准建造设施或公共建设。通过这种方式，成本增加或其他不可预见的风险由私人实体承担(Hardcastle 和 Boothroyd，2003)。此外，通过这种方式，公共部门可以绕过苛刻繁复的采购和融资规则，通常这些规则都由公共部门控制管理。

合同协议

合同服务是PPP的另一种形式，可进一步分为两种类型：①运营和维护交给私人部门负责，而公众部门保留管理职责；②运营-维护-管理合作伙伴关系，将所有与设备相关的责任都转移给私营合作伙伴，所有权除外。私营合伙人对设备进行投资，但这样做需要在合同中列出财务收益条款，不授予所有权。地方政府在提供污水处理服务时,一般采用后一种类型建立伙伴关系(美国政府问责办公室,1999,5)。

设计-建造-运营模式的 PPP 旨在为设备与基础设施的设计、施工和运营创建单一的合同。一般情况下,所有权仍属于公共部门,除非它变成设计-建设-运营-移交的项目。这与传统的"单独和连续"的方式不同。在传统方式下,公共机构可能必须与建筑师、工程师、建筑商、业主和运营商单独签订合同(美国政府问责办公室,1999,5)。

开发商融资为建立合作关系提供了一种机制,私人机构资助某项公共项目,可换取在拟建设备周围的经营权,或基础设施内的居住权。开发商通过销售或租赁其建造的建筑而获得收益,甚至公共部门会占用设备或基础设施。然而,开发商很少认可这种安排,他们更愿意签订现有设施的租赁协议,允许公共实体通过私营部门融资扩大或增强设施(美国政府问责办公室,1999,6)。

租赁协议

一套普通的 PPP 涉及到多种租赁安排。首先,租赁-开发-经营模式或建设-发展-运营模式,都允许民间机构租用或购买现有设施,并对其进行改造。然后,私营部门根据与公共部门签订的合同开展设施运营。租赁-购买模式下的合作伙伴关系可确保私营部门进行建设,以及为建筑物或基础设施融资。竣工后,公共部门进来,支付资金给私营部门合作伙伴。一旦支付了费用或合同期限结束,公共部门可以占有该设施,或者支付预定总额购买该设施。

租赁模式的"加强版"是销售-售后回租协议。在这种模式下,合作伙伴关系中的公共部门可以向私营部门销售或出租完整设施或某些局部设施。目前,地方政府和组织已经在使用这种方法,以期在一定的法律法规框架下尽量减少自身职责(美国政府问责办公室,1999 年)。"加强版"租赁伙伴关系与其他租赁协议类似,但是,这种模式要求私人机构购买或租赁的基础设施,其用途必须符合地方政府和公共部门的宗旨和使命。

优点、缺点和常见陷阱

关于公私合作伙伴关系类型的讨论并不规范或详尽。特定项目的具体要求将最终决定哪种类型最适合。然而,在组建公私合作伙伴关系时,充分检查每个类型的优缺点是很重要的,这种方法能够找出优点,避免缺点,并且绕过常见陷阱。

虽然经济发展的潜力在任何地方都受欢迎,但不要忘记每种模式都存在利弊,因此在订立长期合作协议前慎重考虑是理所当然。此外,有必要吸取其他公私合作伙伴关系的经验教训,并掌握他们失败的原因。只有基于对缺点和陷阱的深刻认识,公私合作伙伴关系才有可能产生预期效果。

判断某种 PPP 模式的优势和劣势比较困难,因为每个伙伴关系都是唯一的,都存在独特的挑战和障碍(国际可持续发展研究所,2012,5)。但是,我们可以寻找所有类型合作伙伴关系的共同点,这种共同点确实存在。

PPP 的优点

许多 PPP 的核心是价值定位(Morallos 和 Amekudzi,2008)。通过在公共部门和私人部门之间挑出具有协同发展作用的目标,组建公私合作伙伴,然后以更快、更经济、更安全和更有效的方式找寻公共目标(美国国立卫生研究院,2012)。在通常情况下,公共目标的核心内容都是降低公众合伙人的总成本,释放资源,用于经济开发。在多数情况下,因为它们绕过了传统的采购审批流程,应用 PPP 模式可以更快得到想要的结果。对于公共部门来说,搭建公私合作伙伴关系,增加了他们的项目承受能力和项目承担数量。这是因为合作伙伴的存在,减少了公共部门所要筹措的项目资金(可持续发展国际研究所,2012,5)。

PPP 的另一个优点是更加注重成果和业绩管理。协议条款授权私营合作伙伴获得具体的成果,这是被称为从公众到私人实体风险转移的关键(Bloomfield,2006)。例如,当私营合伙人负责某座建筑或基础设施的设计、施工和维护时,他们更愿意选择最有效的方法,因为他们要对任何缺陷或低效的费用负责。而传统项目中的私营承包商仅授予整体项目的某个特定部分,因此他们的权责有限。决策的最终结果不会涉及到他们,相反,公共部门必须承担最终风险。因为 PPP 限制了特定项目中独立角色的数量,所以在公私合作伙伴关系模式下,所有的责任、风险和回报均有清晰的脉络可循。

除了建设问题,绩效措施在其他领域也是必要的。例如,当私营合作伙伴从事建筑或基础设施操作和维修时,为及时掌握项目进度,应该明确关键的性能指标,作为公共部门跟踪和评估并发放绩效奖励的依据。事实上,一些伙伴关系总喜欢在薪资和绩效目标之间进行协商,将项目进度和薪酬奖励挂起钩来。当然,绩效考核的关键,必须确保整个机构的目标和指标相一致(美国交通运输部,2011,2)。这样,公共部门才能保证该项目及其成果与他们的任务和目的相符。

正如前面讨论的,将风险从公共部门转移到私人合作伙伴是 PPP 的一个显著而有吸引力的优势。私营合作伙伴对自身绩效和方法的远期前景感兴趣,因此,假如真的存在风险的话,则这种风险或是共享,或是全部转移到某一方,通常是私营合作伙伴一方的手中(Sarmento,2001,4)。因此,风险转移可确保项目稳定,这种稳定使公共部门免遭财政超支或时间超期的责难(Siemiatycki 和 Friedman,2012,2)。

PPP 的缺点

尽管加入 PPP 具有显著的优势,但是其缺点也应考虑在内。此外,值得一提的是,与优点一样,PPP 模式存在的缺点导致其同样不能适用于所有项目,但 PPP 模式可以为寻找存在的障碍提供指导。PPP 模式存在的一个严重缺点是潜在成本较高。私营部门的借款利率通常比那些提供给公共部门的利率高(Shaoul,Stafford 和 Stapleton,2007;Siemiatycki,2007;Siemiatycki 和 Friedman,2012)。如果由公共组织提供财政,或允许私人实体得到较低的借款利率,上述问题可以忽略。同样,因为私营合伙人是以赚取投资回报的方式与公共部门组建合作伙伴关系,可能会导致消费者的成本高于政府机构提供的服务成本。

此外,当搭建一个 PPP 时,需要核算与法律和会计服务相关的成本,这些成本足以抵消所有与此有关的储蓄利润(国际可持续发展研究所,2012,6)。同样,有资格加入这种高度结构化、复杂化和资本密集型合同的私人企业是有限的,从而减少了竞争的数量。当形成伙伴关系所需的考察、谈判过程变得冗长时,也会丢失时间效率;同时,在伙伴关系形成阶段,还需要公私两部门的合作伙伴具备大量的专业知识。由于时间和专业知识均普遍缺乏,引入外部专家进入 PPP 并开展洽谈合作是可行之举,但这样一来可能会增加运营总体成本(德勤研究部,2007,13;Jooste 和 Scott,2012)。

PPP 模式的一大优势是将稳定性引入不可预测的公共工程项目,但由于合同的长期有效性,还应对 PPP 进行谨慎的评估。鉴于公共机构为民营合伙人设立了严格的性能要求和指标规范,这些刚性的指标可能缺乏灵活性,而合同一经签署,则对公私双方具有同等约束力,由此产生的情况可能是,由于缺乏长远的利益,公众组织开展的项目可能不符合未来的需求或财务状况。

PPP 的常见陷阱

尽管有大量的学术型或应用型文献概述了构建成功协议的方法和手段,当涉及 PPP 运作时,各地仍然发现自己落入了某些常见陷阱之中(德勤研究所,2007,13)。尽管 PPP 关注于业绩考核和成果,但缺乏透明度或明确的项目目标是第一个常见陷阱。发生这种情况时,协议往往将专注点放在投入方面而忽视了成果;或者,在某些情况下,他们越过投入而依赖于产出。

投入、产出和成果之间具有显著差异。投入是启动项目时的投资,产出是投资的结果,而成果是对合作伙伴关系初衷和目标的影响(Leuenberger 和 Bartle,2009,12),即使它需要时间和行动来证明。但至关重要的是,为确保项目成功,在投入、产出和成果的各个阶段,公共部门必须制定一系列与此有关的措施,还要建立一系列强大的业绩考核标准,为私营合伙人及时掌握项目运营所需的各种信息提供便利。

结构安排上的不合理,可能导致公私伙伴关系出问题(Deloitte,2007年,13)。研究指出,公私伙伴关系的成功与否直接关系到政策、立法和支配他们的行动指南。许多时候,合作中形成的监管环境、或缺乏监管,都会助长强势一方试图扩大自己的权限或利益诉求,而最终导致交易流产。比如,公共部门过于强势,可能会将项目风险不成比例的转移给私人合作者;或者公私双方的关注点都很狭窄,仅仅盯住眼前的项目,而缺乏更长远、更全面的合作构想。事实上,结构安排上的缺陷,会直接破坏公私伙伴关系,损害当地政府的长远利益。

公私伙伴关系存在许多类型,但许多地方都选择了错误的模式。因此,在组建公私伙伴关系时,应该彻底检查项目的目的和目标,从而引导人们分析哪些模式最适合实现这些目标。很多失败的公私伙伴关系都涉及到规划不善,对项目执行成本、收益和存在的风险缺乏必要分析。至关重要的是,地方公共部门应该未雨绸缪,提早规划。

在基础设施和交通运输行业,公私合作关系常见的问题是风险转移。例如,在城市快速运输领域,公私合作伙伴经常面临载客人数比预期设计低、收益不尽人意的情况。当公共部门把这种风险全部转嫁给私人部门时,双方的合作关系就终止了(Menzies 和 Mandri-Perrot,2010,2)。此种情况下,为避免合作失败,双方最好共享资源、分担风险,而不是开辟一个新的运输系统。

公私合作关系形成的实践问题

以上讨论了公私合作关系的基本类型,包括优点、缺点的概述,以及常见陷阱。下一步是概述形成协议所面临的实际问题。这种讨论并不意味着要指导如何一步一步设计合作伙伴关系,相反,它作为关键领域的问题清单,是地方政府从讨论公私合作到最终建立这种合作关系过程中不能回避的问题。形成公私合作伙伴关系有三个基本步骤必须明确:

① 理解伙伴关系建立的监管环境;

② 定义项目的需求、目标和目的;

③ 确定每一阶段和每一方的责任(Deloitte Research,2010;Norment,2012)。

了解监管环境

了解公私伙伴关系的监管环境对于州和当地政府都是十分重要的,因为国家立法和市政条例可以促进或抑制这种关系的形成(Pikiel and Plata,2008)。法律结构提供了"一个稳定、高效的监管框架,使经济和法律环境最具可预测性,减少规则变动引发的风险"(Pacific Economic Cooperation Council,2006,17)。在美国的州级政府,因立法不同,导致公私伙伴关系差异很大(Istrate and Puentes,2011,12)。这些法律的最重要特点,是对公私合作伙伴可以从事的项目类型进行了限定。在美国,有22个州颁布了广泛、宽松的法律,允许公益组织在除交通和基础设施之外的其他领域寻求公私合作,其余的州则出台法规,将公私合作关系限定在道路工程方面(Istrate and Puentes,2011)。

有些州允许公共机构和地方当局接受私营机构主动提交的建议,而有的州则不允许。透明度和问责制是公私伙伴关系能否为社区民众所了解、所接受的重要内容。公共机构发起的招标活动通常具有明确的目标界定、项目实施方案和绩效激励指导原则,以及致力于追求公共利益的政策目标。与缺乏指导原则编写的提案相比,在正式询价阶段就接受企业的投标,更容易满足公共机构限定的要求。关于透明度,比如某个地区或公共组织正在考虑组建一个公私合作伙伴关系,此等事项属于公众告知范畴,必须征询公众意见。

授权立法或对现行法规进行修改是非常重要的,鉴于公私合作伙伴关系可能需要公共部门将项目资金转交给私人合伙人,或者在项目进程中私人合伙人可能需求某种融资工具,因此必要的法律保障是不可或缺的。在某些州,立法机构被允许参与公私合作伙伴关系,有的州要求州议会批准才可以这样做。至于是否允许公共部门参与可能导致与现有公私伙伴关系相竞争的项目,许多州的法律均有规定,但各州的情况不尽相同。另外,美国有14个州允许公共部门聘请外部顾问,以协助处理与项目有关的技术和法律问题(Istrate and Puentes,2011,13)。

定义项目目标与满足公共利益

在定义项目需求、目标和目的时,必须确保该拟建项目属于公共利益范畴,围绕该项目,必须制定一套公共政策目标。包括以下类别(California Debt and Investment Advisory Commission,2008,5):

① 经济、有效和高效地提供公众服务;

② 在追求公共服务时,利用一切方法和资产,以充分发挥其潜力;

③ 通过风险与收益的合理分配,确保公共和私营部门的参与利益。

除了确保公私伙伴关系是为公众利益服务的,至关重要的是,围绕订立的协议,在决策过程中项目领导人积极寻求公众参与。当考虑到项目存在的各自风险时,某些情况下,公共部门向私人合作伙伴移交公共服务职责尤为重要。此外,为确保项目进展顺利,可能需要当地民众额外支付某些费用,此时必须确保公众支持这一要求。

鉴于存在诸多风险,值得向公务人员发问的是:你是否有能力监督公私伙伴关系并确保满足公共利益(Corrigan et al.,2005,3)对于缺乏这种能力的,国际公众参与协会提供了一个展示公众不同参与程度的图谱(图6.1)。图谱按照涉及公众的最初目的和对公众的承诺,将其分为5个类别,包括通知、协商、参与、合作和授权。公众的参与程度是一个特别重要的问题,对于那些通过转移责任或与私人合作者分担责任,从而显著改变传统公共服务模式的情况,协商可能是当局在审议过程中寻求公众参与的最低程度。

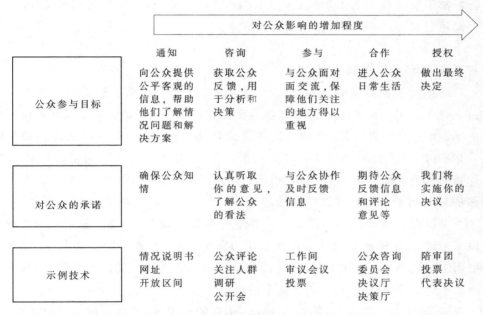

图6.1 公共参与图谱[得到公众参与国际协会(IAP2)和桑顿(Thornton)公司的许可]

确定责任

形成PPP的最后一个条件是项目的责任划分。如果不能明确职责,很多项目就不可能确定合适的合伙人,不能确定风险级别,不能确定项目责任,甚至无法判断谁应该为项目失败负责。

虽然把责任转移到私人合作伙伴将释放部分公共部门的压力,但这也需要公共部门承担由此产生的新任务(Jooste 和 Scott,2012,150)。公共部门合作伙伴必须有足够的人力资源来监管私营合作伙伴的活动,从用户服务获得反馈,并判断私有伙伴是否实现了协议中提出的目标(Rivenbark,2010)。公共机构需要确定哪些内部资源可以移交,并承担责任过渡环节的协商职责,评估所定义的方案绩效目标(莫尔顿和 Wise,2010,351)。此外,还必须确定一个拥有项目所需的专业技能和强有力管理水平的执行者(Moulton 和 Wise,2010,351)。

一个强有力的问责制度是必要的,它应该在该方法的形成阶段建立。公私伙伴关系问责需要建立适当的保障措施,以确保公共服务不会因为私人利益而受到影响(Forrer,2010,477)。事实上,预先设计强有力的问责措施,可更好地了解项目需求,从而帮助选择恰当的合作模式(Chase,2009)。最后,要求执掌问责制度的人能正确使用这一机制,并时刻保持理性和判断力(这可能需要某种培训),否则措施再好都不会发挥效力。这种伙伴关系必须实施结构化设计,设置纠错机制,以便在偏离项目目标时纠正错误(Garvin,2011)。

可持续发展和公私伙伴关系

全球存在三种类型的公私伙伴关系:商业企业、双重底线企业、社会企业(Kaul,2006,223)。商业企业尤其关注经济回报和收益;双底线企业在寻求财政收益的同时,还希望实现其他目标,比如做到环境保护;社会企业不太注重财务收益,而是寻求改善公共问题。在这个框架内,本节介绍双重底线类型的 PPP,它的目标是实现财政收益并改善环境,追求可持续发展。

加利福尼亚州圣保拉污水处理系统改造

圣保拉水循环设备 PPP 就是一个典型的双重底线类型。加利福尼亚州圣保拉的废水处理系统建于 1939 年,设备老化而陈旧,外排污水不能循环利用,需要彻底更新(PERC Water,2012)。城市既面临着超过 800 万美元的国家罚款,而且又存在着废水处理系统改造工程缺乏资金的难题。

最初,这个城市追求常规设计-招标-建造的模式,但考虑到该市的财务状况,此种模式难以保证预算达标。最终,城市努力争取到合作伙伴,组建合作伙伴战略联盟,制定了设计-建造-运营-融资一条龙模式。接受了太平洋环境资源公司(PERC)和基础设施私募股权公司阿琳达资本合伙人公司(Alinda Capital Partners)联合组建的圣保拉水有限责任公司的竞标,其项目设计工作已提前完成。

2008 年,当地政府与圣保拉水有限责任公司签订了有效期长达 30 年的合同,其中规定了具体的性能要求,包括在不增加城市额外成本的情况下,将废水处理厂的产能扩大 23%。此外,考虑到利率和融资风险,圣保拉水有限责任公司同意在 30 年合同到期后将所有权无偿归还政府。这个协议还增加了废水处理设施的可持续性,包括扩充容量实现污水处理循环利用。

　　该 PPP 项目的 90% 由当地劳工承担,且 4.5 万美元被直接投资到当地经济建设中,尚不包括销售税收入(Water Online,2011)。圣保拉废水改造项目获得 2009 年度全球"最佳水务交易"类奖项,这是 PPP 模式服务于国际水务部门的成功案例,在这个案例中,PPP 的职能贯穿始终,从签订合同开始,到设计、建设、运营和资助等所有环节,公私合作伙伴关系发挥了决定作用(PERC Water,2012,7)。

田纳西州纳什维尔加热和冷却系统改善

　　田纳西州纳什维尔市政府在市中心拥有一座加热和冷却系统,服务于约 40 幢建筑,包括国会和其他政府建筑物、美国国家橄榄球联盟(NFL)田纳西泰坦队建筑、盖洛德娱乐中心、NFL 纳什维尔掠夺者队建筑和一些私人写字楼、酒店(全国委员会公私伙伴关系,2012)。但这座加热和冷却系统不能满足经济和环境目标。

　　为满足纳什维尔市的要求,星球能源项目和服务集团(CEPS)提交了一份价值 4600 万美元的标书,涉及新加热和冷却设备设计、开发和运营,现有设备被转移保存。项目提前 7 个月竣工,资金来源于市政债券,市政府保留了所有权,星球能源项目和服务集团获得了 15 年运营和维护合同。新设备采用天然气为燃料,取代了垃圾燃烧,显著降低了环境影响。引进新技术后,设备的工作效率大幅提高,项目节约成本约 7000 万美元。同时,将沿河站点的老设备移除,新设备择址安装,腾挪出空间,留待其他发展机会。

实践中的结论和概念

　　以上案例表明,通过组建公私合作伙伴关系,当地政府可以同时追求经济利益和可持续发展。二者不是相互排斥的,给予绩效指标是所有 PPP 项目的组成部分,这取决于公共部门如何将可持续发展纳入协议条款(Koppenjan 和 Enserink,2009)。PPP 是跨部门协作实现可持续发展的典范(Ferroni Castle,2011,1065;Malmborg,2003)。

　　本章将提供一个框架,从 PPP 是否适合你的所在地和项目开始。现实是任何两个 PPP 都是不一样的。形成 PPP 所需的技术和法律能量是巨大的,而且一个项目的周期往往很长,期间的变化也很多。应该首先梳理已知信息,如当地的优缺点以及项目安排中可能存在的各种陷阱。与此同时,本章还将提供实现利润增长和可持续发展的 PPP 案例。

　　以下介绍田纳西州库克维尔利用 PPP 模式追求利润增长和可持续发展双重目标的案例。虽然这个案例不能与上述讨论的 PPP 模式完美契合,但这个案例具有独特性,因为这是私营合作伙伴免费提供的服务。正如将要讨论的城市问题不需要让技术专家或工作人员监测其能源使用状况一样,因为道理很简单:只需降低使用成本,就能实现节约。在缺乏必要的人力物力情况下,市府与私人机构建立了合作关系,由其提供必要的培训和管理,以评估其节能措施,并作出改变,实现成本节约和环境优化。

康明斯滤清和库克维尔非封闭挑战

田纳西州库克维尔市位于纳什维尔和诺克斯维尔之间,拥有大约 30000 个社区,其中最大的 20 个社区通过政府议会管理制经营自己的市政公用事业。城市与康明斯过滤系统公司建立的合作伙伴是一个自然形成的关系。康明斯滤清系统是一个全球性的制造及分销公司,业务涵盖过滤、冷却剂和燃料添加剂的商业发动机系统,公司总部设在田纳西州纳什维尔市,拥有 23 家生产基地,在世界各地还开设了 16 家分销中心。

双方的合作不仅让城市实现节能,也为在更广泛的社区范围内讨论环境问题提供了机会。因此,这种伙伴关系产出的收益是多方面的。正如将要讨论的那样,这种模式的公私合作伙伴关系从节约成本或经济发展的角度探讨环境问题,甚至将此类问题引入社区,激发了人们的参与意识。

康明斯滤清系统-库克维尔相连接

如果不是因为库克维尔区普特南县商会,康明斯滤清系统和库克维尔市之间的合作伙伴关系可能就不会发生。这个商会的一名成员和当地行业代表组成委员会,定期评估所在地区商家的行为,并看看这些商家是否需要支持和帮助。2010年,商会联系了康明斯滤清系统与库克维尔市府领导,现场交流期间,康明斯滤清系统设在库克维尔的工厂经理表示,希望通过引入"非封闭挑战项目",支持库克维尔社区节能实践,以适应城市特性和未来发展。

康明斯滤清系统的"非封闭挑战项目"是该公司正在实施的几个节能项目之一,目的是提高员工的节能参与意识,改善环境、应对气候变化。该项目的主要节能点是设定员工参与机制,通过关闭电门、限制用电,以及更换节能用电器等措施,减少某些设备或场所的电能浪费。具体操作中,各地的分公司主管和下属员工负责制定一个本部门的电门"关闭计划"并拟定执行策略,公司总部对表现最好的议案进行表彰。在 2010~2011 年,明斯滤清系统公司设在库克维尔的工厂议案获得了最佳成本降低奖(节省近 4 万美元)和最佳温室气体减排奖(康明斯滤清系统,2011 年)。

考虑到"非封闭挑战项目"花费不多,其节能效果清晰可见,因此商会委员会联系了康明斯公司主管和库克维尔市府领导。起初,库克维尔市府不太积极追求环境可持续发展政策,但是当理解到这一项目主要从经济发展的角度推动环境优化后,终于改变了立场,同意与康明斯滤清系统公司组建公私合作伙伴关系。田纳西的能源资源主要是煤炭和水电,由田纳西流域管理局(TVA)供给。库克维尔市每年的用电预算最少也要 180 万美元,而每月的能源、污水渠、水、电运营成本还需要 9~9.5 万美元(Melinda Keifer,personal communication,11 月 2,2011)。在经济下降的现实条件下,非封闭挑战项目被认为是一种节约成本、增强人们环保意识的好方法。

库克维尔市的"非封闭挑战项目

库克维尔市非封闭挑战项目的成本主要是员工培训费和设备使用培训费,由康明斯滤清系统公司具体承担培训任务。参与这一项目的包括市府所有部门,并计划在周末和假期期间,对市府所有部门和设备实施断电措施。为了完成项目内容,首先明确了四个任务,分别是训练能源冠军、开发部门能量、拓展能源来源、提供培训资源和材料。同时,制定项目扩展计划,准备利用 3~5 年时间,将项目扩展到库克维尔全市所有社区和设备(Hoegeman,2010)。

首先是找出节能冠军,选择一二个人负责项目监督和协调。要求从每个城区选出至少一人作为能源领导者,能源领导者是项目的主要组成部分,通过培训,负责在自己管辖的部门实施能源效率和断电项目。他们获得的好处包括个人利益(例如懂得如何节约能源,从而降低家庭用能成本)、一件印有"能源领导者"字样的 T 恤、免费的午餐,以及用来测量家中能耗的工具。能源领导者必须参加为期 10 周、每周 1 小时的培训,培训内容包括如何改变政府用能需求,以及与城市节能有关的各种举措(表 6.1)。同时,要求他们记录自己所辖部门的所有用电项目和成本,测量家庭能耗,并参与项目拓展,能够发现本部门其他可能影响能源效率、且改造成本低或无需成本的潜在节能项目。完成培训后,这些人将成为真正的能源领导者,开始为本部门的能效优化发挥领导作用。

实施和结果

库克维尔市府与康明斯滤清系统公司组建的伙伴关系于 2010 年 9 月进入规划期,2011 年 1 月开始实施非封闭挑战项目。在 2010 年 11 月,能源领导者对所有用电项目进行造册登记,并确定设备的最低用电成本。基于这些信息,打算在 12 月的假期,开展一个非封闭交流计划来执行这一项目。总体来说,通过简单的关闭电灯、电脑和其他非必要设备,在为期 4 天的假期内节约 750 美元,而以往这些设备在非需要时也保持不断电状态(Melinda Keifer,personal communication,November 2,2011)。该合作项目的其他成果包括关闭长期打开的灯节约成本。例如:水务部门通过关闭6盏地下室检测设备上的400W灯泡,每年节约4000美元费用,而以往这些灯具都是全年长明的;用电部门通过关闭两盏车架灯,每年节约700美元费用,这些灯以前也是不关的。

在2011年1月,22位能源领导者开始接受官方培训,并在4月份完成。作为该计划的一部分,能源领导者造册并计算出2700盏顶灯、226台电脑、170台加热器和风扇,以及71台冰箱的用电成本和众多其他家电,如个人收音机和水族馆部分照明的电耗(Melinda Keifer,personal communication,November 2,2011)。基于知识培训和项目规划,能源领导者为提高能源效率出言献策,例如使用紧凑型荧光灯或运动传感器灯节能效果更佳。每位领导者负责监督实施本部门的节能计划。其结果是,自从库克维尔市府与康明斯滤清系统公司组建伙伴关系以来,一系列节能项目被实施(见表6.2)。

表6.1 能源领导者培训

周	主题	目标
1	开题	方向、目标和利益
2	能源与环境	温室气体影响、能源领袖作用
3	能源基础	什么是能源,能源成本
4	能源管理	温室气体计算,使能源可见
5	机械和设备	了解当地最大能源消耗和估算成本
6	灯	灯的类型和照明成本
7	建筑护栏	理解护栏的影响
8	暖气和空调	制冷意识、有效风扇利用
9	燃料使用和能源回收	确定热回收机会
10	改善操作	执行财富和空气捕集

来源:库克维尔和康明斯滤清系统能源效率合作关系市议会演示文稿(2010)。

表6.2 库克维尔市非封闭挑战项目

部门/机构	项目详情	节约
市停车场(LED补助金)	获得10万美元补助金,更换市停车场的灯。总计更换121盏LED灯	7790美元/年;80000kW·h
水厂	关闭16kW灯和三台45gal(约170L)水加热器	14000美元/年;1500美元/年
休闲服务建设中心	每天关闭22.5kW体育灯17小时,在卫生间和储藏间安装监测器	2500美元/年;150美元/年
电力部门	将高压钠灯更换为LED灯	3245美元/年

资料来源:Karen Brown,Personal communication,January 10,2012。

自从第一期能源领导者从培训班毕业后,库克维尔的非封闭挑战项目就为城市的所有职工提供节能培训,鼓励他们参与地球一小时活动和地球日活动,参加在线能源审计,并培训了更多的能源领导者。目前,非封闭挑战项目已经被扩展到社区,田纳西科技大学也开展过一个类似计划。

挑战和经验教训

一个最重要的挑战就是顺利搭建非封闭挑战项目合作关系。即便康明斯滤清系统公司可以在集体公司总部的环境政策保护伞下推动此类项目,但库克维尔市府却缺乏现成政策来支持这样一个环境项目。在美国东南部,许多政府对环保措施不太热心,甚至持怀疑态度。因此,美国东南地区的环保政策普遍落后于其他地区(Breaux et al.,2010;Klyza 和 Sousa,2008,23;Emison 和 Morris,2010)。鉴于这种现状,市府提出的方案首先展示它的经济利益,其次才是环境收益。这种方法更易得到当地社区民众的支持,为非封闭挑战项目实施奠定了基础,也可用于未来环境设施建立。此次合作成功地消除许多有关环境政策的误解,它提供了一个示范,即个人可以通过简单的程序,在无成本或低成本情况下,节省资金,同时解决环境问题。

实施计划面临的第二个挑战是确定并追踪重要数据,监测项目进展。从某种程度上说,这种挑战来源于城市快速组建合作伙伴关系,但又缺乏明确的目标和期望(Melinda Keifer,personal communication,November 2,2011)。这导致了关键数据收集的延迟,但并非影响项目成功,也未给人造成"漂绿"的观感("漂绿"一词用来说明一家公司、政府或组织以某些行为宣示自身对环境保护的付出,但实际上却反其道而行。这实质上是一种虚假的环保宣传——译者注)。在数据收集期间,城市的能源和成本节约清晰可见,这也是引入此类项目的初衷。

虽然没有列出具体目标,但项目总体目标是明确的。最重要的是,城市官员希望继续实施一切可能的低成本甚至零成本活动方案,大幅提高能源效率。之后,城市将制定能源效率政策手册,其中将规定采购和运营要求,如购买紧凑型荧光灯。一旦程序在内部得到完善,最终的目标是通过培训或其他教育机制,将节能项目进入社区。

成果

非封闭挑战合作关系虽然只代表一种公私伙伴关系,但却展现了此种合作模式固有的挑战和优势。根据实际情况建立项目框架,以及能否对项目进展数据追踪监测是两个主要挑战。这些挑战的存在,有助于城市快速组建合作关系,并且受益于私营部门的节能经验。实施低成本甚至无成本节能举措,不仅降低了城市财政支出,也提供了新的机会,为更大规模的项目合作奠定了基础。同时,此举将环境问题引入社区,在公众层面开展更为广泛的讨论,本身就具有特殊意义。从本质上说,这种伙伴关系带来的好处远远超过项目本身的成本和收益。虽然所有的公私伙伴关系并非同一类型,其项目也存在千差万别,但这个案例演示了公共和私营实体如何参与改善社区条件,假如通过其他途径或努力,可能无法达到同等效果。

感谢

如果没有 Melinda Keifer、Lillian Hartgrove 和 Karen Brown 为项目研究提供的信息资料,本文将不复存在,在此深表感谢。

参考文献

ABloomfield, P. 2006. The challenging business of long-term public-private partnerships: Reflections on local experience. Public Administration Review 66:400-411.

Breaux, D. A., G. A. Emison, J. C. Morris, and R. Travis. 2010. State commitment to environmental quality in the South: A regional analysis. In Speaking green with a southern accent: Environmental management and innovation in the South, eds. G. A. Emison and J. C. Morris. New York: Lexington Books.

California Debt and Investment Advisory Commission. 2008. Questions for public agencies considering public-private partnerships. CDIAC #08-08, http://www.treasurer.ca.gov/cdiac/publications/p3_questions.pdf

Chase, B. 2009. Public-private partnerships in the United States: Evolving market and new opportunities. Working paper #33, Collaboratory for Research on Global Projects, Stanford University, California.

Corrigan, M. B., J. Hambene, W. Hudnut, R. L. Levitt, J. Stainback, R. Ward, and N. Witenstein. 2005. Ten principles for successful public-private partnerships. Washington, D.C.: Urban Land Institute.

Cummins Filtration, Inc. 2011. Environmental sustainability supplement, http://cmipef.cummins.com/CMIPEFMIG/CumminsNA/SiteContent/en/BinaryAsset/Attachments/Sustainability/2011Appendix5.pdf

Deloitte Research. 2007. Closing America's infrastructure gap: The role of public-private partnerships. A research study, Deloitte Research.

Deloitte Research. 2010. Partnering for value: Structuring effective public-private partnerships for infrastructure. A research study, Deloitte Research.

Emison, G. A., and J. C. Morris. 2010. Speaking green with a southern accent: Environmental management and innovation in the South. New York: Lexington Books.

Engel, E., R. Fischer, and A. Galetovic. 2011. Public-private partnerships to revamp U.S. infrastructure. Discussion paper 2011-02, The Hamilton Project, Brookings Institution.

Ferroni, M., and P. Castle. 2011. Public-private partnerships and sustainable agricultural development. Sustainability 3:1064-1073.

Forrer, J., J. Kee, K. Newcomer, and E. Boyer. 2010. Public-private partnerships and the public accountability question. Public Administration Review 70:475–484.

Garvin, M., K. Molenaar, D. Navarro, and G. Proctor. 2011. Key performance indicators in public–private sector partnerships: A state of the practice report. Washington, D.C.: U.S. Department of Transportation.

Grimsey, D., and M. Lewis. 2004. Public–private partnerships: The worldwide revolution in infrastructure provision and project finance. Cheltenham, U.K.: Edward Elgar.

Hardcastle, C., and K. Boothroyd. 2003. Risks overview in public–private partnership. In Public–private partnerships: Managing risks and opportunities, eds. A. Akintoye, M. Beck, and C. Hardcastle, pp. 31–58. Oxford, U.K.: Blackwell.

Hoegeman, E. 2010. Unplugged challenge white paper. Cummins Filtration, Inc., Nashville, TN. International Institute for Sustainable Development. 2012. Harnessing the power of public–private partnerships: The role of hybrid financing strategies in sustainable development, http://www.iisd.org/pdf/2012/harnessing_ppp.pdf

Istrate, E., and R. Puentes. 2011. Moving forward on public–private partnerships: U.S. and international experience with PPP units, http://www.brookings.edu/~/media/research/files/papers/2011/12/08%20transportation%20istrate%20puentes/1208_transportation_istrate_puentes

Jooste, S., and W. R. Scott. 2012. The public–private enabling field: Evidence from three cases. Administration & Society 44:149–182.

Kaul, I. 2006. Exploring the policy space between markets and states: Global public–private partnerships. In The new public finance: Responding to global challenges, eds. I. Kaul and P. Conceicao, pp. 219–269. Oxford, U.K.: Oxford University Press.

Koppenjan, J., and B. Enserink. 2009. Public–private partnerships in urban infrastructures: Reconciling private sector participation and sustainability. Public Administration Review 69:284–296.

Klyza, C. M., and D. Sousa. 2008. American environmental policy, 1990–2006. Cambridge, MA: MIT Press.

Leuenberger, D. Z., and J. R. Bartle. 2009. Sustainable development for public administration. Armonk, NY: M. E. Sharpe.

Malmborg, F. 2003. Conditions for regional public–private partnerships for sustainable development—Swedish perspectives. European Environment 13:133–149.

Menzies, I., and C. Mandri–Perrot. 2010. Private sector participation in urban rail. Grid Lines 54:1–4.

Morallos, D., and A. Amekudzi. 2008. The state of the practice of value for money analysis in comparing public–private partnerships to traditional procurements. Public Works Management and Policy 13:114–125.

Moulton, S., and C. Wise. 2010. Shifting boundaries between the public and private sectors: Implications from the economic crisis. Public Administration Review 70:349–360.

Mullin, S. 2002. Public–private partnerships and state and local economic development: Leveraging private investment. Review of Economic Development Literature and Practice 16:1–38.

National Conference of State Legislatures. 2010. Public–private partnerships for transportation: A toolkit for legislators, http://www.ncsl.org/issues–research/transport/public–private–partnerships–for–transportation.aspx

National Council on Public–Private Partnerships. 2012. For the good of the people: Using public–private partnerships to meet America's essential needs. White paper, National Council on Public–Private Partnerships, Arlington, VA.

National Institutes of Health. 2012. NIH public-private partnership program, http://ppp.od.nih.gov/pppinfo/value.asp

Norment, R. 2012. Ready for takeoff. American City and County January: 28-31.

Pacific Economic Cooperation Council. 2006. Meeting the region's infrastructure needs: Guidelines for effective public-private partnerships, http://www.pecc.org/resources/doc_view/1404-guidelines-for-effective-public-private-partnerships

PERC Water. 2012. Santa Paula water recycling facility: Public-private partnership overview, http://www.percwater.com/userfiles/file/Santa%20Paula%20Executive%20Summary-Project%20Overview_email.pdf

Pikiel, M., and L. Plata. 2008. A survey of PPP legislation across the United States. Global Infrastructure I: 52-65.

Rivenbark, W. 2010. Promote economic development with public-private partnerships. InFocus 42.1. Washington, D.C.: ICMA Press.

Sarmento, J. 2001. Do public-private partnerships create value for money for the public sector? OECD Journal on Budgeting 1: 1-27.

Shaoul, J., A. Stafford, and P. Stapleton. 2007. Partnerships and the role of financial advisors: Private control over public policy? Policy & Politics 35: 479-495.

Siemiatycki, M. 2007. What's the secret? The application of confidentiality in the planning of infrastructure using private-public partnerships. Journal of the American Planning Association 76: 43-58.

Siemiatycki, M., and J. Friedman. 2012. The trade-offs of transferring demand risk on urban transit public-private partnerships. Public Works Management & Policy 17: 283-302.

U.S. Census Bureau. 2012. State & County QuickFacts: Cookeville (city), Tennessee, http://quickfacts.census.gov/qfd/states/47/4716920.html

U.S. Department of Transportation. 2011. User guidebook on implementing public-private partnerships for transportation infrastructure projects in the United States. Final Report. Work Order 05-002, www.fhwa.dot.gov/ipd/pdfs/ppp_user_guidebook_final_7-7-07.pdf

U.S. Government Accountability Office. 1999. Public-private partnerships: Terms related to building and facility partnerships. Glossary, http://www.gao.gov/special.pubs/Gg99071.pdf

WaterOnline. 2011. Santa Paula water recycling facility receives prestigious 2011 public-private partnership award for innovation, http://www.wateronline.com/doc.mvc/Santa-Paula-Water-Recycling-Facility-Receives-0001

Walzer, N., and B. Jacobs. 1998. Introduction and overview. In Public-private partnerships for local economic development, eds. N. Walzer and B. Jacobs, pp. 1-19. Westport, CT: Praeger.

Weaver, C., and M. Dennert. 1987. Economic development and the public-private partnership: Introduction to the symposium. Journal of the American Planning Association 53: 430-437.

第7章 可持续经济发展的高校－社区伙伴关系

　　近年来,人口和工业变化、经济衰退以及政府开支减少都对社区产生了不利影响。这些问题可以在当地解决, 但是某些社区没有足够的资源来做这样的事(Checkoway,1997,308)。由于不得不裁撤人员并削减培训和发展资金,因而导致许多资源较少的社区面临技能、知识以及人力方面的不足。可以采取各种方式应对资源减少和能力不足问题,雇佣私人顾问就是一种常见做法。

　　正如在其他章节多次提到的,大学和学院是地方政府的巨大资源。与高校合作也是借助外部资源解决社区问题的努力方向。社会管理者、居民和大学本身有时会忽略一个事实,即高等教育机构在经济、文化和智力方面本来就是社区的一部分。高校对社区生活产生多方面影响(Gilderbloom and Mullins,2005,5)。一所大学可以通过智力重新定向,并对社区开放来增加自身吸引力(Rodin,2007,3)。事实上, 早期的高等教育系统就是为解决社区问题提供智力帮助的 (Harkavay and Wiewel,1995;Stephens,Hernandez,and Boyle,2009)。

　　因此,本章有两个目的:一是提醒政府官员和非盈利机构管理者特别关注社区周边的高校,可以创造条件,形成对双方都有利的伙伴关系;二是要解释高校中的代表性学科对于社区具有的独特作用,可以帮助社区找到经济发展和可持续发展之间的共同点。

　　本章概述了高校－社区的合作伙伴关系, 特别关注了这种伙伴关系形成过程中的实际问题。同时,为大多数社区提供了一个操作简本。之后,本章讨论了鼓励这种伙伴关系的联合倡议,结尾给出了多个实例,解释了旨在创建环境可持续经济发展的高校－社区伙伴关系。

高校－社区伙伴关系的历史

　　在美国,高校和社区之间的伙伴关系合作具有悠久的历史。长期以来,法学院和医学院一直强调的就是社区实践和教育,商学院以技术帮助中心的形式支持企业家以及小型企业,公共事务和规划学校也与本地市府以及州政府保持着持续的联系(Keating and Sjoquist,2000,142)。得益于高校具备解决问题的资源,此类合作是非常成功的。大学的教师能够为社区提供学术和专业知识方面的帮助,社区与高校能够共享大学的图书馆、实验室和技术(Checkoway,1997,308)。

高校和社区之间的伙伴关系并不存在某种最佳模式(Duenes et al.,2001,vii),可以有多种形式,诸如服务学习机会、高校—学区伙伴、读写拓展项目、街道社区发展项目,以及劳动力发展项目等(Miller and Hafner,2008,68)。然而,确实存在某些很好的方法可以指导建立这种伙伴关系,也有一些教科书可以借鉴。

尽管已经存在许多成功的案例,但地区领导、感兴趣的管理者和教师仍然不是很清楚高校—社区伙伴关系的概念。有些人试图将这种合作定义为类似公共—私人之间的合作,但此种理解将无法完全明了高校—社区伙伴关系。在此基础上,高校—社区伙伴关系中的两个实体机构开展合作,根据公共需求来匹配社会资源(Gronski and Pigg,2000;Mayfield and Lucas,2000,174)。

不同于公私合作伙伴关系,高校—社区合作中,高校一方必须持续与社区成员开展合作,并创造很好的收益,才能提升自身吸引力。对于外部顾问或者私人伙伴而言,项目完成后一般不会在当地长期驻留,因此可能不会关心长期影响(Lieberman,Miller,and Kohl,2000,167)。另外,高校—社区合作一般不通过合同或法律责任来约束,它们是高校融入社会结构的一种方式。在这种合作中,通过利用机构资源找到解决公共问题的办法,改善社区和居民生活,高校也可以成为社区发展的既得利益者。

近期来,为了强调自己不只是单纯的公共教育机构,高校普遍更新并增加了与地方政府合作项目的数量(Campus Compact,2012)。这一做法重建了早期高校的服务传统,与学术界的发展趋势相符合。然而,许多合作出于双重目的。与所服务的社区一样,高校得到的资助也在削减。为了减缓或扭转高等教育经费的下降趋势,高校非常乐于展示他们给社区创造的价值,以此努力维持这种伙伴关系。最后,由于学生接受高等教育的成本不断上升,许多人要求获得应用培训,以便毕业后获得更好的就业前景,而高校—社区伙伴关系可以提供此类帮助。

高校—社区伙伴关系的建立

高校普遍缺乏提供公共服务的目标,对于专业知识和资源,大多数高校和社区缺乏利用策略(Checkoway,1997,310)。本章从中立的角度讨论了如何建立高校—社区伙伴关系,并提供框架建议,而教师、行政人员或社区成员可以根据自身需求,在此框架下提供细节建议。基本假设是,合作双方会主动提供搭建高校—社区伙伴关系的规划和实施计划(Wiewel 和 Lieber,1998,294)。

伙伴的识别

在讨论建立伙伴关系步骤前,首先要讨论高校、社区的组成和定义。如何定义社区是一个复杂的问题(Stukas 和 Dunlap,2002)。那些试图与社区合作的大学通常认为可以建立一种单一、统一的社区定义，这种定义指社会由谁和什么组成(Miller 和 Hafner,2008,69)。同样的,如果大学在体制上不属于社区管辖范围,则社区很难将大学视为自己的一部分。"社区"没有明确的定义,而且也不能简单的将其定义为高校所在地的行政管辖权(Kone 等,2000)。

在 1995 年调查中,有一半的大学认为他们服务于所在的州;39%的大学认为服务的区域就是大学所在地。对于高校–社区伙伴关系,许多大学认为两者(州和所在区域)皆是服务对象(Scott 和 Ludwig,1995,58)。包括地方综合大学在内的高校回应称,他们服务于一个特定的区域。例如,宾夕法尼亚州高等教育局规定,宾夕法尼亚西切斯特大学的使命之一,即服务于宾夕法尼亚东南部公民。因此,该大学确定其所在的社区包括位于该州东南部地区的县市。据此推测,高校–社区伙伴关系的服务对象不一定指大学所在地。在同一次调查中,部分以服务本地为主的教育机构已经与邻近社区建立了伙伴关系。当然,由于各区域间存在着很大差异,因此并非所有高校都与所在地建立了伙伴关系。例如,肯尼索州立大学的服务范围是亚特兰大社区,其居住人口达到了 500 万(Scott and Ludwig,1995,59)。

存在的问题仍然是如何定义"社区",以及社区应该与哪些机构进行接触。问题的解决依赖于使命、区域以及其他因素。当然存在着一些准则:首先,一所学院或大学应该先明确其使命,再去确定它服务的社区。在不明确所服务社区的情况下,一个简单方法是根据学生来源进行确定。如果学生大量来自某些地区,这些社区可能是服务范围的一部分;其次,一个学院不应简单认为其服务范围仅仅局限于所处的地理位置;第三,对于那些不在自己管辖范围内的大学,社区不应理所当然的认为不能与其建立伙伴关系。许多研究机构的服务范围很广,因此"社区"一词不应该被管辖区域所限制。

建立伙伴关系的步骤

高校–社区伙伴关系一般具有以下特点(Miller and Hafner,2008,73):

① 明确的步骤和方法,应解释每一个环节是何时以及如何做到的;

② 制定一个与项目相始终的详细的资金管理策略;

③ 全面定义每个参与者的角色和作用;

④ 制定一个能够整合大学和社区资源的计划,以便使所有团队都参与到项目中来。

在采取以下模式建立高校–社会伙伴关系时,为保证合作的成功,需要注意一些基本事项。高校–社会伙伴关系的建立由三个阶段组成:①了解阶段,通过此阶段各参与方互相了解,并建立联系;②熟悉阶段,完成了问题的探讨和协商,同时创建一个议程;③实施阶段,合作伙伴开始了一系列行动,并且按照计划实施(Thompson,Story,and Butler,2003,389)。如表7.1所示,每个阶段均有多个可能的目标策略和结果。

表7.1 建立伙伴关系过程中的目标和结果

阶 段	可能的策略	结 果
了解阶段	由独立团队完成资产和需求评估	对社区更多的认知;更加深入的了解和聚焦;合作关系
熟悉阶段	会议或者其他形式的论坛	选择满足社区需求的议题;制定适合社区的日程;提高社区对问题的认知度;提高官方对问题的认知度
实施阶段	最佳实践方法的探索;应用授权;工作委员会	推荐基于社区的政策和项目;社区承认的项目;提高政治素养

来源:Thompson,L,M.Story,and G.Butler.2003.Health Promotion Practices 4:385~392。

从一开始,重要的是确保伙伴关系双方(大学和社区)在不同层次上都有领头人(Johns Hopkins Urban Health Institute,2007,3)。在面临困难时,应对参与创建合作伙伴关系的个人保持一贯的信心。在推进项目进程中,伙伴关系双方都需要在高层和基层指定领头人。高层参与意味着本机构对合作伙伴的重视,而合作伙伴关系的日常管理主要由基层领导完成 (Miller and Hafner,2008,72;Wiewel and Broski,1997,5)。高层领导的参与对教师来说尤其重要,在得到上级的重视和支持时,教师会认为这一项目有专业意义(Checkoway,1997,311)。同样重要的是,一个负责、充满活力,并有足够热情的领导可以激发参与人员的热情和创造力(Torres and Schaffer,2000,101)。

了解

创建伙伴关系的第一阶段是参与,这一过程使学院(或大学)和社区走到一起。参与的方式可以多种形式,它可能由社区领导向大学提出,希望高校能够协助解决某些问题(Bringle and Hatcher,2002)。另外,在确定一个问题或政策机会后,高校也可以主动向社区提供援助。某些学院和大学已经向所在社区发出了建议请求,可以在特定领域或特定政策问题上提供援助。然而,这些方法成功的可能性不高,这是根据现有调查记录得出的结论。由于缺乏解决问题的必要信息,并且社区对高校人员缺乏信任,因此相应建议往往不太成功(Wiewel 和 Broski,1997,5)。

合作伙伴双方应根据以下几个问题评估彼此(Johns Hopkins Urban Health Institute,2007,3;Torres 和 Schaffer,2000,101):

① 对方与社区是否有很好的联系?

② 过去的记录能否表明他们是一个团队?

③ 他们是否认真致力于获得实际结果？

④ 他们是否有兑现诺言的时间和资源？

⑤ 他们是否承诺从长期角度看待这个项目？

⑥ 项目是否足够满足双方的需求，并且使双方都受益？

以上问题有些是为了高校考虑，但其余问题对双方都适合。也许最重要的是明确合作双方是否具有开展合作的能力，且两者对项目都有强烈愿望。从根本上讲，重要的是双方都要了解对方的利益，同时尊重对方在项目中的目标(Mayfield和 Lucas，2000，174)。

参与阶段包括资产或需要评估，以确定每个合作伙伴的资源和需求。对社区的资源进行资产评估是一个很好的开始——在组建伙伴关系的初期就显现出社区的优势，而不是集中暴露它的弱点(Schorr，1997)。

社区内的很多地方都可以找到资产(图 7.1)。资产包括土地和现有建筑等实物环境，以及政治和宗教组织在内的人力资源。资产评估对伙伴关系的成功至关重要。如果缺乏资源和需求相关的数据，可能会为不相关的结果设定错误的目标和计划，从而导致项目走向错误的方向(Suarez-Balcazar 等，2004)。

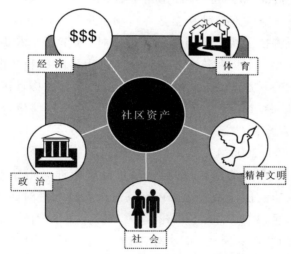

图 7.1 高校–社区伙伴关系中的社区资产

(资料来源：Miller，P.，and M.Hafner.2008.Educational Administration Quarterly 44：66~110.)

每个合作伙伴对问题的看法或理解通常带有个人偏见和假设。因此，每个合作伙伴都是从不同的参照系来看待问题的。必须接受这种现实，并且进行讨论。针对某个问题，通过接受对方的参考框架，并共同创造一个新的可共享的框架，大学和社会就可以真正开始合作了(Gray，2004，167)。如果不采取这一步骤，伙伴关系可能流产。当确定了一个共同参考框架后,在一个共同的愿景和明确的目标价值下,合作伙伴关系正式组建(Torres 和 Schaffer,2000,101)。

从合作双方的参照框架出发,充分分析和讨论资产与需求,通常会使社区成员和高校员工加深对问题的认识和理解,也能更好的了解合作伙伴本身。如果从更大的合作意愿出发,在参与阶段,双方还可能产生更广泛的共享所有权。

最后,合作伙伴之间保持持续的沟通也是非常重要的(Gilderbloom and Mullins,1995)。虽然沟通存在于项目所有阶段,但是早期阶段的良好沟通可以为后续阶段的合作设置一个基调。同样重要的是,沟通不仅仅是日常的会议。对合作伙伴关系来说,在项目进行的所有阶段,必须确保双方参与者及时了解全部信息。可以通过会议、电子邮件、电话或其他沟通方式逐步建立互信(Schumaker,Reed,and Woods,2000,204)。

熟悉

发展高校—社区伙伴关系的第二阶段是熟悉阶段。在此阶段,以初期分析得到的数据为基础,选择项目目标和具体需求。参与者必须确保选定的问题、议程与社区价值观相一致(Thompson,Story,and Butler,2003)。

市政论坛和公开论坛上鼓励社会各界对项目进行广泛审议。在考虑选择何种审议方式以及是否将社区所有部门都纳入进来时,合作双方需要认真思考。在一个成功的伙伴关系中,采用的审议方式应该同时满足高校和社区的需求,并且能够吸收和平衡双方的利益(Johnson 等,1995)。不过,充分考虑社区价值并确保其优先事项,是吸引社区参与和项目成功的必要条件。合作伙伴应该意识到问题的复杂性,因此社区的众多团体必须共同参与制定解决方案,从而可以全方位解决问题(Torres and Schaffer,2000,102)。

审议阶段确定了项目的指导原则,项目目标必须遵循指导原则,因此这是非常重要的阶段。成功的伙伴关系往往在审议阶段花费大量时间,从而完成项目使命和远景建立与沟通(Overton and Burkhardt,1999)。在了解阶段,通过广泛的讨论和分析,制定项目的使命和愿景,双方均应围绕项目愿景调整各自的努力方向,确保伙伴关系目标的实现(Taliaferro,2004,42)。

目标可以分为两种类型:工具型和最终型(Batson,Ahmad,and Tsang,2002,431)。工具型目标是单一的目标,它在追求总体目标的过程中完成。相比之下,最终的目标是项目希望实现的更大目标(Batson,Ahmad,and Tsang,2002,431)。同时拥有并且区分两种目标是非常重要的。例如,高校—社区伙伴关系的最终目标是实现某个特定的社区关系,或者增加社区发展的可持续性。在追求终极目标时,单一目标可能包括在某个地区开发一块土地,而在另一地区创造开放空间等。

在为伙伴关系设计综合计划时,应该进行全面考虑,考虑的内容包括使命、愿景、指导原则,以及工具性和终极目标。伙伴关系反映在综合计划中,而计划是成功的伙伴关系的一个重要标志(Gilderbloom and Mullins,1995,92)。

实施

创建高校-社区伙伴关系的最后阶段是实施。在此阶段,双方将共同寻求实现目标的恰当方法,可能包括寻找最佳做法、提交申请书,以及组建负责分配和安排工作的委员会(Thompson,Story,and Butler,2003)。与其他阶段一样,在此阶段,规划也同样具有重要作用。实施计划应包括具体的时间节点、项目成果的交付日期,并明确团体或个人的责任。

除非他们是市府雇员,社区成员一般都是项目志愿参与者,由此导致实施阶段大学一般占主导地位。因此,在实施伙伴关系活动时,应特别注意社区参与的问题。如果社区人员的参与程度不高,其归属感和利益意识可能逐渐减弱。

伙伴关系实施的最后一步是完成项目。很少有伙伴关系能够一个项目一个项目地持续合作。当目标完成时,伙伴关系可以形成良好的合作模式。如果项目失败,也要表现出努力的态度;承认失败也可以赢得合作伙伴的尊重,它为未来的合作打下了基础(Johns Hopkins Urban Health Institute,2007,6)。无论任何情况下,都应当事先讨论解除伙伴关系的事项,并尽可能在参与阶段进行。

高校-社区伙伴关系面临的挑战

创建高校-社区伙伴关系面临三种类型的挑战,包括沟通、关系管理和范围规划。当然,这些挑战可以通过适当的规划、开放的对话和开展合作加以克服。

沟通

尽管与高校形成伙伴关系可能解决公共问题,但是,拥有众多高校资源的社区对此类合作依然不甚热情(Checkoway,1997,307)。之所以会如此,根源在于社区缺乏如何合作和从哪儿开始合作的信息。对于能够与高校接触的社区,许多人发现很难确定应该与谁接触、如何协调,并且形成正式的合作伙伴关系。

与高校建立某种伙伴关系的不易之处,在于高校固有的行政结构和流程,因为大多数高校存在的目的不是社区互动(Harkavy 和 Wiewel,1995)。在这个过程中,高等教育机构习惯于按自己的议程安排工作,甚至其内部的部门和机构之间也鲜有协作。因而,缺乏机构内部的沟通,最终导致伙伴之间的沟通也会变少(Gronski 和 Pigg,2000)。对于高校-社区伙伴关系来说,沟通不畅会带来不利影响,它会使社区成员感觉自己不被重视(Miller 和 Hafner,2008)。

为了解决这个问题,社区管理者应该瞄准高校的主要领导或者教职人员,其应该具备与社区伙伴良好沟通的能力。通过这种接触,搭建一个框架,有利于社区成员与高校人员组成合作团队。当然,在初步接触阶段,这个框架很可能是临时性的。然而,设置一个合理的管理结构、方便社区人员与高校开展接触是大家所希望的(Wegner,2000)。无论是暂时的还是永久的,都应该制定沟通措施,为教师和学生提供与社区合作的机会。另外,大学还应该建立提供技术支持和项目评估的机制(Ramaley,1995,31)。

合作关系的管理

合伙伙伴之间权力的不平衡,将导致高校-社区合作以失败而告终(Miller 和 Hafner,2008,70;Strier,2011)。在多数情况下,高校提供包括资金和人员在内的大部分资源,这可能导致社区感觉自己不太像一个合伙人;甚至在最坏的情况下,高校常常认为自己可以单独掌控合作伙伴关系。因此,在初始阶段就制定一个合作框架是必要的。这一框架必须明确双方的义务和公平参与的权利,而无需计较投入资源的多与少。

所有参与者都要牢记,成功的伙伴关系产生于社会关系和权力关系的相互信任和尊重(Hansen 和 Lehmann,2006,820)。在权利关系中,应避免其中一个方或群体以专家的姿态出现,而视另一方为初学者。果真如此,由于无聊和缺乏参与感,后者会出现脱离合作的心态(Thompson,Story,Butler,2003,386)。

在高校-社区合作关系中,有时高校一方必须在实现的预期结果和保持与社区的合作关系之间做出选择,而这种类型的合作对高校来说具有很大挑战。因为维持合作对高校无益,但取消合作可能导致社区不满而使高校受损。当然,此种窘况也可能出现在社区一方。当确实走到两难困境时,通常情况下,合作伙伴中的一方可能选择保持这种合作关系,但不会对实现目标抱有期望(Duenes 等,2001,vii)。因此,正如前面所提到的,设定一个平和的退出机制对于合作双方是有益的。

能力规划

另一个挑战是合作的范围,一方面是从提供所需资源的高校角度来看,另一方面是从社区角度来看,都需要确保己方成员的参与程度,特别是确保那些志愿者的参与程度。另外一个复杂的问题是,大学和社区的合作伙伴很难评估自己的能力和实力,更不用说评估合作伙伴。因此,在初期有必要开展一个诚实的讨论,明确双方的能力和需要承担的任务,这样可以合理制定期望值。

高校—社区伙伴关系中政府的作用

联邦政府设立了项目资助办公室,以鼓励社区与高校的合作,这代表了政府在创造和促进社区与大学之间开展有意义和持久的伙伴关系方面的努力(Lieberman,Miller,Kohl,2000)。美国住房与城市发展部(Department of Housing and Urban Development)通过社区推广合作中心(Community Outreach Partnership Center,COPC),为大学—社区合作提供资金支持,直到 2005 财政年度(最后一次资助)(Maurrasse,2001,23)。该计划是从 1994 年开始的,累计已为超过 100 多所学院、大学和社区学院投入约 4500 万美元,目的是推进社区伙伴关系的建设(Vidal et al,2002)。这项计划的资助中,75%的款项将用于支持推广工作,不超过 25%的资金用于研究目的(Anglin,2011,187)。该计划提供了两种补助:新的拨款(New Grants)和新计划资助(New Directions Grants)。新的拨款是针对那些没有得到过 COPC 项目支持的机构(高校),这笔钱要求高校用于三个或者三个以上的市区项目。新计划是针对之前获得过资助的机构,主要用于当前经 COPC 认可的新项目,也可用于新近组建的合作伙伴关系即将开展的其他项目。

COPC 实施资金支持的目的,是寻找针对多维社区问题的综合治理方法。方案解决了以下问题(Office of University Partnerships,2012):

① 劳动力发展;

② 无家可归者和住房歧视;

③ 经济适用房;

④ 对商业的财政和技术支持;

⑤ 社区组织和居民的技能与能力建设。

高校合作办公室还拥有多项主动资助项目。然而,它们的未来存在不确定性。在 2012 财年,许多项目没有得到资助,包括西班牙裔服务机构协助社区(HSIAC)、黑人历史学院和大学(HBCU)、种族院校计划(TCUP),以及阿拉斯加/夏威夷土著机构协助社区 (AN/NHIAC)。这些计划的目标是连接高校和附近的社区,以解决住房、经济发展和附近区域的振兴(Cisneros,1995)。

满足可持续发展和经济发展的伙伴关系

高校—社区伙伴关系项目包括一些同时追求可持续发展和经济发展的项目。一个明显的原因是,高等教育机构的独特性质决定了其在解决某些学科可持续发展问题上更具优势,同时还具备开展问题研究的实力。以下部分介绍了两个案例。

密歇根大急流城的"智能街道"

智能街道(SmartStreet)项目致力于减少密歇根大急流城东山附近的能源消耗。该高校–社区伙伴关系包括能源公司、大峡谷州立大学和大急流社区学院,以及其他赞助商。2011年,合作伙伴发起了一个为期一年的项目,包括在60户家庭和商业地产建筑中安装智能电表。除了节省电耗、访问门户网站和家庭能源计量,参与者还会收到能源审计,使他们能够跟踪和控制能耗(Consumers Energy,2012)。

初步估计显示,合作伙伴关系可为商业参与者每年节省近2万美元,住宅参与者预计将每年减少 $26.5 \times 10^4 ft^3 (80772m^3)$ 天然气用量。根据该地区的平均情况,节省的资源可以满足超过2户家庭的全年使用(消费者能源,2012)。另外,住宅和商业参与者对环境的影响也将大幅减少,减少的排放量包括:378179lb(171.54t)二氧化碳排放;1216lb(0.55t)二氧化硫排放;346lb(0.16t)二氧化氮排放。这些削减相当于在道路上减少39辆汽车(Consumers Energy,2012)。

俄勒冈大学的"可持续城市年项目"

俄勒冈大学的可持续城市年计划旨在帮助中小型城市将可持续发展的理念和做法纳入社区。这项活动的背景是地方政府缺乏足够的能力(包括专家和人员等),不能满足可持续发展的要求。为确保项目真正符合各社区的需求,需要大学教授、学生与市政工作人员合作制定项目计划(Sustainable Cities Initiative,2012)。

从俄勒冈州塞勒姆北滨水地区的变化就可以看到可持续城市年计划带来的影响。这个地方存在大量的工业建筑、停车场和各类企业,但是缺乏充分利用并挖掘滨水区潜在优势的项目规划(Schmidt和Larco,2011,8)。开展可持续城市年计划后,所有的建筑设计均符合可持续设计实践,包括塞勒姆河研究中心、啤酒吧、博物馆、娱乐中心、酒店和公寓。塞勒姆项目经理考特尼诺克斯将滨水研究描述为"一个从工业逐步过渡到一些更积极的活动和利润更高的活动的机会"(Salem Business Journal,2011)。项目合作伙伴提供的咨询和服务包括一整套建筑图纸,而委托普通商业咨询服务公司进行图纸设计,要花费1200万美元以上(Salem Business Journal,2011)。

结论和概念:伊利诺伊大学香槟分校的智能能量设计帮助中心

为了鼓励高校–社区伙伴关系,一些大学已经组建了某些机构,如埃默里大学的高校–社区关系、宾夕法尼亚大学的社区网友中心、凯斯西储大学的社区伙伴关系中心。这些都是制度设计的典范,但还有许多工作要做。值得注意的是,大学不仅为社区服务,还会为周边城区创建解决方案,帮助城市解决贫困问题,并提供咨询和专业服务,完善城市其他领域的政策(Keating and Sjoquist,2000,142)。为充分利用高校资源,社区也在调整其结构和运作方式。一个例子是波士顿重建局,专门安排了一位工作人员,作为城市与其大学和学院之间的联络人(Sungu-Eryilmaz 和 Greenstein,2010,8)。

在目前财政危机期间,社区和学校应该加大合作力度,创建有影响力的公益项目(Smerek 等,2005,7)。考虑到经济发展和环境保护的迫切要求,大学具备很好的优势,可以协助社区完成此类目标。在下面的案例中,伊利诺伊大学智能能量设计中心与企业合作伙伴分析了他们的能源使用情况,并帮助他们提高用能水平,从而使这些企业能够将节省的资金投入到社区中。

案例分析:NICHE 市场的能量效率

关注能源系统、性能和成本,已经逐渐成为企业整体绩效和良好管理的指标。大多数商业建筑使用的能量比需要的多 10%~30%。这意味着在节省能源和运营成本方面还存在大量机会。例如,将一座典型的商业大厦的能源消耗削减 30%,可以增加 3% 的租金收入,或增加 5% 的净运营收入。

在食品杂货店,能耗和运营成本的下降关系到商店的生存。对于一家食品杂货店来说,能源消耗大约占总成本的 1%。虽然这是一个很小的百分比,但这一数字通常是商店的经营利润。杂货店能源成本下降 10%,相当于利润增加了 10%(National Grid,2002)。根据美国环境保护署的报告,节约一美元的能耗,相当于一家个体杂货店的销售额增加了 59 美元(ENERGY STAR,2008)。

超市的能源需求

根据美国能源信息管理局 2003 年的调查,美国的超市中,每平方英尺的面积每年消耗约 51kW·h 电力(相当于 174019Btu 当量)和 41ft^3(12.5m^3)天然气(相当于 46355Btu 当量)(Energy Information Administration,2003)。这表示每年消耗量超过 0.22MBtu 电力,即每平方英尺的电力支出达到 0.38 美元,天然气支出达到 5.31 美元。因此,一家普通大小的店(面积约 40000ft^2,折合 12192m^2)每年可能使用约 8800MBtu 电力,支付约 23 万美元,同时排放 1900t 二氧化碳。

在伊利诺伊州,估计已经有超过 4500 家食品杂货店和超市。这意味着,商店部分的能源消耗总量约为 3.9×10^{12}Btu,每年的能源成本在 10 亿美元范围内。显然,通过减少消费、提高效率、减少浪费,将对能源的使用和排放产生巨大影响(National Grid,2002)。

在一家典型的超市或杂货店,消耗的总能量中超过一半为制冷和照明能耗。

商店的制冷系统不仅满足摆放的商品的温度要求,也为了让消费者易于查看和选择。店内制冷系统也会产生大量的余热,在气候温暖或夏季时,这些余热或者通过建筑采暖、通风、空调系统消耗,或者排放到户外。在寒冷的气候条件下,虽然它可能影响加热系统循环,但这种废热是有益的。对冷藏展示柜、冷却器、冷藏柜和制冷部件的升级通常可以节省大量能源,同时降低成本。此外,在超市或杂货店内,照明是必要的,主要是为商店、产品、外部标志和停车场提供照明。照明通常占所有电能消耗的 13%(National Grid, 2002)。

本案例是伊利诺伊大学智能能量设计帮助中心(SEDAC)针对一家超市所做的分析结果。SEDAC 是一个旨在帮助伊利诺伊州小企业减少能源支出的项目,目的是提高其在全球市场竞争力。案例介绍了 SEDAC 和它取得的某些成果,分析了一家特定的杂货店节能项目,主要关注节能成果并进行分析。

伊利诺伊智能能量设计帮助中心

伊利诺伊大学的 SEDAC 项目为伊利诺伊州企业和公共实体提供能源效率方面的推广、培训、宣传和设计帮助。SEDAC 创立于 2004 年,是伊利诺伊商业和经济机会部中小企业智能能源计划的一部分。2008 年 9 月,在伊利诺伊能源效率投资组合标准(Illinois Energy Efficiency Portfolio Standard)下,SEDAC 的合作单位扩大到包括伊利诺伊州阿莫林(Ameren)事业公司和 ComEd 公司,并开始为公共部门的建筑提供服务。2011 年 6 月,阿莫林气体、Nicor、North Shore Gas 以及 Peoples Gas 公司也成为项目的合作伙伴。截至 2011 年 9 月 30 日,SEDAC 为伊利诺伊州的 2476 位客户提供信息和支持,所代表的实体雇用超过 67000 人,在地理上涵盖了州所在的大部分地区。这些客户中,有 886 位已接受能源审计服务。

通过 SEDAC 项目支持的客户每年可以节省 2.1MBtu 的能源,同时也得到了环境和公共健康方面的好处,每年的污染物排放量大幅减少(表 7.2)。

对客户的经济分析表明,参与者可以实现良好的投资回报率,每年总共节省 346 万美元以上的开支,平均年收益率超过 25%,代表净现值超过 1700 万美元。

SEDAC 的杂货店案例分析

这家杂货店位于伊利诺伊州东部一幢砖砌建筑内,它的面积是 27000ft²(8230m²),在外部有一个能容纳 157 辆车的照明停车场。店内西南角有一座 1200ft²(366m²)的面包店兼熟食店。店前面有一个占地 450ft²(137m²)的银行设施,它的开放时间与杂货店相同。与这个 27000ft²(8230m²)单层结构杂货店相邻的是一幢办公大楼,西墙与办公大楼共用,而东墙有 13ft(4m)与大厦办公楼共用。

除了特殊情况,杂货店的营业时间通常从上午 7 点持续到晚上 10 点,店内的顾客一般在 40 人以上。内部热负荷包括大功率照明、一定数量的制冷设备,以及银行和办公室的某些办公设备。内部照明包括食品柜内长度达到 4ft(1.2m)和 8ft(2.4m)的荧光灯。空间的供暖和空调主要由屋顶设施提供,而食品储存区的加热由两台屋内顶部的莫迪恩风格燃气机组提供。该管道系统的空调冷凝器安装在屋顶,冷却盘管位于管道内。另外,该制冷设备还提供新鲜的空气。

表 7.2 节能方案的环境效益

项 目	年减排/t
二氧化碳	342835
二氧化硫	917
氮氧化物	416
一氧化碳	52.54
颗粒物	1.19
挥发性有机物	3.46
甲烷	3.25
二氧化氮	4.18
汞	21.03

数据来源:转化因子报告"Emissions Factors and Energy Process for Leonardo Academy's Cleaner and Greener Program",2010 年 5 月,Leonardo Academy,Inc.

能量和经济分析

SEDAC 可以提供不同级别的能量设计支持。对于这家客户,SEDAC 认为建立一个可以共享的网站是必要的。他们开发了一个计算机模型,研究能源消费趋势和节能机会。杂货店老板是该网站的管理员,他提供了一份建筑设计的复印件,并上传了过去三年里每月的电力和煤气费用。

该建筑的能源和经济分析包括 5 个步骤。首先,采用美国特灵(Trane)公司开发的 TRACE 700 软件建立了基准能量模型。软件每小时对建筑进行一次能耗模拟,可以计算出该建筑一年的能量消耗以及公用工程成本。建立模型时需要输入的参数包括建筑的几何形状和方向、墙壁和屋顶细节、窗户面积和类型、加热和冷却系统类型、照明类型、当地天气信息、照明使用情况,以及内部设备的使用等。这一基准模型可以预估该建筑每年的能耗和公用工程成本,也可以模拟能源消耗情况,但是精度不能得到保证。一座建筑的实际能耗很大程度上依赖于其建造、操作和维护的方式。

其次,由计算机模型计算得到的费用根据过去的实际支出进行校正,这样可以为模型的成本计算程序提供一个与实际情况相比对的参照,从而建立一个正确的建筑能源使用和费用基准模型。校准参数使用的是商店保存的历史数据。

第三,使用校准后的能量模型分解现有建筑的能源消耗。分解是指将每年的能源使用情况详细分类,明确其最终用途,如照明、制冷和冷藏。这个过程可以明确哪些设备是主要耗能设备,同时允许 SEDAC 和业主设置优先权。

第四,SEDAC 分析降低能源消耗的所有措施(ECRMs)。通过对现有建筑的能耗调查,可以确定应该实施的节能措施。此时,根据采用的措施对基准模型进行修改,生成的模型可以计算每种措施实施后的能源消耗和预期成本。

第五,根据节能措施实施后产生的年度能源和公用工程成本的节约量,计算净现值(NPV)和内部收益率(IRR)。该分析采用的计算参数是预估的主要费用(即业主实施节能措施需要投入的费用)和实施该措施的生命周期成本(LCC)。业主可以根据生命周期成本、净现值和内部收益率评价节能措施的经济可行性,这比简单的采用回报率的方式要好很多。

现有的能量分布

对公用工程账单的分析表明,夏季用电高峰期反映了全年的电力基础负荷(图 7.2)。所有设备中的制冷负荷决定了电能消耗的高低。另外,天然气用量与室外温度密切相关(图 7.3)。在夏季,每个月天然气的使用费用下降到 200 美元多一点,这表明天然气仅用于室内加热和水加热。

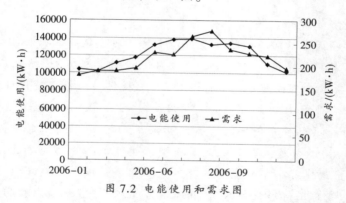

图 7.2 电能使用和需求图

基准的确定

为了确定商业建筑的指标体系,美国环境保护署的"能源之星"计划已经建立了目标搜索器(Target Finder)。由目标搜索器得到的商业建筑能量利用强度与美国能源部信息署的统计结果相一致。

运行的目标搜索器所需的输入数据被认为是能源使用的主要驱动力。使用商店的邮政编码确定建筑物在正常年份的天气条件,这个正常年份的天气条件是基于近 30 年的气候平均值。通过邮政编码也可以确定相应地区的能源种类,而能源的年度消耗强度是基于该地区的典型能源类型确定的。例如,对于某幢邮政编码为 20902 的办公大楼,其使用的电力和天然气的比例大约为 80:20。

可以使用目标搜索器将研究的商店与美国其他地方的商店进行对比。这座建筑的能源消耗在全国位于第一个百分位内。换句话说,在该地区,大约 99% 的超市和杂货店使用的能源都比该店少。当然,考虑到建筑和机械设备的年代,这一现象并不奇怪。为了满足"能源之星"在建筑方面的标准(75% 或更高),该商店需要将每平方英尺能耗减少至每年 95.3kBtu(sq.foot)。

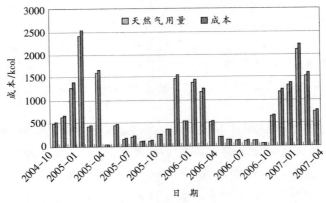

图 7.3 天然气使用情况图

减少能量消耗的措施

能源基线模型与商店的实际支付具有相同的趋势,即店铺的公用事业费用约占年度成本的 5%。模型验证表明该结果是合理的。之后,SEDAC 分析了 10 种降低成本的措施,以及相应的内部收益率、年节约量和净现值。

措施-1:T8 灯用于展示照明

在本案例中,措施-1 模拟了采用 T8 荧光灯一对一替换现有的 T12 灯。T8 灯使用电子镇流器,而 T12 灯使用电感镇流器,因而 T8 灯的效率更高。在输出相同的光亮度时,T8 灯消耗的电能只有 T12 灯的三分之二。由于 T8 灯需要更多的固定装置,因此其安装成本要高一些,该措施的内部收益率只有 1.5%,每年可以节省 603 美元,其净现值为 4746 美元。

措施-2:T8 灯用于室内照明

措施-2 模拟了采用 T8 荧光灯一对一替换现有室内照明灯 T12。措施的内部收益率达到 12.1%,每年可以节省 8430 美元,其净现值为 8825 美元。

措施-3：新型季节性节能屋顶

措施-3 模拟了采用屋顶冷却系统的季节性节能效果。这一措施的内部收益率达到了惊人的 50%，每年可以节省 11612 美元，其净现值为 71838 美元。

措施-4：地源热泵

本措施模拟了采用地源热泵取代屋顶设备的方案，地源热泵的水源是在河流附近的含水层上挖的水井(不做饮用)。该系统可以提供约 50t 的冷却能力。地源热泵系统通常也称为地热热泵，冬季把地能中的热量供给室内采暖，夏季把室内热量释放到地下，它是一种可再生能源，可用于供暖、通风、空调等。伊利诺伊州的平均地面温度约 55°F(约 13°C)，要低于空气温度，因此，地源热泵相比于空气源热泵或者空冷系统具有更多优点。地源热泵直接与地面接触，湿土壤与水系统的换热效率是最高的。安装地源热泵系统会带来较高的内部收益率，可达到 53.2%，每年可以节省 34503 美元，其净现值为 217395 美元。虽然安装成本在 75000~95000 美元之间，可能使某些商店望而却步，但总体上这是一个很好的选择。

措施-5：低温制冷剂

冷凝器的作用是将制冷剂冷却到凝点，其通常会向商店的制冷剂中输送一股热流体。通过提供额外的冷量将制冷剂冷却到凝点以下，可以增加制冷能力，同时提高能源效率。对于众多的制冷系统，可以通过更换不同的冷凝器或在冷凝器中增加盘管来提供额外的冷量。对于这家店铺来说，在室外温度合适时，可以通过对制冷剂的控制实现这一效果。预计该措施每年可节省 2197 美元。

措施-6：防凝结加热器控制

冰箱玻璃门和冷冻展示柜一般是通过电加热防雾和防结冰，在环境潮湿的时候尤其重要。如果不加以控制，加热器将连续工作，花费会比较大。防凝结加热器控制采用数字湿度传感器，对肉眼不可见的微观层面的水分进行检测。水分传感器可以自动控制加热器的开关，只有当存在成雾或结冰条件时，防凝结加热器才会被打开，不需要时，加热器会被关闭，从而起到节能的效果。采用该措施，每个门每年可以节省 75 美元，这家商店全年可以节约约 6000 美元。

措施-7："能源之星"自动贩卖机

在商店中，饮料经销商通常提供冷藏饮料。作为回报，经销商可以获得免费的专用货架来销售他们的产品。这些冷藏机组通常需要每天运行 24h，因而当商店关门时会造成浪费能源。但是，饮料经销商并不支付电力费用，所以这些经销商采用更高效的节能冰箱的动力很小。

若使用符合"能源之星"规定的自动贩卖机和节能型冷藏贩卖机，业主可减少

35%~50%的能源使用量。这些合格的自动贩卖机拥有更高效的照明、冷凝器、蒸发器、风扇以及更先进的微处理器控制。专门的传感器也可以在空闲时间关闭自动贩卖机，以便节约能源。控制器通过检测环境温度，周期性地打开冷藏设备，可以保持产品温度，确保客户随时购买冷藏饮料。通过该措施，每台自动贩卖机每年可节省约100美元，这家商店全年可节约约400美元。

措施-8：制冷系统的余热回收

对于那些采用步入式冰柜和制冷设备的商店来说，回收冷凝器的热量可以带来很好的效益，这部分热量可以满足商店的热水和供暖需要。一般由三通阀将制冷系统排放的热气体与商店的空调或者热水罐的盘管连接。对部分气体或全部气体实施冷凝回收，不完全冷凝的气体和液体输送至冷凝器再进行完全冷凝。实施该措施时，需要对制冷剂管道进行改造，这家商店每年可以节约2100美元。

措施-9：制冷系统的浮动压头

压头(或冷凝压力)对制冷系统的能源利用效率有很大影响。为保证制冷剂在商品展示冷柜和步入式冷柜蒸发器盘管中的流动速度，制冷系统通常保持恒定压力水平。这意味着在秋季、冬季、春季时，系统的空冷器不能充分利用室外的低温空气。新型系统利用恒温或电子膨胀阀来平衡出口压力，因而系统压降很小。这允许系统设计为浮动压力，从而在室外空气温度较低时降低压头，具有显著的节能效果。将冷凝温度由75°F(24℃)调节至80°F(27℃)，能够起到节省电力的效果，估计每吨可以节约90美元，这家商店全年可以节约8100美元。

措施-10：高效的风扇电机

大多数展示柜的风扇采用的是单相屏蔽极电机，具有价格低的优点，但是效率也较低。风扇电机的运行成本远远高过其购买价格，因此换装高效电机是有意义的。对于这家商店来说，通过安装固定分相电容器式电动机或电子换向电机，每台电机每年可以节省约12美元，全年节约2500美元。

建议

鉴于这家商店的实际情况，建议实施部分节能措施，控制某些措施的成本，同时提高其他措施的内部收益率。一些不能很快回收成本的措施可以通过以上手段进行实施。将整改措施打包实施可为项目提供更有力的保障，同时确保最大限度地提高节能潜力。SEDAC推荐下列项目打包实施：①将展示柜和房间照明的T12灯具更换为T8灯具；②用地源热泵系统替换现有的屋顶冷却设施，水源来自河流附近含水层上挖的水井；③对于制冷系统，安装低温制冷系统、防冷凝加热器、浮动压头，风扇采用永久分相电容电机；④采用"能源之星"自动售货机，取代现有的售货机。

通过实施以上措施,预计全年节约的能源支出合计达到 55389 美元(以平均每年 108574 美元的年度公用工程花费计算),内部收益率为 29.1%。

结论

根据美国能源部的数据,伊利诺伊州的年度能源支出费用达到了 300 亿美元(Energy Information Administration,2012)。为了消除伊利诺伊州小型商业企业的能耗壁垒,智能能源设计援助中心可以发挥重要作用,该组织的目标是提高伊利诺伊州的能源利用效率、经济竞争力和适应能力。截至 2011 年 9 月 30 日,中心累计为 2476 家伊利诺伊的客户提供了节能信息和技术支持。这些企业雇佣了超过 67000 人,涵盖了该州的大部分地区。这些客户中,有 886 位客户已经接受了能源审计服务。该计划成功降低了伊利诺伊州的整体能源消耗,每年可以节省超过 $3467×10^4$Btu 的能量,为所服务的企业每年节约了 2650 万美元。项目内部收益率达到 25.2%,净现值超过 170 万美元。另外,这些项目也直接转化为社会和环境效益,包括减少了二氧化碳、二氧化硫、氮氧化物和一氧化碳等气体的排放。

SEDAC 的服务范围涵盖多种建筑类型,这家食品商店的案例仅是其中之一。结果表明,这家商店可以减少 50% 的能源使用量,节省 50% 以上的总能源成本。如果能源成本降低 10%,相当于利润提高 10%,那么我们的案例就给出了如何将商店利润提高近 50% 的好办法。同时,投资回报率也达到了惊人的 29.1%。在以财务考核为主的时代,很难找到比这个更好的投资方向。推荐的投资方案是将所有节能措施打包实施。采用打包实施的好处是通过其他措施,使某些不能很快回收成本的措施具有可行性,这种方法可以确保客户最大限度地提高节能效果。

参考文献

Anglin,R. 2011. Promoting sustainable local and community economic development. Boca Raton,FL:CRC Press.

Batson,C.,N. Ahmad,and J. Tsang. 2002. Four motives for community involvement. Journal of Social Issues 58:429-445.

Bringle,R.,and J. Hatcher. 2002. Campus-community partnerships:The terms of engagement. Journal of Social Issues 58:503-516.

Campus Compact. 2012. Who we are,http://www.compact.org/about/history-mission-vision

Checkoway,B. 1997. Reinventing the research university for public service. Journal of Planning Literature 11:307-319.

Cisneros,H. 1995. The university and the urban challenge. Washington,D.C.:U.S. Department of Housing and Urban Development.

Consumers Energy. 2012. Lower energy bills and an improved environment, http://www.consumersenergy.com/content.aspx?id=4702

Duenes, L., M. Ciure, E. Edelsberg, and R. Parkes. 2001. Building partnerships for neighborhood change: Promising practices of the university–community partnership initiative. Fannie Mae Foundation Practice Report, U.S. Department of Housing and Urban Development (HUD), http://depts.washington.edu/ccph/pdf_files/fanniemae.pdf

Energy Information Administration. 2003. Commercial buildings energy consumption survey, http://www.eia.gov/consumption/commercial/index.cfm

Energy Information Administration. 2012. State energy data system: Illinois, http://www.eia.gov/state/seds/seds-states.cfm?q_state_a=IL&q_state=Illinois#undefined

ENERGY STAR. 2008. Facility type: Supermarkets and grocery stores, http://www.energystar.gov/index.cfm?c=business.EPA_BUM_CH11_Supermarkets

Gilderbloom, J., and R. Mullins. 1995. The university as a partner: Rebuilding an inner city neighborhood. Metropolitan Universities 6:79–95.

Gilderbloom, J., and R. Mullins. 2005. Promise and betrayal: Universities and the battle for sustainable urban neighborhoods. Albany: State University of New York Press.

Gray, B. 2004. Strong opposition: Frame–based resistance to collaboration. Journal of Community & Applied Social Psychology 14:166–176.

Gronski, R., and K. Pigg. 2000. University and community collaboration. American Behavioral Scientist 14:166–176.

Hansen, J., and M. Lehmann. 2006. Agents of change: Universities as development hubs. Journal of Cleaner Production 14:820–829.

Harkavy, I., and W. Wiewel. 1995. University–community partnerships: Current state and future issues. Metropolitan Universities 6:7–14.

Johns Hopkins Urban Health Institute. 2007. Lessons learned: Creating successful community–university partnerships, http://urbanhealth.jhu.edu/media/reports/Lesson Learned_2007.pdf

Johnson, K., K. Hexter, D. Garrison, and D. Sweet. 1995. Evaluation of outreach programs: The Ohio urban university program evaluation system. Metropolitan Universities 6:109–127.

Keating, L., and D. Sjoquist. 2000. The use of an external organization to facilitate university–community partnerships. Cityscape 5:141–157.

Kone, A., M. Sullivan, K. Senturia, N. Chrisman, S. Ciske, and J. Krieger. 2000. Improving collaboration between researchers and communities. Public Health Reports 115:243–248.

Lieberman, J., J. Miller, and V. Kohl. 2000. Creating linkages among community–based organizations, the university, and public housing entities. Cityscape 5:159–171.

Maurrasse, D. 2001. Beyond the campus: How colleges and universities form partnerships with their communities. New York: Routledge.

Mayfield, L., and E. Lucas, Jr. 2000. Mutual awareness, mutual respect: The community and the university interact. Cityscape 5:173–184.

Miller, P., and M. Hafner. 2008. Moving toward dialogical collaboration: A critical examination of a university–school–community partnership. Educational Administration Quarterly 44: 66–110.

National Grid. 2002. Managing energy costs in grocery stores, http://www.nationalgridus.com/non_html/shared_energyeff_groceries.pdf

Office of University Partnerships. 2012. Office of University Partnerships, http://www.oup.org

Overton, B., and J. Burkhardt. 1999. Drucker could be right, but …: New leadership models for institutional–community partnerships. Applied Developmental Science 3: 217–227.

Ramaley, J. 1995. Preparing the way for reform in higher education: Drawing upon the resources of the community–at–large. Metropolitan Universities 6: 29–44.

Rodin, J. 2007. The university and urban revival: Out of the ivory tower and into the streets. Philadelphia: University of Pennsylvania Press.

Salem Business Journal. 2011. Graduate students nurture Salem's sustainable future, http://sci.uoregon.edu/sites/sci.uoregon.edu/files/downloads/2011.01.05_SalemBizJnl_GradStudentsNurtureSalemsSustainableFuture.pdf

Schmidt, E., and N. Larco. 2011. North downtown waterfront development: Building design proposals, http://hdl.handle.net/1794/11676

Schorr, L. 1997. Common purpose. New York: Anchor Books.

Schumaker, A., B. Reed, and S. Woods. 2000. Collaborative models for metropolitan university outreach: The Omaha experience. Cityscape 5: 197–207.

Scott, J., and M. Ludwig. 1995. Community service at urban public institutions: A report on conditions and activities. Metropolitan Universities 6: 55–70.

Smerek, R., P. Pasque, B. Mallory, and B. Holland. 2005. Partnerships for engagement futures. In Higher education collaboratives for community engagement and improvement, eds. P. Pasque, R. Smerek, B. Dwyer, N. Bowman, and B. Mallory, pp. 7–10. Ann Arbor, MI: National Forum on Higher Education for the Public Good.

Stephens, J., M. Hernandez, and M. Boyle. 2009. Learning from university–community partnerships (past and present) for sustainable development. Worcester, MA: George Perkins Marsh Institute, Clark University, (Working paper 2009–04).

Strier, R. 2011. The construction of university–community partnerships: Entangled perspectives. Higher Education 62: 81–97.

Stukas, A., and M. Dunlap. 2002. Community involvement: Theoretical approaches and educational initiatives. Journal of Social Issues 58: 411–427.

Suarez–Balcazar, Y., M. Davis, J. Ferrari, P. Nyden, B. Olson, J. Alvarez, P. Molloy, and P. Toro. 2004. University–community partnerships: A framework and an exemplar. In Participatory community research: Theories and methods in action, eds. L. Jason, C. Keys, Y. Suarez–Balcazar, R. R. Taylor, and M. I. Davis. pp. 105–120. Washington, D.C.: American Psychological Association.

Sungu–Eryilmaz, Y., and R. Greenstein. 2010. Town–gown cooperation in community development. Community & Banking summer: 8–10.

Sustainable Cities Initiative. 2012. Sustainable city year program: University of Oregon, http://sci.uoregon.edu/

scy/

Taliaferro, J. 2004. A university–community partnership feasibility study: Opportunities and challenges for southeast Raleigh, http://nonprofit.chass.ncsu.edu/wp–content/uploads/2011/06/COPCFinalReport2004–2005.pdf

Thompson, L., M. Story, and G. Butler. 2003. Use of a university–community collaboration model to frame issues and set an agenda for strengthening a community. Health Promotion Practice 4: 385–392.

Torres, J., and J. Schaffer. 2000. Benchmarks for campus–community partnership. Providence, RI: Campus Compact.

Vidal, A., N. Nye, C. Walker, C. Manjarrez, and C. Romanik. 2002. Lessons from the community outreach partnership center program, http://www.oup.org/files/pubs/lessons_learned.pdf

Wegner, G. 2000. Strategic community partnerships: Exemplars. Knight Collaborative Report, http://eric.ed.gov/PDFS/ED448662.pdf

Wiewel, W., and D. Broski. 1997. University involvement in the community: Developing a partnership model, (Great Cities Institute Working Paper) http://web.pdx.edu/~wubbold/EcoImpact08/Partnership%2520model.pdf

Wiewel, W., and M. Lieber. 1998. Goal achievement, relationship building, and incrementalism: The challenges of university–community partnerships. Journal of Planning Education and Research 17: 291–301.

第 8 章　通过征用权、环境修复及再开发探寻经济发展

尽管国家征用权是一个有争议的话题,但它仍然是政府采用的促进经济发展的重要工具,国家征用权与经济可持续发展有重要关联。征用权的使用途径根据不同州或地方而变化,主要取决于各地的法律环境,包括联邦、州及地域的法律,社会活动家的政治支持,以及公众舆论等。

本章并非对征用权进行标准定义,而是概述某些美国征用权使用的具体事件,并指出征用权、经济发展及环境修复的发展方向。鉴于上述目的,本章首先讨论了征用权的法律环境及公众利用与合理赔偿方面的问题,然后讨论了其在环境修复方面的应用,最后讲述了圣迭戈的一份案例研究报告,该报告主要讲述加利福尼亚在利用征用权处理环境污染及促进经济发展方面的尝试。

征用权的法律环境

征用权是一项固有的法律行为,并以开放的环境进行操作,主要涉及判例法、州法规、城市条例及选民公投(Cypher and Forgey,2003;Pritchett,2003)。为使其合法实施, 征用权的使用途径及需求必须满足其随时间及地点不同而变化的特性(Saxer,2005)。接下来的讨论展现了行政官员及非盈利组织管理者在这个问题上对现有法律的清晰理解,主要包括凯洛诉新伦敦(Kelo v. City of New London)案例(美国国内主要流行的土地法律)以前的征用权法律概述,以及该法案引发的热议及对现行成熟法规的综述。

征用权解读

美国宪法修正案第五条说明征用权或政府征收私有财产的问题。美国宪法修正案第五条最后一款,有时可称为"征用条款",指出在没有合理赔偿时,私有财产不能被征为公用。因此,宪法的制定者在人权法案中,对政府处理私人财产时做了含蓄的描述(Benson,2008;Zax and Malcolm,2005)。但是,它们依然对这种行为设定了两个重要的法律条件。第一,所有权通过征用权方式被取走必须确保其为公众用途;第二,必须对财产所有人进行合理补偿。那些具有历史意义的法律都是在对"公共用途"及"合理补偿"合理理解的基础上,逐渐发展演变的结果。

20世纪前，法院对美国宪法修正案第五条中征用条款进行了说明，字面意思是私人财产仅能在作为公众用途时被征用，"暗指公众拥有及使用这种财产的权利"（Carpenter 和 Ross，2010，337；Klemetsrud，1999）。然而，20 世纪的案例法已将"公众用途"转变成"公众目的"（Diop etal.，2010；Gold，2007；Kerekes，2011；Racketa，2010）。

"公众用途"的广泛解释可追溯到美国最高法院 1954 年对伯曼诉帕克案（Berman v. Parker）的裁决，当时计划征用一块繁华的商业地产，将其作为华盛顿州特区一处破旧区域重建的一部分。此外，法庭强调"鉴于现有法律，公众利益已经得到了明确的保障"（引用于 Robb，2005，29）。由于本法案，如果征用私有财产用于公众利益，那么能够满足宪法相关要求。自此法案裁决后，公众用途的定义与越来越多的公众利益许可事项的联系更加密切。

另一个重要案件是 1984 年的夏威夷房屋管理局诉米德基夫（Hawaii Housing Authority v. Midkiff）案件，最高法院裁决认为，夏威夷土地改革法令符合宪法相关要求。该法案允许公共住房管理局将土地所有者的财产转变为住房，作为国家调控工具，处理住房价格的通胀（Miceli，2011，23）此外，法庭表示仍将尊重州政府作为立法权主体的决策程序，并重申宪法关于公众用途的需求可以通过服务公众利益得到满足（Ackerman，2004；Birch，2012）。需要说明的是，法院在立法机关定义中通常包括一些政府或准政府机构。因此，能定义公众利益的立法主体不仅指联邦政府、州政府，还应包括市民、公共团体或重建机构（Oswald，2012）。

凯洛与新伦敦政府案件

实际上直到 2005 年，最高法院重审凯洛与新伦敦政府案件时，法院才重新调研了公众用途的需求情况（Kotlyarevskaya，2005）。该案件解决了一个本质问题，即在国家层面上解释了经济发展与公众用途之间的相互矛盾。

2005 年 6 月 23 日，最高法院裁决称经济发展是公众目的，因而政府可在美利坚合众国征用条款下使用征用权的相关权利（Williams，2009，183），该事件在经济发展及征用权关系的历史上具有重大法律意义。有必要仔细回顾这个案件，以便更好了解针对该裁决而出现的相关法律。本案件及随后的立法具有重要的指导意义，表明征用权及其严重性应得到相应考虑。更重要的是，此类讨论有利于描述在宪法许可范围内运用征用权时需要满足的相关要求。

美国辉瑞公司（Pfizer Inc.）是一家大型制药公司，1998 年宣布计划在康乃迪克州的新伦敦建造一座价值 2.70 亿美元的研究机构，该位置毗邻特朗布尔堡社区。这个地区可以用破败不堪来形容，许多非居住建筑都是闲置的，大多需要重新装修，低于一半的住房达到或稍好于平均水平（Morandi，2012）。因此，政府计划在辉瑞公司选址附近重建小区，以增加税收、就业，鼓励公众聚居在海滨，起到促进城市复兴的催化作用(Carroll，2006，85)。

为促进特朗布尔堡区的发展改革，城市赋予了新伦敦发展公司(NLDC)开发的权利，NLDC 是一家非盈利、501(c)(3)性质的组织，该公司于 1978 年在州法律要求下成立，自 20 世纪 90 年代中期开始一直不太活跃(Cosgrove，n.d.，2)。与大多数地方开发公司一样，NLDC 需为新伦敦城市的经济发展建设提供帮助及组织领导。对于该重建项目，政府赋予了 NLDC 使用征用权的权利，可以在特朗布尔堡区收购土地(LegalInformation Institute，2012)。周边 115 处财产中，有 100 处在自愿基础上卖给开发公司(Morandi，2012)。NLDC 通过征用权对其余 15 处财产进行了处理。

作为回应，凯洛苏泽特(Susette Kelo)及其他业主向康乃迪克州最高法院申请诉讼，称 NLDC 的发展计划并未在美国第五宪法修正案下用于公众用途。考虑到重建计划涉及研究、办公及停车场等项目，他们称自己的财产将用于征用权管辖之外的其他目的。而最高法院认为征收有益的私有财产应该用于公众用途。在参考公众利益的情况下，其裁决利于私房业主。鉴于证人不能描述建设计划的预期用途，且没有证据表明私房业主不处于改进后的计划下，因此法院裁决该发展计划不太合理(Rutkow，2006，262-263)。然而，法院禁止双方在上诉期间进行开发。

诉诸康乃迪克州最高法院的案件结果肯定了地方法院的裁决，即只要权利应用于公众利益，征用私有财产能对另一私有团体产生利益，且能满足公众用途的需求。受理上诉法院颠覆了上级法院有利于私房业主的裁决，因为上级法院应用了一个不恰当的法律条款，即"大意是说，不需要原告(私房业主)提供无理性、不诚实或滥用权力的证明"(Rutkow，2006，264)。相对于经济增长带来的公众利益而言，财产转移到其他私有实体是次要的，因此，私房业主对他们财产并未用于公众用途的争辩未获采纳。(Zax and Malcolm，2005，2)。

这些私房业主再次上诉，这次是向联邦最高法院上诉。案件得到了全国关注，并收到超过 24 份来自个人及团体支持私房业主的意见陈述(Institute for Justice，2004)。最高法院的讨论主要集中在经济发展是否能构成一种公众用途(Rutkow，2006)。尽管裁决里涉及征用、转移私有财产至其他私有组织的经济活动能满足公众目的的需求，通过诠释需求条件就意味着公众目的，并且能使普通大众而非特殊群体的部分人受益。最高院裁决认为，NLDC 行使的征用权能构成公众目的(Rutkow，2006，264-265)。但最高法院明确说明，合理的赔偿要求也应得到满足，宪法禁止以转移私有财产至其他私有组织为唯一目的的财产征用(Gallagher，2005)。

史蒂文斯 (Justice Stevens) 大法官在许多作品中阐述到："鉴于计划的广泛特

征,在实施前需要进行周密评审,需要我们从整个计划观点出发考虑私有业主的挑战,而非从计划的零碎部分出发。因为计划无可争议地服务于某种公众用途,在此案例中, 备受争议的是对私有财产的征用是否满足美国宪法第五修正案的要求"(引用于 Morandi,2012)。因此,在对那些构成公众用途的要素进行更广泛解释的前提下,法院继续让立法主体(包括被赋予这种权利的发展及重建机构) 在宪法要求下对公众用途及满足公众用途的行为进行定义。

许多人认为,该法案将赋予政府在征用私有财产方面更广泛的权利,但法院明确声明,除州及聚居区外,任何机构都无权对征用权利设置相关限制(在最高法院判决后, 凯洛和其他几位居民剩下的唯一合法途径只能是在市政府赔付时,力争一个公平的要价——该市已准备花 160 万美元收购 15 户家庭的地产。最终市政府同意将凯洛的房子移到市中心,并且支付了数额巨大的赔偿。由于招商引资失败,凯洛案判决两年之后,市政府征用的土地上并未进行任何开发。2009 年 11月,在征收规划中担任重要角色的辉瑞公司宣布关闭在新伦敦市的研发中心——译者注)。

凯洛后国家级土地征用法立法

在保留州及聚居区具有限制征用权权利问题上,法院让他们提供征用权的使用框架(Ackerman,2004)。凯洛案件决议引起了迅速并重要的反映,另有 42 个州通过立法或选民公投方式,明确了征用权的使用(Hornaday,2007;Kelly,2008;Salkin,2006)。表面上看,那些尝试大多是想确保州及市民权利不被滥用(Hudson,2010)。不管那些法律框架的动机如何,结果是自凯洛决议以来,那些想利用征用权作为重建社区重要工具的农村、乡镇、城市面临着更加复杂的法律环境。

联邦议会会议对凯洛决议后一系列反映进行了分析,从五个方面描述了最高法院主张征用权使用后引起的州级反映。如下所述,这些类别包括立法及选民公投(Morandi,2012):

① 当主要目的是发展经济,创造或增加税收、就业或向另一私有组织转移私有财产时,需要限制征用权。

② 按照字面意思解释公众用途,包括公众、公共机构、公共事业涉及的财产、职业或某种财产使用。

③ 征用权仅能被用于那些涉及荒废属性的项目,并且要提供法律文件,证明项目可以改善公众健康或降低安全损害。

④ 要求更广泛的公共启示、公众听证会,更真诚地与财产私有者谈判,并得到被选举出来的管理机构的批准。

⑤ 当要征用的财产属于私人的主要居所时,应支付高于市场价格的赔偿。

表 8.1 列举了州立法及选民公投对 2005~2011 年间"凯洛诉新伦敦案件"的反映。对于州政府而言,最常见的反映是通过法律禁止将征用权用于经济发展。有些法律禁止将私有财产转移至其他私有组织,表面上限制了征用权用于经济发展或增加税收的目的(Patel,2009;Salkin,2006,4)。在许多州的章程中,对征用权用于哪些经济发展目标,以及某些例外情况(比如经济萧条)做了规定。

表 8.1 州征用权法律及选举措施

州	法 律
阿拉巴马州	SB 68(2005):征用权禁止用于零售、商业、居住或公寓等项目开发;禁止以增加税收为目的,或将私有财产转移至其他私有组织。含有萧条的项目例外。SB 654(2006):未经业主允许,禁止使用征用权利用重建项目获取非荒废财产。对经济萧条的财产进行定义,强调其对公共健康及安全的危害
阿拉斯加州	HB318(2006):禁止以经济发展为目的,利用征用权向其他私有组织转移私有财产
阿肯色州	提议 207(2006):用于公众用途的征用权适用范围,包括可被用于公众或公共机构使用的土地、公共设施,消除因自身性质状态而影响公众安全健康的直接威胁,或获取委付财产。公共用途不包括因经济发展而带来的公共利益
加利福尼亚州	提议 99(2008):禁止使用征用权将私有住宅转移至某私人组织
科罗拉多州	HB1411(2006):规定征用权用于公众用途需具有可执行性,但不能以经济发展或增加税收为目的将私有财产转移至其他私有组织
康涅狄格州	SB167(2007):要求开发机构通过征用权取得不动产需得到超过 2/3 具有选举资格的市民支持。如果选民决定不将获取财产用于最初目的,那么必须以最初采购价或市场价(甚至更低的价格)卖给财产最初所有者或其继承人。开发机构增加征用财产补贴至其平均估值的 125%。如果主要目的是增加税收,则禁止使用征用权获取实体财产
特拉华州	SB217(2005):州或自治区需约束征用权用于某公认的公众用途。SB7(2009):用于公众用途的征用权范围包括:①一般群众或公共机构拥有、占有或利用的土地;②公共设施、电力机构或公共运输机构使用的土地;③移除萧条地区。公众用途不包括通过土地私有化或经济发展达到产生税收或增加税收基数、就业或良性经济的目的
佛罗里达州	HB1567(2006):禁止通过征用权将私有财产转移至其他私有组织,以下几种情况例外:公运公司、公共交通、公共设施的使用,或某些公共项目附带一些私有使用的场合。禁止征用权用于消除荒废设施或产生附加税。如果很有必要祛除某对公共健康或安全的威胁,可以在社区重建法令要求下使用征用权。HB1569(2006):征用权用于转移私有财产至其他私有组织时,需得到州立法机构 3/5 的投票支持
佐治亚州	HB1313(2006):征用权适用的公众用途范围,包括民众、公共机构或公共事业单位拥有、占有及享有的财产,或荒废区域的移除。禁止征用权用于经济发展为目的的项目,包括增加税收基础、增加就业,或当财产转移至其他私有组织时用于改善经济状况。再次定义荒废区域为那些对公众健康及安全有害的特征。在实施征用权之前,需获得城市或乡村主管部门对行使征用权的支持,并张贴公众告示。HR1306(2006):征用权用于某个重建项目之前,需要得到当地政府当选人的支持(被 2006 年选举采用)

州	法　律
夏威夷州	
爱达荷州	HB555(2006):以公众用途为借口进而实现私有财产转移或促进经济发展的,禁止使用征用权
伊利诺伊州	SB3086(2006):给予某一私有组织利益或仅以公众用途为借口,而转移给某私有组织的,禁止使用征用权。除非某地区已经荒废,且该州或地方政府已与某私有组织达成某种协议,否则需限制征用权的使用
印第安纳州	HB1010(2006):征用权使用的公众用途包括公众、公共机构或公共事业单位拥有、占有及享有的财产,不包括增加计税基数、税收、就业或一般的良性经济发展。重新定义萧条区域为对公众健康及安全有害。被征用的财产属于某人的主要居住地时,需按当地市场价150%进行赔偿。成立一个立法研究委员会对征用权进行充分研究,2007年11月1日前向立法机关汇报结果
爱荷华州	HF2351(2006):征用权使用的公众用途包括公众或公共事业单位拥有、占有及享有的财产;附属于公众用途的私人使用;以及荒废区域(区域内超过75%的财产都荒废)的重建。声明公众用途不包括增加税收或就业,私人住宅、商业或工业发展的经济活动。在征用过程开始前需公示。包括回购规定,若某征用财产5年内未用于公众用途,那么该财产的原始主人可以重新购回
堪萨斯州	SB323(2006):禁止使用征用权转移私有财产至其他私有组织。但也有例外,如转移财产至某公用运输公司,某市民获得的不安全物品,或经州立法机构批准的财产。法律颁布之前,这些限制条件不用于重建地区。按私有业主被征财产的固定价值200%比例赔偿
肯塔基州	HB508(2006):公众用途包括某政府机构拥有、占有及享有的财产,移除某荒废物品,或某公共事业单位使用。禁止以经济发展为目的转移私有财产至其他私有组织,包括增加计税基数、税收、就业,或促进社区经济良性发展
路易斯安那州	SB1(2006):禁止某私有组织主要使用被征用的私有财产或转移私有财产至其他私有组织。在决定征用私有财产用于公众用途时,不能考虑促进经济发展或增加税收(被2006年选举采用)。HB707(2006):私有财产被征用30年后,除非首次以市场公允价卖给它的原始主人或其主人的继承者,禁止以任何借口售卖或出租该财产。规定工程完工后一年内,任何未使用完的征用财产必须以市场公允价提供给原始主人或继承者(被2006年选举采用)
缅因州	LD1870(2006):禁止以私有零售、办公、商业、工业或居住为目的征用农业用地、渔业用地、林业用地或已经改善为居住、商业或工业建筑用地;以产生税收为主要目的或转移私有财产至其他私有组织的情况,禁止行使征用权;荒废项目或用于某公共事业单位的情况例外
密歇根州	SJRE(2005):如果某人的主要居所被征用为公众用途,那么合理的赔偿应高于该财产市场公允价的125%;公众用途不包括转移私有财产至其他私有组织或增加税收(2006年投票采用)
明尼苏达州	SF2750(2006):征用权适用的公众用途或公共目的包括公共场所或某公共机构拥有、占有或享有的财产,以及某荒废区域的移除。规定通过经济发展获得的经济利益不构成公众用途或公众目的。需要与财产所有人更好的沟通,并增加公众告示及听取公众诉求

州	法　律
密西西比州	倡议 31(2011)：修订密西西比州宪法，禁止州及地方政府利用征用权获取私人财产后10 年内，再以私人商业为目的转移征用财产至其他私有组织。禁令的例外情况包括排水系统及防洪设施、道路、桥梁、港口、机场、公共运营商及公用事业单位。禁令不用于某些情况，如公害、不适宜居住的建筑或废弃财产
密苏里州	HB1944(2006)：禁止征用权用于增加某地区税收、就业，或提高经济发展。规定征用权仅可用于移除某地荒废物品或公众用途。行使征用权前，需对征用财产进行公示，并与财产所有人进行良好沟通。经济发展部门的公众法律咨询办公室需建立财产权咨询办公室，帮助财产所有人获得关于征用权方面的信息
蒙大拿州	SB363(2007)：征用权适用范围涉及以移除对公众健康、安全或福利构成威胁的荒废物品的城市美化，禁止征用权用于以增加税收为目的的活动
内布拉斯加州	LB924(2006)：禁止征用权用于经济发展为主要目的的活动，包括某商业组织或增加税收、计税基数、就业或改善经济环境
内华达州	AB102(2007)：征用权适用的公众用途不包括转移至其他私有组织。例外情况包括，私有组织征用财产主要用于公众用途，或某私有组织出租财产给个人，属于某公共设施的一部分，或某财产禁止被所有人保留，或征用目的是减少公众安全和健康威胁。AJR3(2007)：通过征用权获取的财产不能转移至其他私有组织。意外情况包括，私有组织将征用财产用于公众目的，某私有组织出租财产给个人，属于某公共设施的一部分，或某项财产禁止被所有人保留，或征用目的是减少公众安全和健康威胁(2009 年立法再次通过，并按照州相关法律被 2010 年选举采用)
新汉普郡	SB287(2006)：公众用途包括公众、公众机构或公共事业单位拥有、占有或享有的财产；移除对公众健康及安全产生影响的有害因素；或某公共项目里的私人使用。规定增加税收或就业不属于公众用途 CACR30(2006)：以私有发展为目的，转移财产至其他私有组织的，禁止使用征用权(被 2006 年选举采用)
新墨西哥州	HB393(2007)：在城市重建法令下的市区重建项目禁止使用征用权
北卡罗莱纳州	HB1965(2006)：规定征用权仅用于特殊的公众用途，不包括经济发展项目。约束重建委员会将征用权用于移除荒废项目
北达科他州	措施 2(2006)：声明征用权使用的公众用途不包括通过经济发展获得的经济利益，如增加计税基数、税收、就业或促进经济良性发展。进一步规定私有财产不能转移至其他私有组织，公共运输公司或公共事业单位除外(被 2006 年选举采用)。SB2214(2007)：禁止其他私有组织使用或占有征用的私有财产，公共运输公司或公共事业单位除外。规定征用权使用的公众用途不包括通过经济发展获得的经济利益，如增加计税基数、税收、就业或促进经济良性发展
俄亥俄州	SB167(2005)：2006 年 12 月 31 日后，以经济发展为目的，转移财产至处于荒废区域或其他私有组织的行为，禁止使用征用权。派遣特别行动小组，要求学习征用权的相关法律规定。SB7(2007)：规定征用权使用的公众用途不包括以经济发展为目的，或仅为增加税收而转让财产至某私人商业机构。一地区被定为荒废区域前，需至少 70%以上的局部区域被认定是荒废的。禁止以局部区域认定为荒废而获取更多税收的行为。在行使征用权前需某机构准备充分，全面介绍在荒废区域征用财产的必要，此外还需当地立法的支持

州	法　律
俄勒冈州	措施 39(2006)：禁止使用征用权转移私有财产至其他私有组织(被 2006 年选举采用)
宾夕法尼亚州	SB881(2006)：禁止私营企业行使征用权，但附属于公用工程项目的私有企业除外。在不影响宾夕法尼亚州公用设施委员会权威前提下，确定某财产是荒废的，或依照市区重建法令，或为低收入者提供住所等情况，可以申请行使征用权。定义荒废的特征为对公共健康及安全有害
罗德岛州	SB2728A(2008)：禁止以经济发展为目的行使征用权，但州或地方政府有明确计划、且获得被选举的管理部门的支持的情况例外。这种行为必须带来大多数人的公众利益，并且只有少量属于私有企业的益处。对财产所有人的补偿需达到市场公允价的 150%
南卡罗莱纳州	SB1031(2006)：禁止滥用征用权，包括不属于公众目的的经济发展。允许立法机关颁布法律，在合理补偿前提下，可通过征用财产用于公众或私人用途，对某荒废区域实施补救(被 2006 年选举采用)。SB155(2007)：承认宪法修正案第五条认可的相关规定，即禁止征用权用于不属于公众目的的经济发展，批准立法机关颁布法律，在适当赔偿前提下，允许动用征用权，用于荒废物品的移除
南达科他州	HB1080(2006)：禁止使用征用权用于转移私有财产至其他私有组织，或主要用于增加税收
田纳西州	SB3296(2006)：规定征用权适用的公众用途不包括私有用途，或私有经济发展带来的公众利益，如增加税收或就业。以下几种情况例外：公共或私有机构、房管局或社区发展机构使用征用权移除荒废物品，或隶属于某公众用途的私人用途，或地方政府为某工业园区而征用财产
得克萨斯州	SB7(2005)：禁止某私有组织为获得私有利益或以经济发展为目的而行使征用权
犹他州	SB317(2006)：为某公众用途行使征用权前，需获得当地政府管理部门的支持。至少需要在公众获知征用计划前 10 天，以书面通知形式告知被征用财产所有人。扩大公众用途定义范围，包括毗邻主路的自行车道及人行道，同时限制征用权用于某些娱乐目的。HB365 (2007)：除非得到该地区占有至少 70% 以上财产的超过 80% 的财产所有人的请求，并且得到中介机构 2/3 以上支持，才能对单亲家庭的财产行使征用权。对于征用商业财产，该数字分别为 75% 及 60%。征用权适用于经专业机构认定为荒废的城市美化项目，但城市重建项目需提供 5 年内征用权行使计划等相关安排。行使征用权前，需提前张贴告示，并与财产所有人进行良好沟通
佛蒙特州	SB246(2006)：禁止以经济发展为主要目的行使征用权，与州城市美化法律相一致的情况除外。其他例外情况包括征用权用于交通、公共设施、公共财产及水利工程
弗吉尼亚州	SB781、SB1296、HB2954(2007)：征用权适用的公众用途包括公众、公共机构占有的财产，或用于被认定为荒废的财产移除。征用权仅能用于那些不包括任何私有目的的公众用途，并且不以增加税收、计税基数或就业为目的。HJR693(2011)：如果主要目的是利于某私有组织，如增加就业、税收或经济发展，则禁止使用征用权。合理赔偿的定义包括损失收益及失去财产。需要有相关证明，表明征用财产用于公众用途
西弗吉尼亚州	HB4048(2006)：禁止以经济发展为主要目的而行使征用权。荒废财产除外。荒废财产重新定义为对公众安全及健康有害。需要较好的公众告知及与财产所有人良好的沟通
威斯康星州	AB657(2006)：禁止使用征用权征用未荒废财产，并将其转移至其他私有组织。再次定义荒废财产特征为对公众健康及安全有害

州	法　律
怀俄明州	HB124(2007):定义征用权适用的公众用途包括某公共机构拥有、占有或享有的财产。除为保护公众健康及安全,禁止转移私有财产至其他私有组织。禁止某市政当局行使征用权用于市区美化项目。行使征用权前,需书面通知并与财产所有人进行良好沟通

"经济萧条"是一个无定型术语,从法律及国家政策角度看并未得到普遍接受,但它是大多数征用权法的一个关键特征。凯洛之前,许多州将萧条的定义扩展为能增加经济活动的任何地方(Somin,2005,1034)。一些州的法律对"萧条"的构成做了狭义定义(Lovell,2007)。

还有一些州对如何建立萧条的事物量化体系进行讨论。正如第9章中对融资的讨论,量化萧条要求对某些属性设置最低标准,包括必须是在政府机构使用征用权或融资前就被归类为荒废的财产。例如,2006年爱荷华州颁布HB2351法令,要求只有当区域内的荒废财产达到75%或更多,才能动用征用权实施重建工程。

就像法律赋予萧条的定义一样,法律很重要的一部分内容都是关于公众用途的定义原则。许多州期望重新强调早期司法解释中关于公众用途的定义,例如政府机构征用私有财产用于公众目的的那些规定。

某些法律阐释了征用权行使过程中的问题。法律通过这种途径力图限制"征用私有财产用于经济发展相关的讨论、咨询或审议",然而还有法律要求,处理征用及征用权方面的案件需在90天内完成,其审理程序优先于其他民事案件(Salkin,2006,5)。凯洛案件引发的大多数法令并未写进法律。然而,不同州之间的多变性表明,那些行使征用权的行政人员及非盈利组织管理人员需要明白法律体制,以确保每个行动都合法。

市政条例与土地征用

鉴于土地征用在法律上的复杂性,并考虑到法律的实施,市政部门已经详尽建立了自己的法律法规。市政条例的形成和实施真实地反映了国家立法原则。相当多的此类法律是通过公投通过的,如加利福尼亚州橘子郡76%的选民同意一项禁止征用土地用于私有经济开发的提案;佛罗里达州德巴里市78%的选民同意修改城市宪章,排除了用于私有开发的土地征用(城堡联盟,2012)(城堡联盟为一反对土地征用的美国民间组织——译者注)。

紧随凯洛决议,很多县和市都通过了相关法律条例,这表明土地征用不会获得广泛的支持(当然也会有某些例外情况),尤其用于经济发展时。然而,地方政府应该牢记联邦立法和市政立法通常会有免责条款。

合理补偿：宪法的另一项要求

　　另一项关于土地征用的重要法律条件是第五修正法案，该法案要求必须对被征用人提供补偿(Turnbull,2010)。由于宪法中并没有定义合理补偿的概念，只能由法院裁定什么是合理补偿。某些案件导致法庭建立一个法律框架，解释宪法的合理补偿要求，然而大部分补偿是在法庭之外调解达成的。最主要的司法解释是，合理补偿意味着该资产的公平市场价值(Stokes,2006)。更具体的解释是，合理补偿指在正常交易中买家和卖家均认同的该资产价格(McKirdy,2007,1)。

　　法庭使用一系列评估方法确定该资产的公平市场价格。如图8.1给出的，在土地征用中，有4种常规方法可以估计资产价值。每种方法的中心目标都是为资产所有者提供一个充足的补偿，能够完全抵消他们的资产损失。第一种方法提供的补偿可以让个人在其他地方购买类似商品。第二和第三种方法使用销售价格作为资产的补偿。第二种方法参考最近一次该资产的交易价格。该种方法对其所有者不利，因为所有者有可能不是在近期购买此处资产的，最近一次的交易价格不能反映当前的市场价格。在这种情况下，法庭可以使用第三种方法确定市场对该处资产的估价，并将此估价作为对所有者的补偿。第四种方法，法庭考察资产的实际价值或依据租金收入得到潜在价值，并作为该资产的参考价值。

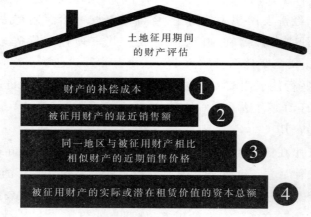

图 8.1 合理补偿方法

(资料来源：Williams,M.2009.The Urban Lawyer 41:183–216)

　　然而，在凯洛决议之后，针对确定或约束补偿问题的司法解释发生了一场运动。例如，密歇根州政府修订相关约束，要求当资产所有人的土地被征用时，除其他正当的补偿，资产所有人应获得公平市场价格至少125%的溢价。印第安纳州、堪萨斯州和密苏里州同样通过相关法律，要求在特定情况下，补偿金额为125%的公平市场价格。

受污染资产的评估

当资产受到环境污染并需要治理时,更加难以确定合理的补偿金额。难点在于确定资产受污染的程度,以及清理这些污染所需要的费用。考虑到所需治理的费用,买家和卖家之间的讨价还价会使资产贬值(Olson 和 Pelle,2009)。如果需要由法院来裁定,那么确定满足合理补偿要求金额的过程,会成为一个包含多方面考虑的复杂过程。

对联邦和法院来讲,首要问题是资产在公平市场中的价值是否应该将环境污染因素考虑在内(Hollister 和 McKeen,2005)。例如,当法院裁定陪审团应该考虑资产的当前状态(包括污染),并对资产估价时,如果资产所有人自己承担清理污染费用,那么资产所有人的资产可能会贬值两次。考虑到清理污染费用的不确定性,法院一般应该遵循下列原则(Opper,2005,22):

① 保护资产所有者的权利,确保其损失被完全补偿;

② 规定公平地确定资产所有者的清理义务,如果需要,可以使用履约保证和其他工具,将清理费用从评估中独立出来;

③ 确保在当前情况下资产所有者不会承受清理费用和资产评估贬值的双重负担。

关于确定受污染资产评估的方法,在联邦和法庭之间缺乏一个统一的协定(Boulris,1995)。康涅狄格州和密歇根州的最高法院裁决,当确定资产实际价值时,允许考虑污染和清理费用。与此相反,纽约州最高法院和新泽西上诉法院裁定,考虑污染程度并确定污染清理后的资产估值。这样,法庭可以对污染清理费用分别履约保证(Stokes,2006,225)。

康涅狄格州判例法同样给出污染资产评估的观点。在康涅狄格州东北部经济联盟公司诉 ATC 事务所案件中,由于再开发合伙关系获得资金和第三方出资承担了 80% 的清理费用,这些费用应该包含在资产公平市场价值中,并抵消掉由污染带来的贬值,该判决经审判法院裁定,并由康涅狄格州最高法院确定(Hysell,2005)。因此,地方当局应该意识到,用于资产清理的资金可以影响到对资产价值的评估。然而,这依赖于法庭基于哪个案件进行判决。

土地征用、经济发展和环境修复

对于美国城市来说,土地征用、经济发展和环境修复三者之间通常存在交叉点(Levine 和 Synk,2005,37)。美国废弃工业区充满棕色区域,其郊外景区点缀着灰色区域(关于灰色区域和棕色区域,请参看第 2 章)。无论是灰色还是棕色,这些资产均未充分使用或完全未使用,并且没有产生相应的价值(Carpenter 和 Ross,2010)。在很多情况下,由于资产所有者不希望清理污染,或者承担潜在的法律风险,这些资产往往被封存(或闲置、不予买卖)。因此,相关地区需要动用土地征用权,对被污染区域实施恢复。但是,在开始土地征用前,首先要确定阻碍区域发展的最重要因素——污染及清理带来的费用和责任。

在某些地区,只有特定的区域可能受到污染。在这些案例中,污染地区及其周围地区的发展都可能受到影响。发生这种情况主要有两个原因。首先,污染的资产可能很大,导致可使用土地面积减小,而土地开发商也不希望承担清理污染的责任。第二,开发商不希望承担污染清理的费用。许多开发商不希望购买受污染的资产,即使该资产的价格便宜很多。

如第 2 章讨论的,其中的一个选项是土地整合。土地整合是指一个地区将许多小块土地组合在一起,使污染清理费用占项目总费用的百分比最小化(International Economic Development Council,2006)。该过程可能包括或者不包括土地征用,某些城市的情况证实这种方法是可行的。例如,俄亥俄州桑达斯基市在帕佩尔区整合了一片区域。将 5 块小面积土地整合成一个对开发商很有吸引力的区域,并将污染清理费用占总项目费用的百分比降到最低(Opp 和 Osgood,2011.7)。无论资产重组是否自愿,污染资产和未污染资产的重组可以降低资产清理费用占总项目费用的百分比。

当地政府可以在确定污染和封存地区的过程中起到重要作用,但管理者应该意识到某些风险(Paull,2008.5)。首先,许多地区关心拥有受污染土地可能带来的相关责任。在一些州,如康涅狄格州、伊利诺伊州、马里兰州、加利福尼亚州和弗吉尼亚州,公共机构采用责任保护措施,避免因拥有污染资产带来的法律诉讼。对于这些州,高昂的污染清理费用可能会给项目带来很多不确定性,导致这些地方最终选择不进行土地征用,以防止所需费用超过了利润。康涅狄格州、伊利诺伊州和加利福尼亚州等地,可以在拥有该资产之前就拥有使用权。第二,过高的清理费用可能导致该资产市场价格降低。对于地方当局,处理污染和评估价值时会出现两个可能性。一些地方考虑到地方条例和判例法,当设定公平市场价值时,会考虑资产的降级。然而,还有一些地方,要求地方当局将资产价值的评估和清理污染的费用分开。在后一种情况下,可能会要求地方将资产的公平市场价值进行履约保证,并考虑清理污染导致的资产价值降低。第三,在执行和成本回收方面,地方当局很少拥有此类权利。例如,伊利诺伊州赋予了地方课税扣押权和执行止赎的权利。威斯康星州允许地方在土地征用过程中寻求回收成本。关于成本回收,判例法中很少涉及资产价值超过回收所需费用的内容。因此,有些地方所在州没有成本回收机制,其必须保证地方政府和州有补助计划,或者在预算中有基金支持,用来抵消超过资产价值的费用。

活动的结论和概念:加利福尼亚州圣地亚哥市

土地征用一直是不稳定因素,但是公职人员和非盈利组织会发现土地征用的执行力很强。考虑到未经同意即占有所有者资产的严重后果,土地征用应该是最后的手段(Barton 和 Proakis,2005)。地方政府同样应该仔细考虑最高法院关于凯洛诉新伦敦市的裁定。法院的裁定参考了复杂和详尽的审议,主要关注在本地区实施土地征用的过程。就这一点而言,任何使用土地征用权的过程都必须包含社区的参与,在启动土地征用权过程中,这种参与程度必须贯穿始终。

为了社区和环境的需求,在进行土地征用资产收购时,需要考虑两个问题(Opper,2005,28):

① 什么是适合的联邦法律、州法律和地方法律?包括同土地征用相关的联邦和州的宪章,以及市政法规?

② 当前的州法律和地方法律是怎样的?包括相关判例法,例如某些资产估价中包含污染清理费用,而有些不包含。还要评估污染对资产价值的影响程度。

在随后的案例分析中,加利福尼亚州圣地亚哥市受污染资产的再开发均考虑了上述问题。对于政府官员和非盈利组织管理者来说,最有益的也许是本例中监管部门思考方式的转换或改变。监管部门从强制执行者的角色转变为为项目提供必要帮助的独立第三方。因此,地方当局在担负强制执行责任的同时,也应该公正、客观的履行自身职责,帮助当地在环境保护和经济发展中寻找共同点。

圣地亚哥大联盟棒球场

成功地进行土地的再开发是很困难的。为了实现真正的社区复苏,仅仅抱着"如果你建设,人们就会来"的观点是不切实际的。物流和法律问题会非常复杂。多个时间表的倒计时经常是互相矛盾且棘手的。当然,项目目标越高大上,则项目成功越困难。

再开发中广受欢迎的项目是孵化项目,对此类项目的公共投资可以刺激大量的私人投资。最成功的孵化项目是彻底改变游戏规则,其多次为私人投资铺平了道路。此类项目有希望重塑街区,甚至整个社区——一个值得努力的方向,但很难实现。会有很多实际问题,包括:在协调同步土地获得、环境评估和环境清理的同时,协调项目建设时间表和市场准入时间。这种"拉紧绳索"行为需要在政府时间表、公众会议与法庭时间表、申报期限、监管机构安排和非预期阻碍之间取得协调。

本案例研究的是圣地亚哥市一个孵化项目,该项目克服了这些挑战,并成功打造了一个新街区。该项目得以成功的原因是领导者的政治决心,实施了土地征用,并实施了政府投资以鼓励私人投资。该项目需要收购至少100块土地,包括征用大企业的资产。除了这些挑战,圣地亚哥大联盟棒球场成为该市历史上最成功的再开发项目的关键点。读者应该注意到,在本案例写完之后,加利福尼亚州的再开发相关法律已经有了很大改变,但该项目的成功依旧为受污染资产的再开发项目提供了很好的经验。

受污染土地的获得

即使是非污染资产,土地征用的执行环节也非常复杂。就算城市对于权利使用足够大胆,土地征用也是取得成功的第一项挑战。即使是谨慎执行并处理得法,土地征用并不总是促进资产修复和社区复兴,而且土地征用不能立刻解决受污染资产的修复问题。当将受污染资产的修复作为目标时,政府必须采取积极的措施完成土地征用。一种选择是使用政府再开发权利。在各个州的法律不尽相同的前提下,许多州为了抵抗社区衰败而设定了再开发法,从而为政府提供了一个做出重大改变的机会。

一个成功的案例是圣地亚哥市大联盟棒球场。经过小心地行使土地征用权和再开发权利,圣地亚哥市得以将一个废弃的工业海滨市区改造为一个热闹、多功能的地区和旅游活动中心。如果圣地亚哥市仅仅使用土地征用这种单一方法,那么该市将无法完成一个如此规模和影响力的项目。类似的,如果圣地亚哥市仅仅依赖于再开发法,这个项目也将失去活力。只有通过协调使用两种权利,政府才能促成一个如此大规模的社区复苏。

项目的范围和挑战

圣地亚哥教士队的Petco公园棒球场的建设是一项宏大工程。在此之前,教士队同圣地亚哥国家橄榄球队——电光队使用同一个主场。然而,由于该球场的老化以及业主将电光队作为首要约租人,教士队想寻找一个新主场。与此同时,该市正在处理一块经营欠佳的工业土地,该土地毗邻圣地亚哥市主要市区。面对球队迁移的可能性,政府想到:在市中心新建一座球场将是一个很有吸引力的项目。同样,该计划充满了貌似不可能克服的挑战。

首先，新建球场需要的土地由超过100块独立资产组成。这些资产的众多所有者对资产交易的认知不同，对该项目的热忱程度也不同。资产所有者既包括公用工程巨头圣地亚哥燃气与电力公司(具有独立企业制度和管理体制)，还包括从事家庭经营的小生意人。如果没有土地征用的权利，当一个资产所有者了解到政府对该片土地的规划时，该所有者可能会索要天文数字的价格。即使使用了土地征用，与每位所有者的谈判进程还要同实施土地征用行动协调一致。

为了合理解决这个问题，鉴于许多土地都遭到不同程度的污染，这些受污染资产需要全方位评估，并清理重污染土地。该清理过程可能会导致项目进展延期，并支付高昂的费用，以至于就算已经解决了所有土地获取问题，单是污染清理一项，就可能导致项目进展缓慢，甚至只能一块一块谈判、一块一块清理。

在土地征用中，环境污染同样会导致资产评估变得更为复杂。虽然此前已经有对污染资产土地征用价格的判决，但是议会立法和判例法没有为加利福尼亚州包含褐色土地的资产评估提供指导意见。在加利福尼亚，没有可资参考的相关案例，在其他国家也只有很少的参考案例。贸然进入这片模糊不清的领域是非常危险的，尤其对于城市管理者来说。在如此高调的项目中，城市管理者扮演的角色将受到公众的监督。

圣地亚哥市承诺会探索一切办法，保证职业大联盟在该市的特许经营权，这样该市签订了一项空前的协议。这需要协调教士队、城市和环境管理者、当地再开发管理部门以及私人开发商。圣地亚哥市成功的关键因素是其将土地征用、再开发法律同组合土地、清理污染协调运行。土地征用是一个有力的机制，但仅凭这一机制不会产生很大效力。好在，加利福尼亚公共管理部门很幸运地拥有特别立法权，来处理衰败的资产：Polanco再开发法案。Polanco是一项州立法规，利用这一法规，加利福尼亚再开发公共管理部门处理污染资产时，可以增强再开发过程。Polanco法案允许公共机构开展清理行动，并从责任方获得赔偿。该法案成为确保棒球场项目取得成功的重要因素。

污染、再开发和 CERCLA

许多城市都存在一些此前用于工业用途的土地，这些土地中的一部分遭受污染是司空见惯的。大部分城市的再开发土地都受到化学物质的影响，这些化学物质已经成为当今世界的一部分。有时，由于地下汽油储罐泄漏(USTs)或化学物质渗透到土壤或地下水中(如金属加工、电镀、干洗店或汽车店)，导致土地资产受到污染。这些问题必须在资产开发和改进前加以解决，在土地征用中，污染问题对赔偿的影响将会非常复杂。

环境清理不是个小工程。它经常包括评估费用、土地和地下水采样、实验室分析、挖掘、处理、污染土壤转移以及持续的监管义务。清理费用可能非常昂贵,私人开发者很难负担起如此规模的项目。由于某些原因,环境问题的责任可能会带来法律责任,而开发商绝不想承担这样的责任。

环境污染可能会让开发者面临污染影响带来的责任——包括资产和资产临近地区——如果污染发生迁移的话。以上种种其实是同一个问题,因为国会在1980年通过了全面环境响应、环境保护赔偿责任法(CERCLA,被认为是超级基金项目),该法案的目标是防止环境遭到有害物质的破坏。在众多法案之中,CERCLA为如何确定污染责任方提供指导意见。通常情况是,该地点的所有者承担全部责任。

在镀锌行业开展污染清理方面,CERCLA被普遍认为发挥了重要作用。然而,该法案一个无意识的结果是其强有力地推进了超级基金项目。CERCLA的责任方案(以及法院对该法案的解读)是非常严格的。法官决定CERCLA的责任是"关联和严重的"。即使一家单位被判定只对很少一部分污染负责,这家单位可能会承担全部污染的清理。此外,当一家单位争辩有其他责任人应该承担更大责任时,第一家单位经常只能用自己的经费去起诉他人,并自己承担风险。

CERCLA的责任规定同样非常严格。实际上,该法案可能导致企业永远持有这些污染资产,因为购买者不想承担由污染带来的风险,并且政府可以选择忽略风险转移协议。即使一家企业尝试同买家进行风险转移谈判,CERCLA允许政府起诉最初造成污染的实体。此种情况抑制了卖家、买家和开发者。因此,一些资产被封存。这些土地被闲置或荒废,成为所在社区的眼中钉。虽然这种情况并不是国会希望的结果,但从过去到现在,一直存在此类问题。

全美市长委员会就该问题向国会施压,导致了CERCLA修正法案的讨论。但是寻求改变的方案停滞不前,这是由于各党派对于如何处理此类问题无法达成共识。国会此前安排在2011年9月11日对该问题进行投票,尽管没有实现,但是为展现一个全新意义的两党合作制,国会在同年晚些时候通过了法案,由此诞生了2011年通过的CERCLA棕色地块修正条款。

加利福尼亚州博朗克再开发法案

加利福尼亚州的立法者很多年前就注意到资产荒废问题,因此州政府立法采纳了一个不同的方法,释放这些可投资的土地。在1991年,即CERCLA修正法案前10年,州立法给出再开发机构可以获得土地,但在州法律的框架下,可以获得豁免权。该法律赋予再开发机构一个清晰的路线,来抵消污染清理的费用。该法案称为博朗克再开发法案。

博朗克再开发法案确保了资产清理工作由责任方完成，帮助加利福尼亚再开发机构解决了污染清理问题。因此，该法案将这些资产释放，使其产生新的用途。博朗克再开发法案可以让相关机构为再开发实施清理工作，并且要求责任方赔偿清理费用。在博朗克再开发法案之前，项目支持者不得不在未知领域依靠普通法律，可能会损失时间、金钱和项目利润。博朗克再开发法案使相关机构以合理的方式做这些事情，将资产打造为适合开发并对私人投资者具有吸引力的项目。

特别一提的是，博朗克再开发法案将责任方和履行方(由州法律和联邦法律定义)作为费用出资人。如果资产位于再开发项目地区，责任方和履行方将承担受污染资产的清理费用。或者，相关机构可以通过法院命令，迫使责任方进行清理，但此种方法有实际问题的限制。主要问题是将清理工作交给责任方，那么政府机构就失去了对该项目的控制，有可能会导致时间延长，甚至出现协调不利的问题。更进一步的风险是责任方根本就不想为清理工作做出努力。政府机构有时会更加精通有害物质调查以及清理，并且拥有更先进的仪器处理这些问题，因此在完成计划方面可能会更加高效，虽然会造成一些前期费用。

讽刺的是，新CERCLA修正法案对使用博朗克再开发法案的开发机构提出了更多挑战。在检查被告是否符合博朗克再开发法案对责任方的定义时，政府机构必须考虑资产所有者是否会利用CERCLA新的解释来逃避责任。博朗克再开发法案同CERCLA法案采用同样的法则，这意味着另一个责任方可能会认为自己没有责任，如果其可以证明有下列CERCLA的抗辩：第三方抗辩、无责任土地所有者抗辩、真实潜在购买者抗辩，或连续资产所有者抗辩。这些抗辩和博朗克再开发法案的经验是有限的，并且在这些问题上缺乏判例。对于目前处于混乱状态的加利福尼亚再开发法，只有时间和公正的判决可以确定公共项目受污染资产的清理责任是如何最终解决的。

圣地亚哥棒球场项目的获得和清理

圣地亚哥棒球场项目是利用博朗克再开发法案行使土地征用权的最好案例。该市和地区再开发机构使用博朗克再开发法案，组合大片土地为项目使用，并对每个独立的小区域清理污染。使用博朗克再开发法案加快了这一进程，并使项目开发成为可能。

随着加利福尼亚州环境保护署(Cal EPA)的同意，圣地亚哥市环境健康局(DEH)成为该项目的领导管理机构。选择环境健康局的理由非常现实，因为它的办公地点毗邻项目所在地。地区对项目的控制是至关重要的，由于环境健康局对该片地区非常熟悉，确保了其员工可以自由进出。还有一点，作为项目管理者的环境健康局，部分管理人员同样是棒球爱好者，共同的愿景和目标对于企业的成功是非常有价值的。

环境健康局取得了加利福尼亚环境保护署的支持，该部门同项目环境小组紧密合作，即有创造性，又比较灵活。在环境健康局细心的谈判和特定安排下，环境顾问同再开发机构协同工作，为整个地区规划了一个宏伟的工作计划。该计划基于资产利用目标，给出了清理的风险等级，确定了清理工作的先后顺序。

作为计划的一部分，在第一阶段环境现场评估中，环境顾问鉴定已知和可疑的有害物质排放，范围包括35个街区。评估的内容涵盖地区问题，并且深入到细节(如历史上著名的西部金属供给大楼，在150年前这里开展了锻造业务)。该机构为独立资产所有者提供初始清理计划。在所有小块土地中，只有一位资产所有者选择自己承担清理工作，其余的均由公共机构来处理。

如此规模的清理工作在圣地亚哥是空前的。环境顾问使用移动实验室来评估土壤，并使用其他节省费用和时间的方法。环境顾问评估了超过100块包含地下储罐的土地，并至少移除了其中的27块；确定了超过38个汽油、柴油、废油和燃料油的排放点，还包括电池回收厂、氨制冷厂、古老的红木石油管道和锻造厂。

除了使用的技术和法律保障，另一项重要因素是参与者的协作精神。当选的政府、城市和机构的决策部门、政府监管部门共同追寻同一目标。有了共同的愿景，很容易确保执行过程中的协作与效力。强有力的政治领导和社区支持，使得不同部门间的协同监管成为可能，从而保证了项目高效进行。这反映了此段时间加利福尼亚的"思想提升"。监管者开始考虑怎样才能帮助并促进项目成功，而不是将自己视为"执行者"。当监管成为一种"执行力"，关于费用和效力的考虑经常被忽视，即使目标——污染清理——是相同的。

此外，需要有创造力并采用协同的方法，处理多个诉讼带来的挑战。土地征用的法庭时间表同费用回收行动之间的协同是非常必要的。虽然不是每个州都允许土地征用同费用回收同时进行，甚至一些州要求在不同的法院备案。庆幸的是，圣地亚哥市可以对土地征用和博朗克投资回收行动同时进行。这样的行动更加公平，实施效率也更高，并且相关案件审理均由一位法官执行，从而确保了公正性。

向公众同时发表声明是项目成功的另一重要原因。圣地亚哥市成功说服法庭允许事先保留一部分资金，以防止清理产生的费用，而在当时，该建议尚未最终确定。如果法庭不允许，那么直到费用确定下来，该市才能得到付款，这可能会造成严重的工期延迟。相反，圣地亚哥市使用博朗克再开发法案，使得其可以在城市的监管下,从土地征用存款中保留一部分资金,存入到履约保证账户中,其协议为只有在需要此部分资金用于完成监管部门要求的工作时,城市才会支出,剩余的资金会退还给土地所有者。

各方均同意该协议的原因,是谈判的目的在于达成解决方案,而不是获得诉讼的胜利。在这个方面,博朗克再开发法案条例允许机构回收律师费,同样帮助各方达成协定,避免了重大的辩护费用及风险。这个因素刺激资产所有者去谈判,而不是无休止的提出诉讼。

Petco公园的可持续性

该项目包含许多可持续发展原则。棒球场设施可以回收44%的废物流。订制了严格的暴雨管理措施;停车场的垃圾杂物从排水系统中移除。同样,该公园配备了初期雨水回收系统,回收初雨(这部分雨水会携带大量土壤、杂物和土壤污染物),并送入排污系统进行处理。进一步,开发者在项目中设置了冷却装置。冷却装置使用低温水提供高效的冷却,几乎不排放温室气体。教士队承诺,在公园和土地维护方面使用无毒产品。

该项目选址是可持续发展原则的反映。圣地亚哥棒球场坐落在城市核心区,交通便利,三条公交线路直接停靠在公园入口处,四条线路停靠在两个街区之外的地方,还有一些线路为周围的社区提供服务。在两个街区内还有两座轻轨站,从临近的科罗纳多岛来的游客可以乘坐游轮和水上"的士",从北圣地亚哥郡来的游客可以乘坐火车抵达市内两座主要车站,一座临近公园,另一座可以乘坐轻轨。美国铁路公司同样为该车站服务,方便从更北地方来的旅行者。

圣地亚哥棒球场项目周边的开发组合了混合利用概念,很多建筑既能办公亦可居住,为城市居民带来极大便利,居民无需开车,即可就近生活、工作和娱乐。多年以后发现,这种设计理念为周边地区创造了一个充满活力的零售和餐饮业,尤其是在有比赛的日子。

对周边的影响:棒球区概念

Petco公园周边地区——圣地亚哥市东部村庄——包括很多衰败的资产。这是一个不安全的地区,经济萧条,长期没有利用。尽管靠近海滨和市中心,但该地区超过70%的土地闲置,可资利用的部分仅仅作为仓储使用。

此前休斯顿和洛杉矶新场馆建设项目没有能够为地区发展提供动力,从这些城市得到的教训,圣地亚哥希望在新场馆建设的同时,可以提振周边地区的经济活力。因此,建设新场馆的想法最终扩展为一个棒球区的概念。圣地亚哥市同房地产商达成一项融资协议(该房地产公司为教士队老板所有),圣地亚哥市股份占

70%，开发商占30%。坚持这个比例分成，该市将承担1.86亿美元，教士队和私人投资者承担8100万美元。协议规定，75%的土地收购费和基础设施建设费由圣地亚哥市和当地其他公共机构担负，而教士队和私人开发者担负剩余的部分。圣地亚哥棒球场项目中，仅公园部分的总投资就达到4.11亿美元。

该协议一项重要条款，是在项目邻近地区的开发中，开发商至少承担3.11亿美元资金，这是第一次将球场项目和邻近地区再开发项目联系在一起。在1998年，圣地亚哥市首次以投票方式通过了这一条款。在呈现给选民的开发计划中，预计在10年内，该项目吸纳的私人投资额将达到10亿美元。实际上，这一目标很快就完成了。在2011年，公园邻近地区的再开发项目投资就超过了20亿美元，包括酒店、公寓、零售、办公场所和停车场。东村的开发为圣地亚哥市提供了大量资产、销售和旅游税收，而此前该地区几乎不进分文。

得到的教训

鉴于在Keloid决议之后国家政治的反弹，政府对运用土地征收权变得很谨慎。紧接着，一个全球性的经济衰退接踵而至，一些很有前途的项目进展变得更加缓慢。然而在加利福尼亚，这种情况得到部分改变。州预算已经多年失衡，州长杰里·布朗(Jerry Brown)认为再开发机构可以帮助填补预算缺口。在2011年，州最高法院通过了立法，2012年2月1日，加利福尼亚州再开发机构被撤销。该机构所有的资产归属到那些再开发后本应得到税收的实体。这些实体可以继续使用博朗克再开发法案，立法机构让实体继承了再开发部门的相关职能，它们被称之为继承部门。现在可以考虑让市府行使同再开发部门相同的权利了。

是再开发部门自己害了自己吗？也行在某些程度上是。但是半个多世纪以来，再开发机构尝试对抗区域衰败，但并非所有项目都能成功。某些项目的设计存在缺陷，导致项目失败；还有一些项目在政客和其利益相关方之间上演内幕交易。考虑到公众已经对再开发及其相关工具失去了信心，那么再开发机构成为政府提高收益的目标也就不奇怪了。

改变游戏规则的项目是很复杂、危险，并具有野心的。棒球区项目考验着所有者和开发商的毅力，当第一座建筑开始施工时，它就面临着诉讼官司。在诉讼期间是不能施工的，因此在超过一年的时间里，该片地区看起来就像巨石阵，笨重的混凝土结构树立在那里。然而，今天大部分圣地亚哥市民惊讶的发现，该片区域是如何将市中心陪衬为一个优美的环境。

解散再开发部门对加利福尼亚的政治和项目进程的影响还有待观察。无论如何均可以从Petco公园再开发项目中获得宝贵经验。一条明确的经验是，政治领导力是十分必要的。领导力能够营造一个共同的愿景，并获得所需的支持。在项目进程中难免会有跌宕起伏，而坚持初衷不改是项目成功的关键。虽然达成共识是有益的，但却很难实现。获得共识最好的办法是项目透明，同批评者建立良好的沟通，解释目前面临的选择是什么，以及为什么做出这样的选择。不能将项目建设的核心团队视为整支队伍，这支队伍应该包括支持者和反对者，以及数量众多的中立者。通过与反对者协作，在早期就将他们融入到项目团队中来，可以在项目一开始就意识到很多问题，及早制定应对举措。

如果明智地动用再开发权，那么该项权利将会非常有效力。在圣地亚哥 Petco 公园项目，博朗克再开发法案的使用是项目成功的重要因素。然而也不能忽略其他因素。建造一座市中心球场的共同愿景，足以将最初的反对者同热情的支持者联系在一起，那些中立者也会受到感染投身到项目中来。这个乐观进取的态度和基于共识的问题求解方法，在加利福尼亚不稳定的政治气候中是很难想象的，但是该项目展示了一个灵活、开放的方法是如何促成重大进展的。合作、共识和创造力可以有很强生命力，并在局部社区中产生积极影响。

参考文献

Ackerman, A. 2004. The death of Poletown: The future of eminent domain and urban development after County of Wayne v. Hathcock. Law Review of Michigan State University 2004:1041–1070.

Barton, A., and G. Proakis. 2005. Keys to using eminent domain for urban revitalization. PM Magazine 87: 1–3.

Benson, B. 2008. The evolution of eminent domain: A remedy for market failure or an effort to limit government power and government failure. The Independent Review XII:423–432.

Birch, M. 2012. Take some land for the ball game: Sports stadiums, eminent domain, and the public use debate. Sports Lawyers Journal 19:173–207.

Boulris, A. 1995. Dealing with contaminated land from the condemnee's perspective, http://www.brighammoore.com/library/Dealing%20with%20Contaminated%20Lands.pdf

Carpenter, D., and J. Ross. 2010. Do restrictions on eminent domain harm economic development? Economic Development Quarterly 24:337–351.

Carroll, H. 2006. Where to go after Kelo? Back to the future! Western New England Law Review 29:75–108.

Castle Coalition. 2012. Local legislation on eminent domain, http://castlecoalition.com/legislativecenter/183?task= view

Chang, Y. 2010. An empirical study of compensation paid in eminent domain settlements: New York City, 1990–2002. The Journal of Legal Studies 39:201–244.

Cosgrove, P. n.d. New London Development Corporation, http://www.clairegaudiani.com/Writings/Writings% 20PDFs/Economic% 20Development% 20PDFs/New% 20London% 20Development% 20Corporation% 20Case% 20Study.pdf

Cypher, M., and F. Forgey. 2003. Eminent domain: An evaluation based on criteria relating to equity, effectiveness, and efficiency. Urban Affairs Review 39:254–268.

Diop, M., S. Lanza, T. Miceli, and C. Sirmans. 2010. Public use or abuse? The use of eminent domain for economic development in the era of Kelo. University of Connecticut Department of Economics Working Paper Series 28:1–33.

Gallagher, E. 2005. Breaking new ground: Using eminent domain for economic development. Fordham Law Review 73:1837–1857.

Gold, D. 2007. Eminent domain and economic development: The Mill Acts and the origins of laissez–faire constitutionalism. Journal of Libertarian Studies 21:101–122.

Hollister, T., and A. McKeen. 2005. Current issues in just compensation, http://www.shipmangoodwin.com/ files/Publication/a5d4ad5c −fa22 −48dc −8533 −1e4fdc20cb43/Presentation/PublicationAttachment/83015f74 − 5581−4e0b−83fe−26f9359ac4cf/georgetown_takings.pdf

Hornaday, A. 2007. Imminently eminent: A game theoretic analysis of takings since Kelo v. City of New London. Washington & Lee Law Review 64:1619–1661.

Hudson, D. 2010. Eminent domain due process. The Yale Law Journal 119:1280–1326.

Hysell, A. 2005. Are property owners constitutionally entitled to compensation for environmental remediation funds? Buffalo Environmental Law Journal 13:4–29.

Institute for Justice. 2004. Eminent domain without limits? http://www.ij.org/new−london−connecticut−background

International Economic Development Council. 2006. Eminent domain resource kit, http://www.iedconline.org/ Downloads/Eminent_Domain_Kit.pdf

Kelly, J. 2008. Taming eminent domain. Shelterforce: The Journal of Affordable Housing and Community Building, http://www.shelterforce.org/article/214/taming_eminent_domain

Kerekes, C. 2011. Government takings: Determinants of eminent domain. American Law and Economics Review 13:201–219.

Klemetsrud, J. 1999. The use of eminent domain for economic development. North Dakota Law Review 75:783–813.

Kotlyarevskaya, O. 2005. "Public use" requirement in eminent domain cases based on slum clearance, elimination of urban blight, and economic development. Connecticut Public Interest Law Journal 5:197–231.

Legal Information Institute. 2012. Kelo v. City of New London, Connecticut, http://www.law.cornell.edu/supct/cert/04−108

Levine, J., and P. Synk. 2005. Condemnation as a tool of brownfield redevelopment after Hathcock. Michigan Bar Journal 84:37–39.

Lovell, W. 2007. The Kelo blowback: How the newly enacted eminent domain statutes and past blight statutes are a Maginot line–defense mechanism for all non–affluent and minority property owners. Ohio State Law

Journal 68:609-639.

McKirdy, E. 2007. Is fair market value fair? Alternative method for determining just compensation is needed. New Jersey Law Journal 187:1158-1231.

Miceli, T. 2011. The economic theory of eminent domain: Private property, public use. Cambridge, MA: Cambridge University Press.

Morandi, L. 2012. State eminent domain legislation and ballot measures, http://www.ncsl.org/issues-research/env-res/eminent-domain-legislation-and-ballot-measures.aspx

Olson, T., and A. Pelle. 2009. Environmental impacts in real estate valuation litigation. New Jersey Law Journal 195:862-863.

Opp, S., and J. Osgood. 2011. Balancing local economic development with environmental concerns: Pursuing green economic development. ICMA InFocus 42 (6):1-38.

Opper, R. 2005. Eminent domain in brownfield redevelopment. EHS Strategies 2005:7-28.

Oswald, L. 2012. The role of deference in judicial review of public use determinations. Boston College Environmental Affairs Law Review 39:243-281.

Patel, A. 2009. Interpreting eminent domain in Missouri: Elimination of blight is alright. Missouri Law Review 74:235-250.

Paull, E. 2008. Mothballed sites and local government acquisition: How state liability protections, eminent domain reforms, and cost recovery authority can spur local government action to acquire and redevelop difficult brownfields sites. Northeast-Midwest Institute, http://www.nemw.org/images/stories/documents/mothballedsiteslocalgovtacquisition.pdf

Pritchett, W. 2003. The "public menace" of blight: Urban renewal and the private uses of eminent domain. Yale Law & Policy Review 21:1-52.

Racketa, A. 2010. Takings for economic development in New York: A constitutional slam dunk? Cornell Journal of Law and Public Policy 20:191-218.

Robb, R. 2005. 2006 Eminent Domain Legislation. Issue Brief: A Legislative Council Publication 06-09, http://www.colorado.gov/cs/Satellite?blobcol=urldata&blobheader=application%2Fpdf&blobkey=id&blobtable=MungoBlobs&blobwhere=1251619440030&ssbinary=true

Rutkow, E. 2006. Kelo v. City of New London. Harvard Environmental Law Review 30:261-278.

Salkin, P. 2006. Swift legislative (over)reaction to eminent domain: Be careful what you wish for. Probate & Property 20:1-7.

Saxer, S. 2005. Eminent domain, municipalization, and the dormant commerce clause. UC Davis Law Review 38:1505-1561.

Somin, I. 2005. Overcoming Poletown: County of Wayne v. Hathcock, economic development takings, and the future of public use. Michigan State Law Review 2004:1005-1039.

Stokes, M. L. 2006. Valuing Contaminated Property in Eminent Domain: A Critical Look at Some Recent Development. Tulane Environmental Law Journal, 19:221-267.

Turnbull, G. 2010. Irreversible development and eminent domain: Compensation rules, land use and efficiency. Journal of Housing Economics 19:243-254.

Williams, M. 2009. Restitution, eminent domain, and economic development: Moving to a gains-based conception of the takings clause. The Urban Lawyer 41:183-216.

Zax, L., and R. Malcolm. 2005. Economic development, eminent domain and the property rights movement. The Real Estate Finance Journal 21:84-90.

第9章 经济可持续发展的税收增额融资制度

在金融经济发展时期,行政官员和非盈利组织管理者已将目光更多地转到税收增额融资上来(Briffault,2010,65)。税收增额融资(TIF)地区是被用于直接开发或者再开发的特定地理区域, 尤其是那些被荒芜或者环境被污染的区域(Man,2001a,1)。1951 年,TIF 最初被引入到加利福尼亚,在税收提高的选民区内,由于很大程度降低了联邦政府的财政扶持压力,减缓了城市的衰退(尤其是和老工业园区有紧密联系的地区);TIF 不涉及税率提高、新的税种、费用或估税,降低了由税收增加而带来的不满情绪(Johnson and Kriz,2001,31;Man,1999)。

如今,在美国 49 个州和哥伦比亚特区内,市民被授予创建 TIF 区域的特权。由于宪法的原因,亚利桑那州是唯一一个市民不能利用这个普遍流行的经济发展工具的地区(Iams,2006)。即使 TIF 最初是为解决荒芜或者衰退地区而设计的,但现在它已经成为一个普遍的经济发展工具了。不过,自从 1980 年 TIF 的内涵扩大后,美国仅仅半数的州通过了 TIF 立法(Byrne,2010,15)。

本章提供给行政官员和非盈利组织管理者一个广阔的税收增额融资视角。当把它作为一个政策载体来探寻时,首先需要讨论并分析 TIF 的关键问题,要兼顾私营部门的利益,当然还不能忽略政治诉求。然后,就州的限制和颁布 TIF 的需求来讨论美国的现行法规。在回顾科技和法律文本之后, 讨论的重点将转向使用 TIF,追求环境保护和经济发展的实例上来。本章以得克萨斯州沃斯堡市的研究案例来结束,论证城市怎样成功的使用 TIF,寻找经济发展和可持续发展之间的共同点。

什么是税收增额融资?

税收增额融资是一项政治和行政程序。在 TIF 规划区内产生的增额税收将返还给 TIF 规划区,用于支付区内的改良工程,而在同一城市其他区域产生的税收则继续在整个城市使用,包括用于 TIF 规划区内的服务。TIF 规划区的纳税人能够使用增额税收来偿付 TIF 债券的本息,或者将他们的税金专门用于能使自己受益的支出,这样,TIF 规划区的人所纳税额少于其他人。

TIF 地区被建立的当年称作基准年, 地区内的财产价值成为基准评估价值

(TIF主要内容是指地方政府以特定区域内未来开发建设所产生的土地财产价值增长所带来的税收,用其作为证券化后的还款来源。政府规划某一特定区域,并拟定一项完整开发计划,待计划执行时,将此区域内的土地财产冻结起来,而未来因开发使其土地财产价值提高所产生的税收全部纳入特殊基金专户,并限制其专款专用,当政府开发此区域时,所需资金就能以此专户发行债券向外界融资,并以特殊基金作为偿债来源,等到 TIF 债务清偿完毕或计划期限届满时,整个计划即宣告结束,而区域内土地财产冻结也予以解冻,还原其价值,各地方也能重新计算应当缴纳的税额——译者注)。

对 TIF 地区完成初始财产估价后,为管理该区域而组建的自治区或当局开始实施开发或再开发项目。这些项目主要包括基础设施建设、建筑物修复或重建等。由此产生的财产增值变成增额评估价值, 或者财产总价值减去基准评估价值(Klacik 和 Nunn,2001,20)。产生于增额评估价值的税收变成增额税收,这通常被用来偿还与项目开发有关的财务或者成本。增额税收持续获得收益,直到 TIF 债务清偿完毕或计划期限届满(Stinson,1992,143)。TIF 制度在本质上就是对土地及其附着物——房屋,增值征收不动产财产税,但 TIF 地区的创建不会增加业主不得不支付的财产税收量。相反,它是以特殊方式促进税收增长的新模式(Chikow,1998)。

如图 9.1 阐明的,税收增额融资已经被用来投资于无数公共项目(Illinois Tax Increment Association,2006;New York City Independent Budget Office,2002;West Virginia Development Office,2003)。在使用这个经济发展工具时,需要当地配套实施学校和图书馆、公园和娱乐设施的建设,还有被损坏土地的补救。此外,TIF 已经被用来促进公共建筑和私人住宅的持续性改进。

并不是没有人对 TIF 提出批评。诸如学校地区管辖权重叠,导致部分税收丢失,而这笔收入通常是他们应得的进项(Edwards,2007,352)。因为增额税收——或者产生于增长财产价值的额外财产税收——被侵占,直到 TIF 债务清偿完毕或项目期限届满,由于存在税收管辖权重叠问题,项目地区并没有获得额外的收益。这样,许多州在实施增额税收之前,立法机关必须赞同 TIF 地区的设立。当检查用来指导 TIF 发展的州规范时,对此问题还会进行更多的讨论。

最终,TIF 对地区有吸引力的原因是, 它允许这些地区重新获得发展的资本。当 TIF 地区再发展项目带来高额税收时,这笔钱被用来支付开发项目所承担的债务,并被纳入特殊基金专户,通常作为当地学校和其他行政辖区所使用的财产税收(Man,2001b,94)。这些融资规划已经形成某种模式,通过它自治区可以持续完善他们的建筑环境。

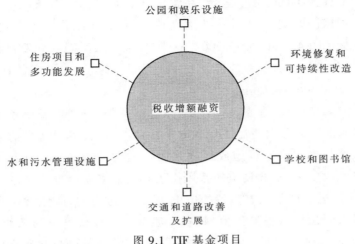

图 9.1 TIF 基金项目

探索 TIF 时需考虑的关键问题

当将 TIF 作为一项政策工具时,当地政府应该考虑许多问题(Council of Development Finance Agencies and International Council of Shopping Centers(CDFA and ICSC),2007,2)。公私合作伙伴关系通常就是这样,当地首先要考虑的第一组问题是 TIF 是否符合公众的最大利益?拟将实施的融资项目是否与当地社区在经济和建筑环境方面的发展相一致(Davis,1989)?还有,TIF 会促进当地经济形势的好转吗?或者它是否导致即将开发的区域利益分配格局发生颠覆性变化(Brick,2002)?也许更重要的是,增额税收收益是否足够支付与区域开发有关的所有成本(New York City Independent Budget Office,2002)?

第二组问题涉及地区和州一级的法律条文以及管理环境是否宽松(Klacik and Nunn,2001)。首先,必须检索这两个级别的法律法规,以此来确认哪一类财产才有资格包含在 TIF 计划内。TIF 计划通常包括那些荒芜的、不发达的,或者未充分利用的地区。作为一种选择,为了能适应 TIF 计划,法律法规也许能提供宽泛的界定范围。绝大部分州在 TIF 建立之前,都要求满足"but for"的测试需求。对于准备再次开发的区域,除非需要政府的金融援助,否则并不需要"but for"测试。在未使用 TIF 模式而开发的区域内,需要司法介入,对此区域内的财产进行估值(Kriz,2003,2)。换句话说,"but for"需要向当地证明,如果缺乏融资地区的帮助,该地区绝不会有开发项目。立法也需提供清晰的指导,或要求增额税收必须用于具体的项目活动。

对于某些不选择 TIF 的开发区域,在实施开发前,应该首先确定开发方向,并考虑完成开发所需的时间。对于那些开发失败的区域,更要借鉴失败教训,不能忽略私营融资问题(CDFA and ICSC,2007,8)。如果某个长时间未开发或者未完全开发的区域,动用如 TIF 之类的特殊经济发展工具是必须的,没有它的话,开发是不可能启动的(Healey and McCormick,1999)。

在某些特定区域,由于存在特殊原因(如遏制扩张,或者挖掘现存基础设施的利用价值),当地也许会寻求使用 TIF 来指导开发。例如,可以在之前未被利用的地区吸引开发商建设一套新设施或新建筑之类,这么做的好处,有助于减少空地的浪费,而且可以将新增公共设施的费用投入到之前未受服务的区域。

社区、邻居甚至财产都具有独特的历史,见证了过去的发展之路。早期的区域发展历程对再次开发极具借鉴价值,这些经验教训会促使开发商权衡利弊,有助于项目成功(Mayrl,2006)。如果某个地区的开发存在失败倾向,开发商可能会放弃努力,而寻找其他的选项。反过来,如果开发商进行分析后认为此项目必将成功,那么当地不应该制定 TIF 计划。

分析的重要性

像绝大多数政策目标一样,在对项目进行彻底计算并对结果加以分析之后,TIF 才应该继续进行下去(Donahgy,Elson,and Knaap,1999)。TIF 地区的支持者们提供的实例和经验证明,这些融资手段在别处已有成功应用。但世上不存在完全相同的区域和项目,当地政府应该围绕要实施的 TIF 制定规划,并对所有潜在成本和收益进行分析。在某些情况下,能胜任此项工作的往往是私人企业、非盈利组织和州政府的某些机构。顺带一提,开展项目分析也需要成本,这些成本也许能通过增额税收被回收,但取决于州府和市府的法律规定。

TIF 成功的标志,不仅仅是它能产生足够的税收来支付相关成本,还在于这种模式契合了当地需求,与当地观点引发共鸣(Krohe,2007;Luce,2003)。就当地经济环境和长期规划而言,以单纯开发为目的的项目对凝聚力贡献很小。

私营部门的考虑

从当地来看,TIF 模式会带来一些改进,例如基础设施的建设和修复,但一般来说开发是由私人开发商来负责的。由此看来,在 TIF 开发中,确定开发商的开发意愿非常重要。因此,创造必要的条件,吸引开发商的兴趣,对于保证项目成功极为关键(Council of Development Finance Agencies,2008)。当地应该对"建好后自然会来"的经济发展模式保持谨慎态度。如果不能激发私营部门的兴趣,缺乏明确的保障,或者不重视开发商的提议,那么投入到建立 TIF 地区的所有时间和努力都可能付诸东流。

TIF 是一种融资工具,它对私营开发商具有明确的暗示作用。例如,在判断一位开发商的开发诚意和实力时,他是否能在项目开始阶段提供资金,就是一条重要依据;或者他是否能支付前期成本以及开发过程中必须被偿还的资本,也是选择合作伙伴的必要条件(CDFA and ICSC,2007,3)。同时,为启动项目进程,是否需要发行债券向外界融资,也要求当地政府提早预判。过去的经验证明,发行债券之类的重大举措肯定需要司法介入,而这个过程是漫长的。另外,在一个需要动用 TIF 的区域,当地的信用评级普遍较差,如果没有超出成本的项目收益,那么进入债券市场也是不可能的。如此一来,在估算使用 TIF 的成本和收益时,单就融资一项,就是一个关键的考量。

政治的考虑

在财产辨识的环境中,当地政府应该努力而充分地了解完成开发所需的法律文件。例如,当局需要通过土地使用权来获得土地吗?如果答案是肯定的,那么财产的拥有者或持有土地的居民将受到怎样的影响(Herbold and McEowen,2009)?如果仅仅以促进经济发展为目的获得私有财产,则当局能够支配或控制此类财产吗(CDFA and ICSC,2007,3)?为了建立 TIF 开发模式而动用土地征用权,尽管符合公共利益原则,甚至项目成功肯定会产生显著的公共利益,也必将导致严重的政治分歧,还不要说存在开发失败的可能。因此,当打算实施 TIF 开发,又不希望引发争论时,应该努力做到如下几点(CDFA and ICSC,2007,9):

① 处理严重荒芜的区域;
② 提供与待开发区规划或政策一致的融资目标;
③ 修复已损坏的财产,比如基础设施和建筑物修复;
④ 投资于基础设施建设,改善开发环境。

税收增额融资法律

税收增额融资风险会导致许多法律和经济问题,这些问题是与州宪法关于税收和债务规定相关的,也与 TIF 本身的属性相关(Bassett,2009;Briffault,2010,74)。这部分内容包括对拥有 TIF 管辖权的州监管机构的广泛概括。回顾美国 49 个州和哥伦比亚特区已有的法律,TIF 开发模式总是处于严密监管之下, 必须符合特定条件,产能启动 TIF 开发。

各个州的限制

州级宪法对融资的规定在三个方面影响 TIF 的使用:公共目的、税收限制和债务限制(Briffault,2010,74;Johnson,2001,79)。占绝对优势数量的州出于公共目的限制 TIF 项目,这已经满足了法律要求的"清晰和特定的需求"。然而,越来越多的法律,尤其是近期最高法院在凯洛诉新伦敦案中(Kelo v. City of New London)提出的:动用土地征用权,从私人手中征用土地,这些土地被再次开发,其收益允许被自治区所享有,符合公共利益原则(Herbold and McEowen,2009)。这种司法解释扩展了公共利益范畴,由此可以认定,某些仅仅提升经济发展的私营项目,也可能与法律要求的公共需求相吻合。

贯穿整个税收管辖权,许多州宪法要求税率和税收估值一致,并且应当统收统支,该税收管辖权避开了 TIF 对司法的挑战,给出了不同的估值方法。TIF 没有获得更高的税率,相反它转移了从增值财富中获得的增额税收,这部分增值财富是由于再开发而支付的附带成本(Sullivan,Johnson,and Soden,2002)。在这个意义上,TIF 违反了统一性。法院已经发现了这一现象,而麻烦的是税收被花掉了,并没有体现在利率或评估本身中(Briffault,2010,75)。美国各州最高法院的一贯态度是驳回对 TIF 提出的统一性质疑,指出 TIF 仅在支出方面背离了统一性,而州宪法的"税收统一"要求仅适用于估税和税率,不适用于支出。因此,当准备动用 TIF 时,根据适用的法律进行项目开发是至关重要的,尤其是那些处理利率和评估一致性的法律。

债务限制问题是更为复杂的法律问题,几乎所有的州宪法都规定了地方可以承受的债务金额的限额,或者要求地方债券发行需获得选民批准,以此限制地方政府债务。美国大多数州的法律明确规定 TIF 债务被豁免纳入市债务限额,以避免债务限制和选民批准要求。但在某些州,TIF 的批准却含糊其辞,法定措施是否可以解决宪法债务问题并没有法律明文规定。在这些州,由 TIF 提供担保的债务是否纳入州政府债务限制是一个存在争议的问题。有些州认为,当 TIF 债务已经接近某地的全部信用额度时,它理应服从市政债务的限制。因此,在启动 TIF 开发前,必须对 TIF 问题的法律体系有个深入的了解。

法定的条件

除了州宪法对当地债务和融资的限制,由立法机关颁布的一些法规还规定了 TIF 的使用原则:"but for"因果关系、听证会、成本收益分析和荒芜(Briffault,2010,76;Byrne,2012)。这些原则具有普遍性,但各州的法规不尽相同,因此必须具体问题具体分析。行政官员和非盈利组织官员必须遵守本州的宪法和法规,或者在形成 TIF 之前雇佣法律专家对照检查,以确保成果禁得住法庭监管。

"But For"需求

任何启动 TIF 的努力,主要的动力和潜在假设都是"如果没有"TIF 地区的创立,那么开发不会发生(Carroll,2008)。为此,许多州都颁布了严格的法规来确认这种假设,在这里"如果没有"、"那么不会"的因果关系被建立。然而,仅有少于半数的州在他们的法规里要求启动 TIF 时必须满足这一因果关系,在其余各州,"but for"没有被严格执行(Briffault,2010,76)。

州立法是否需要对"but for"实施验证?值得注意的是,如果可以利用私营融资,而且开发商在没有 TIF 协助下依然会投资,则应该避免使用这个融资手段,因为它以不必要的特殊目的重新指引了公共资源。如果无需启动 TIF,而是通过其他开发或再开发方式实现资产增值,那么在当地产生的增额税收能够对广阔公共利益的区域和需求做出贡献。

听证会和成本——效益分析

当考虑采纳 TIF 时,美国 50 个州中的 48 个立法规定需要举行听证会,有 22 个州需要提交成本–利益分析,或者在接受 TIF 之前进行可行性研究(Byrne,2010,15)。这些规定都传达了一个明确的信息,即当考虑 TIF 时,信息和透明度是决策过程的必需部分。事实上,公众的参与是确保 TIF 项目更成功的标志,这已经得到了很好的证明。没有这一前提,不在第一时间通过共同对话的方式寻找和分析公共利益,行政官员或非盈利组织管理者就不能确保项目肯定满足公共利益。在深思熟虑基础上启动的项目,以及某些州需要拿到成本–利益分析报告的做法,都会给公众和关键决策制定者提供必需的信息,以便他们做出正确的决定。

荒废的土地

在 TIF 区域被创建和实施之前,有 33 个州内的荒废或衰败建筑依然保持着合法的需求(Briffault,2010,78)。然而,历史上对于荒废建筑的限定是很勉强的,而且该词条一直保持着传统意涵,最近发生的许多诉讼案例已经拓展了荒废的定义。在某些情况下,法规已经小心的允许将尚未达到荒废的土地用作开发使用。但是 TIF 机制依然作为一个预防性措施,将荒废的土地限定在严格的字面意思之下。在其他 17 个州中,TIF 的激活程序并不需要严格定义荒废的建筑,这就为 TIF 模式服务于普通经济发展创造了条件。

州政府有时需要量化荒废的建筑。通过立法量化荒废土地的前提,是相当比例的荒废土地都包括在 TIF 区域内部。例如,将荒废的土地定义为:待开发区至少一半的土地是未被开发的,需要整修,或者具有工业发展潜力。此外,还对待开发项目所占自治区全部土地的比例做出了限制(Huddleston,1981,12)。在其他州,也许对荒芜的建筑有量化要求,但是没有确切的比例(Johnson and Kriz,2001,38)。最后,TIF模式的核心内涵——荒芜地区的确需要开发,才是项目成功的基本保证。之前的研究已经证明,真正的荒芜土地能从TIF中获得比其他地区更多的收益(Byrne,2006,318)。

其他要求

州和地方当局除了对TIF的使用析缕分条加以规定外,也会注明哪些费用可以申请公共部门提供支持。例如,下面的花费通常被包括在某些州法规和自治区法规之下(Illinois Tax Increment Association,2006):

① 公共设施的搬迁和拆除;

② 资产收购和已有建筑物、结构和固定设备的拆除;

③ 建筑、工程、法律和财政计划等专业服务费用;

④ 环境影响研究成本;

⑤ TIF开发模式中商业和住宅的市场作用。

表9.1显示了在颁布"2012 TIF"地区时,州立法和需求中的广泛变化(Council of Development Finance Agencies,2012)。此表提供了每个州的需求概况,包括:①哪个政府单位被授权颁布TIF地区;②哪个核准机关被包括在决策过程中;③TIF地区创建的需求,包括荒芜和"but for"验证;④TIF地区存在的最长时间;⑤TIF地区的许可类型 (位置/项目说明和地区/开发面积);⑥授权颁布TIF地区时是否需要举行听证会。需要提醒的是,这些需求是动态而不是静态的,整个TIF开发模式的相关立法更是复杂, 行政官员和非盈利组织管理人员应该小心考虑法律环境,恰当使用TIF开发模式。

特定项目TIF vs 地区广阔TIF模式

税收融资增额可以被安排成特定项目TIF或地区广阔TIF。采用的开发方式大多为公私合作伙伴关系。TIF开发方式的选择对成功来说是重要的。特定项目TIF是融资安排,它的目的在于符合法律法规的严密规定,也要适应融资所需的一系列活动,这种模式也趋向于包含更多受限数量的财产(Man,2001b,92)。所谓地区广阔TIF模式,顾名思义,是指开发项目被纳入更为广阔的区域和视野。当某地试图尝试复兴、改造,或者实施大面积开发时,一般来说会追求地区广阔TIF模式。TIF的每个类型都存在优势和劣势。

表 9.1 2012 年美国各州税收增额融资（TIF）管理案例

州	术语	地区审批机构	项目审批机构	建立 TIF 地区的需求	地区最长年限	特定项目 TIF	广阔地区 TIF	需要 TIF 地区授权的听证会	需要 TIF 政策批准的听证会
阿拉巴马	TIF	市、县	市议会、县	荒芜；听证会	30 年	是	是	是	是
阿拉斯加	TIF	自治区	自治区	荒芜	无	是	是	不	不
阿肯色	TIF	市、县、镇	市议会、镇议会、县仲裁法院	荒芜；可行性研究；听证会	25 年	是	是	是	是
加利福尼亚	TIF	市、县	社区再开发机构委员会	荒芜	50 年	是	不	是	是
科罗拉多	TIF	市	市、州	荒芜；县的影响报告	25 到 50 年取决于当时的状态	是	是	是	不
康涅狄格	TIF	市、镇	市议会、州	可行性研究；当地开发机构的建立	债券必须在 40 年内偿还，还不设期限	是	不	是	不
特拉华	TIF	市、县	教育委员会/教育局、市议会、县、债券发行商代表	荒芜；"but for"测试；可行性研究；听证会；综合计划的一致性	30 年	是	是	是	不
哥伦比亚特区	TIF	市	市议会	"but for"测试；成本收益分析；可行性分析；各种推荐准则	在 TIF 协议中	是	是	不	不
佛罗里达	TIF	市、县	市议会、社区再开发机构委员会、县	荒芜；财产状况分析；可行性分析；听证会	20 年，最高延长到 40 年	是	是	是	是
佐治亚	税收分配区（TAD）	市、县	市议会、社区再开发机构委员会	听证会；还未增长/开发之地	没有规定，直到付清再开发成本	是	是	是	不
夏威夷	TIF	市	县、再开发机构	与再开发或其他已有计划一致	由条例确定	是	是	是	是
爱达荷	收入分配区	市、县	社区再开发机构委员会	荒芜；经济发展的需求；财产状况分析；可行性分析；听证会	24 年	是	是	是	不

州	术语	地区审批机构	项目审批机构	建立TIF地区的需求	地区最长年限	特定项目TIF	广阔地区TIF	需要TIF地区授权的听证会	需要TIF政策批准的听证会
伊利诺伊	TIF	市	联合审查委员会，市议会	荒芜；"but for"测试；可行性研究；保存	23年，最高延长到35年	是	是	是	不
印第安纳	TIF	市，县，镇	TIF委员会，市议会	荒芜；荒芜的倾向；经济发展的需求；财产状况分析；可行性分析；听证会	未明确说明，但是资金到位后需25年	是	是	是	不
诺瓦	TIF	市，县	市议会，县	荒芜；听证会或者经济开发需求；破旧建筑	20年	是	是	是	是
堪萨斯	TIF，营业税和税收地区(STARs)	市	教育委员会/教育区，市议会，县，STAR债券寻求的州	成本收益分析；可行性分析；听证会	20年	是	不	是	不
肯塔基	地方发展地区或开发区	市，县	市议会，县，当地其他税区，除教育区和消防区，同意抵押税收	仅仅开发地区的荒芜；经济发展需求；公共目的(很宽)；财产状况分析；"but for"测试；可行性分析；听证会	40年，当地承诺税收限制到30年，而州的税收期限为20年或30年	是	是	是	不
路易斯安那	TIF	市，教区	TIF委员会	听证会	30年	是	是	是	不
缅因州	市政税收增额	市，县	市议会，州	荒芜；经济发展需求；保存工作；艺术地区；成本收益分析；听证会	30年	是	是	是	是
马里兰	TIF	市，市政公司	当地政府官员签署，发行人的建议	经济开发需求；听证会；当地引导和政策	未规定	是	是	是	不
马萨诸塞	地区改善融资(DIF)	市，镇	市议会，州，行政委员会同意	可行性分析；听证会	30年	是	是	是	不
密歇根	TIF	市，县，镇，再开发局	TIF委员会，市议会，社区再开发机构委员会，州	听证会	30年	是	是	是	是

州	术语	地区审批机构	项目审批机构	建立 TIF 地区的需求	地区最长年限	特定项目TIF	广阔地区TIF	需要 TIF 地区授权的听证会	需要 TIF 政策批准的听证会
明尼苏达	TIF	市、县、镇、再开发局,经济开发署口岸局	市议会、县、权力的统治体	荒芜;经济开发需求;"but for"测试;财产状况分析;听证会	26年	是	不	是	不
密西西比	TIF	市、县	市议会、县	成本收益分析;听证会	30年	是	是	是	是
密苏里	TIF	市、县	市议会	荒芜;"but for"测试;成本收益分析;听证会	23年	是	是	是	是
蒙大拿	TIF	市、县	市议会、县、市区重建局	荒芜;成本收益分析;听证会;可行性分析;工业阶段基础设施缺陷	最大是 15 年,另债券是 25 年	是	是	是	不
内布拉斯加	TIF	市、再开发局	教育委员会/教育区、市议会	荒芜;"but for"测试;成本收益分析;可行性分析;听证会	15年	是	不	是	是
内华达	TIF	市、县、再开发局	市议会、行政委员会(镇)	荒芜	再开发地区45年;TIF地区30年	是	是	是	不
新罕布什尔	开发地区	市、镇	市议会、行政委员会(镇)	听证会	债券的期限	是	不	是	不
新泽西	经济再开发和增长的奖金计划	市、镇、区	市议会、州、州地方财政委员会	荒芜;由州计划定的区域;"but for"测试;成本收益分析;可行性分析;听证会	未规定	是	是	是	是
新墨西哥	税收增额开发区	市、县	市议会、县、州	经济开发需求;成本收益分析;可行性分析;听证会	未规定	是	是	是	不
纽约	TIF	市、县、镇、区,工业发展局,其他公益性公司	市议会、社区再开发委员会,涉及其所有征税管辖权机构	荒芜;成本收益分析;"but for"测试;听证会;缺乏有效力的私人资源项目	没有限制,除了TIF资金改进的使用寿命	是	是	是	不

州	术语	地区审批机构	项目审批机构	建立 TIF 地区的需求	地区最长年限	特定项目 TIF	广阔地区 TIF	需要 TIF 地区授权的听证会	需要 TIF 政策批准的听证会
北卡罗来纳	项目发展融资	市,县	发行人和服从于当地政府委员会考核。工业项目是服从于工资限制和环境考核	荒芜;荒芜的危险,经济开发需求;"but for"测试;听证会	30年	是	是	是	不
北达科他	TIF	市	市议会	荒芜;听证会	15年,但延期不限制	是	是	是	是
俄亥俄	TIF	市,县,镇,超过一定程度的教育委员会	市,县,镇,教育委员会定期检查	看情况,但可能包括:荒芜;不适当的公共设施;公用建筑	10年,学校地区30年	是	是	不	不
俄克拉荷马	TIF	市,县	市议会,县,复核委员会	再投资地区,历史遗留地区和企业地区;不生产性的,不发达或荒芜地区;"but for"测试;听证会;项目计划	25年	是	是	是	是
俄勒冈	TIF	市,县,再开发局	TIF委员会,市议会,县(如果超出了市的限制)	荒芜;财产状况分析;听证会;可行性分析;对重叠税收地区的财政影响	未规定	是	是	是	是
宾夕法尼亚	TIF	市,县,镇,区	社区再开发机构委员会	荒芜;财产状况分析;听证会	20年	是	是	是	不
罗德岛	TIF	市	社区再开发机构委员会	荒芜;"but for"测试	25年	是	是	是	不
南卡罗来纳	TIF	市,县	教育委员会,市议会,每个受影响的征税实体	荒芜(除了镇);听证会	未规定	是	是	是	不

州	术语	地区审批机构	项目审批机构	建立 TIF 地区的需求	地区最长年限	特定项目 TIF	广阔地区 TIF	需要 TIF 地区授权的听证会	需要 TIF 政策批准的听证会
南达科他	TIF	市,县	计划委员会	荒芜需求;可行性分析	15年	是	是	是	不
田纳西	TIF	市,县,再开发局	TIF委员会,市议会,县	荒芜需求;混合使用	在再开发计划中限制	是	是	是	不
得克萨斯	税收增额再投资区(TIRZ)	市,县	市或县,取决于区域	荒芜;财产状况分析;听证会	没有。当项目成本被付清截止	是	是	是	不
犹他	TIF	市,县	教育委员会/教育区,市议会,社区再开发委员会,县,州	荒芜;成本收益分析;可行性分析;听证会;税收实体批准	取决于协议	是	是	是	是
佛蒙特	TIF	市,镇或行政村	市议会,州地方立法机构	But for 测试;当地规则;公共事业成本;连结/支持	20年限制,用税收偿还债务	是	是	是	是
弗吉尼亚	TIF	市,县,镇	当地主管部门	有帮助的荒芜;但一般是开发需求	没有明确的时间表	是	是	不	是
华盛顿	增额区,税收开发区	市,县	市议会,县,防火地区	"But for"测试;听证会	没有	是	是	是	不
西弗吉尼亚	TIF	市,县	市议会,县,州	荒芜;经济开发需求;州批证;基于地区内财产价值评价的保证(作为依据);当地批准;州批准;注意当地征收实体	从地区建立之日起30年	是	是	是	不
威斯康星	TIF	市	联合审查委员会,市议会,社区再开发机构委员会	"But for"测试;成本收益分析;听证会	27年,可以延长到40年	是	是	是	是
怀俄明	TIF	市,镇	计划委员会	荒芜;"but for"测试;听证会	25年	是	是	是	不

特定项目 TIF

特定项目 TIF 的优势之一是涉及很少的参与者,它一般比其他方式能更快速的建立。因为 TIF 的形式经常被聚焦于财富业主的身上,又因为它不需要当地政府从众多业主中寻找合作伙伴,此类 TIF 项目很少包括土地征用权的使用,或者面对法律的挑战 (Berwyn Development Corporation, 2012; CDFA and ICSC, 2007, 13)。另一个优势是税收的限制转移,否则税收将进入当地政府的资金库。因为 TIF 预留了一部分增额税收,用于项目所在区域的改善,这部分财富受开发区支配,直到 TIF 期满,政府无权过问或动用。

特定项目 TIF 也存在明显的缺陷,这种缺陷甚至是由优势转化而来。相比而言,特定项目 TIF 带来更多风险,因为项目的成功取决于区域内以改进为目的的单独开发商或者增额财产。这会导致融资形势复杂化,投资者也许不喜欢购买债券,这些债券是绑定在单一项目上产生的增额税收,当人们对项目开发不抱成功的期望时,债券销售就会很困难。同时,这种开发模式将对区域内的个体业主产生影响,开发商有时不得不遭遇业主的诉讼或赔偿要求。另一个缺陷是,特定项目 TIF 也许视野太过狭窄,容易导致荒芜潜在原因解释失败,或者使未获益的整个地区发生改变(CDFA and ICSC, 2007, 13)。如此一来,特定项目 TIF 建议就需要被评估,以评判开发项目的增额收益,以及项目是否满足其他要求。

地区广阔 TIF

地区广阔 TIF 的项目规模比 TIF 大。传统上,此类开发项目是由大量的土地而构成的,其开发区域甚至延伸到整个社区。一般情况下,地区广阔 TIF 被用来处理荒芜地区或者以再开发为目标的的地区。目前,那些不以再开发为目标的地区,比如试图复兴和提升整个社区的经济状况时,通常采用此类模式。

地区广阔 TIF 的优势是它允许实施广泛的计划和想象力,这也许包括以吸引游客为目的的交通基础设施、停车场、绿色空间和其他便利设施建设。当这些事情与商业发展相结合时,对于期望坐落在某个受欢迎且吸引游客地段的新商业和现存商业来说,TIF 地区就变成了指向标。土地组合——小片土地汇聚成大块,一大片土地——通过地区广阔 TIF 可以获得,这也许对商业或者开发商更具吸引力,因为开发商需要大量的建筑面积。

尽管地区广阔 TIF 模式总体来说优势较多,而且与税收增额融资下的整体假设和理论更加一致,但这一模式也存在劣势。该地区的居民和业主对项目的目的也许心存疑虑,对再开发区域的未来安排深感不安。像许多公私合作伙伴关系的组建一样,应该提供大量的公众参与机会,与被 TIF 影响的社区成员进行持续沟通(See Chapter 6 for the Public Participation Spectrum.)。否则,公众的焦虑情绪也许会对 TIF 的成批建立产生足够的政治负面效应。

相似地,对于那些不包括在 TIF 地区内的财产拥有者,也许会对未来的项目成果漠不关心,这些成果是与接收的增额融资相关的。当地政府应该制定清晰的 TIF 指导方针和政策,公开透明地向居民和开发商进行解释,这可能会消除他们的某些疑虑(Council of Development Finance Agencies,2008;Youngman,2011)。

TIF 创建的一般步骤

TIF 的创建过程是复杂的,且被州立法和市政法令所管理(Hoyt,2012;Keller,2012;Klacik and Nunn,2001;Sullivan,Johnson,and Soden,2002)。提供适合于所有州的具体步骤是不可能,但为了提供 TIF 建立过程的概况,一连串的普通需求可以被讨论。下文首先概括了通用 TIF 计划和应用过程的广泛步骤,然后转到伊利诺伊州,介绍那里的情况。

TIF 创建的一般步骤

广义上说,TIF 创建的初始阶段,重点进行以下三方面分析:①确定是否有必要;②确定面积是否满足资格要求;③审查相关财务信息(Klacik 和 Nunn,2001,18)。因此,在考虑 TIF 创建的所有环节中,第一步要深入开展可行性研究,重点关注项目在吸引私人开发商方面是否可行,财务状况是否有意义。回想一下,关于 TIF 的许多规定表明,没有公共援助就不会有私人开发。因此,任何可行性研究都应该包括不启动 TIF 情况下,是否会有开发项目的可行性分析,这很重要。

随后,需要对列入选择的区域进行分析,以确保符合国家法规和与经济衰退相关的市政条例。在某些司法辖区,这很容易满足,而在其他地区可能不会。详细、全面的可行性研究有助于为经济衰退区投资准备材料,如果 TIF 位于一个需要这样做的州,此类可行性研究将有利于司法辖区开展经济衰退区的投资量化。

在完成区域定义后,通常认为项目目标是可行的、经济上也是可行的,并且已经满足了所有的监管限制,此时就可以起草一份协议。它可能包括为私人开发商定制的性能措施,并且总是包括 TIF 开发区的有效年限。此外,根据国家或地方法律,可能的情况是增额收入必须采用特定方式、花费在特定项目上。这些问题必须在协议中注明。一旦协议草案准备就绪,按照法律规定举行公众听证会就显得很重要。在协议正式颁布之前,可能需要寻求允许重叠征税的地区,尽管每个区域的地方法规有所不同(Klacik 和 Nunn,2001,19)。听证会可以满足公众对项目透明度的要求,同时创建一种机制,该机制确保了重叠征税的司法管辖区可以共享税收和发展收益。在地方政府管理不善的情况下，这种类型的规划往往缺失(Kuehn，1985)。

　　收集公众和受影响的税收管辖区的意见后，就创建了一个修改后的条例。接下来准备发布债务合同，建立基本评估值。在债务合同发布后，TIF 将会取得成果(西弗吉尼亚发展办公室，2003)。债务合同的模板包括债券、内部资金贷款和现收现付制融资(卡罗尔，2008；住房研究部门，2010；Weber and Goddeeris，2007)。债券是债务证明，由市政当局或重建部门出售。债券可以在未来的某个时间实施总额回购，并支付事前确定的利息。来自公共财政的内部贷款用于该项目，利用项目成功后的增额收入快速偿还。另外，开发商可以将自己的资金用于该项目，并且通过现收现付制融资方式的增额收入得到补偿。

伊利诺伊州的 TIF 创建

　　尽管 TIF 的创建因州而异，但在更多细节上检查一个地区是很有好处的。在伊利诺伊州，创建一个 TIF 区域需要经过 10 个必要的步骤 (Keller，2012)。

　　第一步是一个适合性分析，因为伊利诺伊州法律要求在创建区域选定之前需要提交调查结果。这些调查结果必须包括被提议地区"要不是"的应用情况，确定该地区是否处于衰退状态，或保护状态，或为工业园区，同时识别将增额收入投资到哪项费用。第二步(不是法律要求的，但对位置有利)是进行市场分析，旨在确定一家潜在的开发商，进行项目引导或管理地区的开发/修复工作。第三步，如果该项目将迁移 10 位或更多的居民，抑或拆除 75 套或更多的住房，那么市政当局要创建一个住房计划，来解决无房居民的需要(Keller，2012)。第四步，必须定义地区边界，边界在大小和连续性方面不少于 1.5acre(9.1 亩)。第五步，地区边界确定后，必须形成一个发展计划。发展计划必须包括以下 6 个方面的分析和讨论：项目预计成本，项目对其他税收地区造成影响的财务分析，资金来源，金融合同(包括债券)和条款，最近的区域平衡评估值，以及项目完成后的平衡评估值。第六步，一旦完成重建计划，市政当局必须创建一个注册表，允许任何人添加到表中，表中的人可以收到 TIF 创建过程的信息(Keller，2012，4)。第七步，必须在特定的地点和时间举行公开听证会。通知必须发送到指定地区的所有业主和注册表中的个人，还要在当地报刊发表。第八步，由所有受到该区域影响的机构或个人各自推荐一名代表，组成联合审查委员会，必须拜会所有收到会议通知的管辖区(国家商务部和经济发展部除外)。在适当时间内，举行一个公开听证会和一个联合审查委员会会议。第九步，一旦完成上述步骤，采用以下 3 个条例创建 TIF：批准并采取重建计划；设定区域边界；授权地区的税收增额融资。

所有条例通过后,县级职员将其形成文件,并设置评估值。最后,按照条例采用的融资合同开始实施。

尽管具备创建 TIF 的常见步骤,但伊利诺伊州仍然给出了自己的条件,其中包括各州在创建 TIF 区域模式中发现的复杂性和可变性。因此,公共管理者和非盈利组织管理者应该评估自己开展此项活动的能力,并确定是否有必要寻求外界援助。在任何事件中,至关重要的是,地方政府对 TIF 的监管措施必须与所处的法规环境相吻合。监管或保障体系以外的需求,如有必要,开发商和当地居民会通过司法程序宣示诉求。由此,其他州的市政当局会发现,了解本州的法规框架绝对有必要。

税收增额融资和可持续发展

税收增额融资为许多市政项目提供了资金,包括那些促进环境可持续发展的项目,以及遭受环境污染的重建项目。根据全国州立法议会的调查,超过一半的地方政府将税收增额融资的资金用于重建棕色地带(Runyon,2003,7)。本节提供两个有关地方政府使用 TIF 资金进行可持续发展的案例。

佐治亚州亚特兰大市的大西洋站项目

在亚特兰大,大西洋站项目是一个利用 TIF 协议推进可持续发展的经典案例(Weber 和 Goddeeris,2007)。该站是前大西洋钢铁行业设备公司和一家专业从事肥料的化学公司的大本营。由于环境污染,没有城市的援助不太可能获得发展。市政当局和开发商签订的协议规定,市政当局将偿还开发商对环境治理和基础设施的投资成本,偿还资金来源于通过环境改善取得的效益。关闭全屏阅读

大西洋站现在是一个生活–工作–休闲社区,包括住宅、办公楼、商店、电影院、餐馆(Atlanta Convention &Visitors Bureau,2012)。项目使用智能增长原则,同时现在是 LEED(能源与环境设计领导者)认证总部所在地。大西洋站项目已经成为一个可持续经济发展的杰出榜样。一次环境恶化站原本价值 700 万美元,现在估计仅税收价值就高达 4.28 亿美元,预计成为 TIF 区后,将为亚特兰大市带来显著的税收收益。

密苏里州詹宁斯 Buzz Westfall 广场

用 TIF 追求可持续经济发展的另一个最佳案例是密苏里州(圣路易斯郊区)詹宁斯广场大道上的 Buzz Westfall 广场项目。项目区域占地 67acre(407 亩),包括一个过时的大型购物中心建筑(CDFA and ICSC,2007,51)。当地政府希望重建该地区,并颁布 TIF 条例,决定资助灰色和棕色地带的重建项目,同时指认了一家开发

商负责项目管理。现在,重建地区拥有 98% 的入住率,项目创造了 600 个临时建筑工作岗位和 1000 个永久工作岗位(CDFA 和 ICSC,2007,51)。

得到的经验

这些案例表明,税收增额融资可以解决环境污染和退化问题,促进经济发展。这些 TIF 地区有助于吸引开发商,实际上他们因为改造现有建筑已经收回了项目成本,对财产的兴趣并不浓厚。除了振兴地区经济,这些努力还有助于控制扩张,因为 TIF 协议能够直接提升未充分利用区域的价值,而不是绿色地带的价值(未开发土地的区域)。因此,如果使用合理,TIF 可用于许多项目。

行动中的结论和概念:得克萨斯州沃斯堡

税收增额融资已经成为追求当地经济发展最受欢迎的手段之一。通过该机制,公共管理者和非盈利组织管理者找到了经济发展和可持续性之间的共同点。自 1951 年 TIF 模式在加州兴起,时至今日,几乎每个州都颁布立法允许地方市、县和其他管辖单位创建 TIF 地区,同时提供公共改良工程资金。

管理 TIF 的监管框架很复杂,因此,在没有必需的专业知识情况下,地方有必要衡量自己承担这样一个复杂的技术劳动的能力。但最重要的是,公共管理者和非盈利组织管理者应确保 TIF 区域的开发符合社区的综合计划和设想,它存在的目的在于满足公众利益而不是开发商利益。

下面的案例为从业者提供了一座城市如何利用 TIF 追求可持续发展。在这一过程中,作者澄清了如下事实:经济发展和环境保护并不是相互竞争关系。事实上,案例研究提供给感兴趣的公共管理者和非盈利组织管理者一个很好例子,即一个开发项目可以包括增强防洪、增加休闲设施和恢复内河生态系统平衡。在这个过程中,得克萨斯州沃斯堡的目的不局限于最终产品的可持续性,同时还追求建设实践的可持续性。或许最重要的是,这一案例再次表明,TIF 项目是用来追求公共利益的,在项目所有阶段都要有公众参与。

三一河远景和税收增额融资

得克萨斯州的税收增额融资

在得克萨斯,TIF 由得州税法的第 311 章监管,TIF 资金只能用于资助公共项目成本,不得单独用于个人。项目成本在 311.002(1)节中定义为"直辖市或县指定列于项目计划中的再投资区域过程中所发生的支出或预计支出和必需货币,作为公共成本、公共改良成本、其他导致区域收益的项目成本,以及其他费用支出和必需支出费用。"这些项目成本包括但不限于资本成本、融资成本(包括利息)、不动产组装成本、专业服务成本、估算行政成本、搬迁成本、组织成本、再投资区域操作和项目设施成本,以及学校建筑和其他教育设施成本。

得州的 TIF 资金可用于再投资区域的融资项目成本;然而,市、县不能简单地指定一个他们认为合适的再投资区域。再投资区必须满足第 311.005 节规定的要求。首先,该地区必须"在很大程度上阻碍或损害了地区的合理发展,或者指定区域的县延缓提供住房住宿,或构成一个经济、社会责任,导致构成对当前条件下公共卫生、安全、道德或福利的威胁。"简而言之,每个项目必须通过"要不是"测试,如 311.003(a)节所规定:如果再投资区域不存在,同时 TIF 基金不可用于协助开发,那么不太可能出现积极的发展。

TIF 区域项目和融资计划列出了预计可以承担和接受 TIF 援助的项目和成本。正如 311.011(b)中指定的,每个项目和融资计划包括一幅再投资区域的地图,包括 TIF 区项目的持续时间,项目描述和预计成本,税收增额预测和其他财务信息。这个项目和融资计划作为 TIF 区董事会的指南,该董事会由一个 5 ~15 人的团队组成,可以同意(或反对)预算、项目和其他成员关于创建 TIF 区域的建议。董事会成员由再投资区域的征税司法部和建立该区(311.009 节)的管理机构指定。只有征税司法管辖区同意投入部分增额资金给 TIF 地区, 并通过执行参与协议,才可能被董事会的任命成员所代表。在某些情况下,正如 311.009(a)节中指定的,税收管辖区可能放弃这样做的权利。

在多数情况下,董事会成员必须年满 18 岁,才能代表税收管辖区或创造该区服务董事会的管理机构。然而,正如 311.009(e)中指定的,如果 TIF 区是通过一份请愿书创建的,那么董事会成员必须至少 18 岁,或者是一个 TIF 区所在县(或相邻县)的居民,或者在 TIF 区拥有自己的不动产。创建 TIF 区的管理机构可以任命10 位代表加入董事会,只要成员总数不超过 15 人。

沃斯堡的 TIF 历史

自 1995 年市议会建立 2 号税收增额投资区域(通常称作 TIF 的高速公路),以支持得州的汽车发展以来(得克萨斯州沃斯堡,Ord.12323 号,1995),TIF 已经成功用于得克萨斯州的沃斯堡。1999 年,该区扩展到支持西北辖区内独立校区的"建设、改造和教育设施运作"(得克萨斯州沃斯堡,Ord.13889 号,1999)。自 1995 年以来,市议会已批准了其他 9 个 TIF 活跃区,以促进沃思堡的经济增长和发展,其中4 个位于中央商务区或其周围。尽管这些 TIF 区的创建出于不同原因,但都具有相同的目的:解决区域现在和未来发展面临的挑战。

沃斯堡的某些 TIF 区创建源于同样目的：协助公共基础设施建设，以及像得州汽车、RadioShack 公司总部，或沃斯堡北部 Cabela's 零售商店的发展。其他 TIF 地区旨在通过许多较小规模的项目，推动如市中心或南部附近地区的发展。

当城市处于预算紧张的年份，TIF 区也被用于资助公共基础设施，如道路和桥梁，但仅限于最需要的项目。沃斯堡北部北塔兰特大道的 TIF 是一个很好的例子；用于建设道路的 TIF 资金主要用于缓解交通拥堵和解决安全问题的道路改良建设，以及连接该地区新建的两所学校。尽管 TIF 区的建立都有原始目的，但它仍然可以用来促进再投资区的可持续发展，就像三一河远景 TIF 区一样。

沃斯堡市的 10 个 TIF 区中，有 8 个由政府管理，分别为：高速公路、河边地区、北塔兰特大道、兰开斯特、三一河远景、孤星、东贝瑞修复和伍德黑文(Woodhaven)。市区和附近南部两个 TIF 区由沃斯堡市中心有限公司和沃斯堡南部有限公司分别监管，主要是这两个非盈利组织与市区和南部附近地区有着密切联系。TIF 区的管理包括项目和融资计划的准备、财务预测、预算和 TIF 资金；项目管理；以及董事会。此外，TIF 区工作人员准备采取必要行动，来实现项目和融资计划中列出的目标，包括与商界和社区一起工作，回答他们的问题并获得支持。合作是成功的关键。尽管如此，市区和南部附近的 TIF 区是外部管理的，沃斯堡市工作人员与他们保持着良好的工作关系，能够获得必要的支持。

三一河共同远景

达拉斯-沃斯堡(DFW)地区是美国最大的城市地区，坐落在一个内陆水道。该区处于人口增长状态，2030 年人口预计将达到 1000 万。沿着三一河，该地区已经开发了得克萨斯中心北部和墨西哥湾之间方圆 300mile(483km) 的一部分(Promise 和 Tidwell，2005)。

在 20 世纪末，三一河将成为联邦政府资助的通航运河。然而，在 20 世纪 80 年代初，联邦优先级逐渐开始改变。为了收回由于洪水问题一直饱受困扰并被忽视的土地，政府改变了当初的目标。联邦优先级的这种变化促成了一个共同的远景，即将联邦政府、州和地方机构组成伙伴关系，一同解决这个难题(Promise 和 Tidwell，2005)。由得州中心北部政府委员会(NCTCOG)牵头，共同远景的主要目标是稳定区域并减少洪水的风险。NCTCOG 称，"如果今天发生大规模洪水(标准规模洪水)，详细的映射结构结合计算机模拟显示，将有超过 22000 个家庭和 $1300 \times 10^4 m^2$ 的商业地产受损，将有超过 40 亿美元的财产损失和不可计量的生命损失"(Promise 和 Tidwell，2005，10)。因为三一河延绵流经得州中心北部地区很多城市，没有那个社区在缺少常见防护措施情况下能够确保防汛。

共同远景并不仅限于防洪;另一个目标是清洁河水,这样在三一河将能再次钓鱼和游泳。通过环境修复,周围的水域和地区将恢复到原有状态。同时,还会提供更多的娱乐休闲机会,如扩大三一河步道系统、公园和球场,这将成为社区资产。它还预计,当地和区域经济以及运输引擎将帮助满足达拉斯-沃斯堡地区公众的需要。达拉斯、沃斯堡和阿灵顿这三个沿三一河最大的城市都致力于共同的远景开发(Promise 和 Tidwell,2005)。

沃斯堡三一河 TIF 区

2003 年 12 月 16 日,沃斯堡市创建了 9 号税收增额再投资区,俗称三一河 TIF 区,以鼓励主要中心区域的经济增长和发展,该区由于三一河较大的洪水风险,一直未得到充分利用(Fort Worth,Texas,Ord. No. 15797,2003)。最初的项目和融资计划有 11 个主要目标(沃斯堡市,2005),其中许多目标与三一河总体规划相同:提供增强防洪的措施,包括消除"衰退区域";创建中心区域的娱乐焦点;提升人口密度;鼓励沿三一河进行混合开发;建造一座城市湖泊;提供一个恒定水位;可行的情况下取消堤坝;提供符合既定的三一河轨迹系统的城市轨迹;改善水质,扩大野生动物栖息地;创建不同地区和社区之间的联系;增加开发和重建潜力。

更新的 TIF 计划

2008 年 3 月,沃斯堡区的美国陆军工程兵团(USACE)发表了一份中心城市项目对环境影响的补充声明。该文件是对沃斯堡市要求重新评估修改三一河远景项目的响应,该远景项目包括相邻的河滨 U 型生态系统区域,为了增加水力低谷值存储能力而增加了该区的洪水保护(U.S. Army Corps of Engineers,Fort Worth 2008)。USACE 认为附加的区域是有益的,也建议因为"岩土工程和大坝环境的原因",搬迁塞缪尔大道(Samuels Avenue)大坝。有了这个新信息,有人建议三一河 TIF 区的边界可以扩大到这个地区,那么 TIF 可以用来补充项目成本的增长。

添加项目区域后,弗瑞斯和尼科尔斯公司完成了工程、建筑、环境科学方面的咨询,提供了一个更准确的项目成本估算模型,同时考虑了通货膨胀。三一河远景项目的总体成本从 2005 年的 4.35 亿美元跃升至 2021 年的大约 9.09 亿美元,这也增加了 TIF 资助金额(从 1.16 亿美元增长到 3.2 亿美元)。当时谁也不曾预料到 TIF 区将产生如此多的税收。添加项目区域后,计算认为,只有将最初的 20 年有效期扩展到 40 年,才能满足新的成本需求(沃斯堡市,2009)。

项目添加、修改边界区域和扩展项目期,保证了三一河 TIF 项目和融资计划的更新。2009 年 12 月,三一河远景 TIF 董事会和市议会批准了这些变更(Fort Worth,Texas,Ord. No. 18975,2009)。除了原始项目和融资计划中设定的 11 个目

标,更新计划又增加了7个目标(沃斯堡市,2009年,19):

①通过增加水力蓄能电站,提供增强的防洪措施;②提供社区要求的娱乐休闲设施;③创建一个1000acre(6070亩)的城市规划公园;④提供交通工具改进措施,包括进入三一河的最佳方式;⑤修复生态系统;⑥Gateway Park周围的经济发展;⑦连接通向三一河走廊的东部和东南部地区。

项目目标

三一河远景项目有两个主要的项目地区:三一住宅区/中心城市区和Gateway/河畔公园修复区。根据更新后的项目和融资计划,中心城区项目的主要目标是解决防洪控制关键问题,同时提供环境治理、社区联系和娱乐服务。三一住宅区项目也实现了强大的社区开发,预计大部分的多功能办公区将集中在这里。Gateway公园的修复将使其成为美国最大的城市规划公园,同时促进沃斯堡市东部和东南部地区的发展。来自社区的积极反馈,建议增加休闲设施,包括运动场、篮球场、徒步旅行和自行车道,一座溅水公园、赛艇中心、游乐场和室外露天剧场。根据该地区的历史建筑活动,估计该区在居民楼建完之前每年至少会建造171所满足不同收入阶层的住宅单元(Granger,2010)。如果其他条件得到满足,如新增公众运输线路,或住房(贷款)呈上升趋势,那么住宅单元的总数将会显著增加。

关注可持续发展

为了提升人口密度和发展的可持续性,三一河住宅区的新建筑物必须遵守一套建筑控高标准(最低高度要求)和规范。例如,位于附近区域的建筑需要最低三层楼的高度,也有可能扩展到288ft(87.8m),这取决于地区规范(三一河远景机构,2011)。这些控高指标将确保建筑物建造得尽可能密集,最大化该区域空间(地方服务已经建立)。而且非常注重陪衬街景的建筑外观设计,促进整个地区的环境友好,用较小的足迹建造更大的面积(Davis,2005)。

项目合作伙伴通过有意识的建造方法,争取可持续发展。根据三一河远景机构(TRVA)的安排,输送机系统将用于运输泥土,减少卡车的数量;建筑材料将被用于和整个项目联系在一起的更小的公共基础设施建设;泵站和防洪控制门将用于管理水流;本地植物将尽可能的利用在公共场所,减少水的额外补充(三一河远景机构,2012)。此外,三一河住宅区的开发标准和指导方针要求,在施工过程中使用高质量的材料(TRVA,2012)。

未来几年内,商业区、办公区和居民区按照这种速度增加,预计对公共交通的需求将会增长,以连接三一河住宅区与中央商务区以及沃斯堡其他地区。根据三一河远景机构向三一河远景TIF区董事会提交的修正方案,永久公交系统将创建一个人口密度更大的都市区,为传统的运输方式(如提供救援道路和高速公路)提供缓解,从而减少停车的需要。由咨询公司 TXP 做出的经济分析报告进一步得出结论,公交系统投资将加快该地区的发展,从而增加税收(Granger,2010,23)。

据估计,致力于 TIF 区的环境修复和生态恢复的资金将超过 4900 万美元。例如,根据修改后的项目和融资计划,河滨 U 型区的开发商将保留 200 年树龄的树木,并在该地区重建森林。棕色地带再开发项目中,计划种植 80000 棵新树,计划将前河滨污水处理厂转换成湿地。以上这些都是改善三一河地区环境质量的一部分。

为了更好地理解三一河远景项目的影响,需要进行大量的经济研究。由于从 2007 年底开始的经济衰退,预计未来几年不会进行重大项目建设,只会进行与预先发展相关的大部分活动,比如土地收购和总体规划。然而,这只是假设,一旦开发正常进行,三一河远景项目区域将随着人口密度增加、混合发展而繁荣。

公私伙伴关系

没有哪个城市可以单独实现共同远景。不仅在达拉斯-沃斯堡大都市内的城市需要共同合作,许多强大的公私合作对于实现远景目标也是必要的。NCTCOG、沃斯堡市、Streams 和 Valleys 公司,以及塔兰特县、TRWD、TRVA 和 USACE 的有效协调一直非常有利于项目进展。

在紧密的合作之下,三一河远景总体规划过程于 2000 年夏天开始。为了制定一个总体行动计划,与当地利益集团和社区团体举行了一系列公共会议。在 3 个月的时间里,举行了 10 场公共会议,其中有两个主要问题:①三一河对你而言具有什么意义;②对于它的未来你的梦想是什么? 这些会议的意见促进了计划的完善,同时对社区认为重要的事项进行了总结,包括公共资产的维护、历史和城市标志性建筑的保存,以及额外的公共设施,如公共通道、现有轨道系统的进一步发展,补充休闲娱乐设施和公园,还有社区投资(美国陆军工程兵团,沃思堡,2008,17)。市政当局采用了三一河远景总体规划,并在 2003 年把它补充到城市的全面计划当中。除了管理三一河远景 TIF 区,市政当局与项目合作伙伴起草了修订后的项目和融资计划书,并确保其通过三一河 TIF 董事会和市议会的审查。市议会成员继续与其他团队成员合作,以保证项目能够成功。

在 2009 年 12 月,由 USACE 提供的最终环境影响声明(修订补充版),帮助修改了三一河远景 TIF 项目和融资计划。USACE 的使命是"在和平与战争年代提供重要的公共工程服务,以加强我们国家的安全,使我们的经济有活力,并减少灾害风险"(美国陆军工程兵团,2012)。因此,参与和支持三一河远景项目有助于 USACE 履行自己的使命。

Streams 和 Valleys 有限公司是一个非盈利组织,其目标是"计划和协调如何增强娱乐活动,致力于美化工作,通过志愿者招募、筹款、开发和事件编程,推动公众对三一河及其在沃思堡和塔兰特县支流的认可"(Streams and Valleys,2011)。该集团成立于1969年,由一群在20世纪40年代末发生大洪水后关心三一河福祉的人组成。三一河的重建包括种植千上万棵树木和植物,重建近50条河道,促使野生动物回迁(Streams and Valleys,2011)。

TRWD 拥有某些水库的所有权和经营权,通过这些水库向沃斯堡附近区域的人口供水已经超过了80年。TRWD 也一直致力于解决防洪问题,比如三一河远景项目中那些确定的项目(Tarrant 区水域,2012)。为了防止项目拖延,除 TRWD 对项目投资的6400万美元以及已经提交的 TIF 资金,TRWD 与三一河远景 TIF 董事会达成了项目成本与融资贷款2.26亿美元的协议(Allen,2009)。

尽管得州中心北部政府委员会管理该地区,但 TRVA 负责本地三一河远景项目的协调。TRVA 成立于2006年,一直领导实施三一河远景规划,并将所有合作伙伴组织在一起。TRVA 也一直在公众参与中扮演重要角色,通过公开听证会解决问题并识别潜在难题。TRVA 也举办了一系列有关三一河的活动,包括室外音乐会系列、趣跑比赛、一年一度的 Trash Bash 等,从而以一种有趣和刺激的方式增加了公众对该项目的关注。一般来说,城市发展尤其是三一河远景规划中的城市发展,已经成为 SteerFW、沃思堡市市长 Betsy Price 等青年领袖组织的讨论话题。这种想法促使"城市发展任务力量"组织的成立,该组织致力于"提升可持续性标准,其中包含了平衡和关注环境、经济和所有当地社区的社会意识"(Labbe,2012)。城市发展任务力量组织将会见 TRVA 代表,以修订项目计划,可能借鉴 TRVA 的一些成功经验,促进沃斯堡市的可持续发展。

项目进展

截至2012年8月,菲利斯 J.蒂利(Phyllis Tilley)纪念碑人行天桥、Cowtown Wake 公园和沿北部大道的 valley storage work 全部完成,沿 Henderson Street 的公共设施搬迁和 Gateway Park 的 valley storage work 也在进行中。今年秋天晚些时候,将展开主桥(Main Street Bridge)的建设工作,紧随其后的是2013年初开始的亨德森街(Henderson Street)桥建设工作。同时,2013年夏末将开始怀特塞特尔门大道(White Settlement Road)桥的建设工作(Tinsley,2012)。项目中的四座桥有三座计划在未来五年内开始建设。预计至少其中两座桥,亨德森街桥和怀特塞特尔门桥,将完成环路建设,允许车辆通行。这些环路也为公共艺术装置提供了展示机会,将为那些在该地区开车的人们创造一种独特的驾车体验(Rauscher,2011)。

得到的经验

尽管 TIF 在使用上是不同的,同时每个州的法律也不同,但是拥有相同的共同目标:为社区创造一个更美好的未来,消除衰退并促进可持续增长。为了尽可能的使用 TIF,重要的是要有一个强大的公共项目和可靠的公众支持。尽管不可能获得来自各方的支持,但是可以在公共论坛上收集社区人员提出的重要建议,就像在三一河远景项目中所做的那样。关键是要确保社区参与,同时通过出版物、事件和社交网络更新内容,提高公众在项目中的参与感。如果不能确保社区的参与,如果公众没有共享他们的关注,三一河远景项目就可能不是今天看到的样子。通过社区领导人和利益相关者的参与,社区能够提供积极的反馈信息,之后可以在项目和融资计划中补充进去。

TIF 不是为每个开发人员或每个项目设计的。政府官员应该确保 TIF 是一个通过询问某些重要问题可以使用的正确工具:

项目是什么?

资金缺口在哪?

产生的税收增额能支持项目吗?

区域发展成熟吗?

在其他地区有 TIF 项目成功完成的类似案例吗?

我们有其他税收管辖区的支持吗?

我们有社区支持吗?

这些问题将促使政府机构、开发商和公众之间展开对话与沟通。

在沃斯堡还有很多工作要做。据估计,三一河远景项目将在未来的 25~40 年建成。因此,"沃斯堡市中心规模将扩大为原来面积的两倍,三一河湖滨住宅区将提供居住及商业机会,这将大幅调整城市的税基"(Promise 和 Tidwell,2005,10)。据 Jim Noack-Pier 1 Imports 新总部项目主管所言,"在这个国家,没有其他城市可以回答,这种扩张—从长远来看,一个单一项目,为城市、私营部门、市区、城市生活、文化和我们的三一河提供的巨大机会究竟意味着什么"(Promise and Tidwell,2005,10)。

参考文献

Allen,M. 2009. Meeting minutes. Trinity River Vision TIF board of directors meeting,December 18.

Atlanta Convention & Visitors Bureau. 2012. What to do:Atlantic Station,http://www.atlanta.net/visitors/atlantic_station.html

Bassett, L. 2009. Tax increment fnancing as a tool for redevelopment: Attracting private investment to serve a public purpose—Te example of Michigan. Te Urban Lawyer 41: 755–786.

Berwyn Development Corporation. 2012. TIF frequently asked questions, http://berwyn.server289.com/index. php?option=com_content&view=article&id=6&Itemid=6

Brick, M. 2002. Commercial real estate; downtown Columbus loses out to its fringe. New York Times, June 19, http://www.nytimes.com/2002/06/19/business/commercial−real−estate−downtown−columbus−loses−out−to− its−fringe.html?pagewanted=all&src=pm

Brifault, R. 2010. Te most popular tool: Tax increment fnancing and the political econ−omy of local government. Te University of Chicago Law Review 77: 65–95.

Byrne, P. 2006. Determinants of property value growth for tax increment fnancing districts. Economic Development Quarterly 20: 317–329.

Byrne, P. 2010. Does tax increment fnancing deliver on its promise of jobs? Te impact of tax increment fnancing on municipal growth. Economic Development Quarterly 24: 13–22.

Byrne, P.F. 2012. Tax Increment Financing and Missouri: An Overview of How TIF Impacts Local Jurisdictions. Show−Me Institute Policy Study, No 32. Available online at: http://www.showmeinstitute.org/publications/policy−study/corporate−welfare/742−tax−incre−ment−fnancing−and−missouri.html

Carroll, D. 2008. Tax increment fnancing and property value: An examination of business property using panel data. Urban Afairs Review 43: 520–552.

Chikow, C. 1998. Tax increment fnancing. Journal of State Taxation 17: 47–51.

City of Fort Worth. 2005. Project and fnancing plan: City of Fort Worth Trinity River Vision TIF. Fort Worth, TX: City of Fort Worth.

City of Fort Worth. 2009. Project and fnancing plan update: City of Fort Worth Trinity River Vision TIF. Fort Worth, TX: City of Fort Worth.

Council of Development Finance Agencies. 2008. Recommended practices: Efective tax increment fnance program management, http://www.cdfa.net/cdfa/cdfaweb.nsf/ord/recpracTIF.html/$fle/Recommended_Practices_Efective_Tax_Increment_Finance.pdf

Council of Development Finance Agencies. 2012. TIF State−by−State Map & Report. http://www.cdfa.net/cdfa/tifmap.nsf/index.html

Council of Development Finance Agencies and International Council of Shopping Centers (CDFA and ICSC). 2007. Tax increment fnance best practices reference guide, http://www.icsc.org/government/CDFA.pdf

Davis, D. 1989. Tax increment fnancing. Public Budgeting & Finance 9: 63–73.

Davis, D. 2005. Form−based codes: Implementing smart growth. Sacramento, CA: Local Government Commission.

Donahgy, K., A. Elson, and G. Knaap. 1999. Optimal investment in a tax increment fnanc−ing district. Te Annals of Regional Science 33: 305–326.

Edwards, M. 2007. Regional and urban economics and economic development. Boca Raton, FL: Taylor & Francis.

Geheb, P. 2012. Tax increment fnancing bonds as "debt" under state constitutional debt lim−itations. In Tax increment fnancing, eds. D. Callies and A. Gowder, Jr., pp. 185–218. Chicago: American Bar Association.

Granger, J. D. 2010. Trinity River Vision update TIF board #9. PowerPoint presentation at the Trinity River

Vision TIF board of directors meeting, Fort Worth, TX, October.

Healey, L., and J. McCormick. 1999. Urban revitalization and tax increment fnancing in Chicago. Government Finance Review December: 27–30.

Herbold, E., and R. McEowen. 2009. Eminent domain law, urban renewal and tax incre–ment fnancing—An Iowa controversy, http://www.calt.iastate.edu/briefs/CALT%20Legal%20Brief%20–%20Eminent%20Domain.pdf

House Research Department. 2010. Tax increment fnancing. Short Subjects, http://www.house.leg.state.mn.us/hrd/pubs/ss/sstif.pdf

Hoyt, H. L. 2012. What's the "TIF" all about? In Tax increment fnancing, eds. D. Callies and A. Gowder, Jr., pp. 3–36. Chicago: American Bar Association.

Huddleston, J. 1981. Variations in development subsidies under tax increment fnancing. Land Economics 57: 373–384.

Iams, A. 2006. National roundup: Tax increment fnancing, http://www.cdfa.net/cdfa/cdfaweb.nsf/ordredirect.html?open&id=tifnationalroundup.html

Illinois Tax Increment Association. 2006. Tax increment fnancing in brief. ITIA Brief 06–1, March 1, http://www.illinois–tif.com/Resources/Briefs/InfoBrief06–1.pdf

Johnson, C. 2001. Te use of debt in tax increment fnancing. In Tax increment fnanc–ing and economic development, eds. C. Johnson and J. Man, pp. 71–86. Albany: State University of New York Press.

Johnson, C., and K. Kriz. 2001. A review of state tax increment fnancing laws. In Tax incre–ment fnancing and economic development, eds. C. Johnson and J. Man, pp. 31–56. Albany: State University of New York Press.

Keller, P. 2012. Ten steps to creating a TIF district, http://www.ancelglink.com/publications/tenthings9.html

Klacik, J., and S. Nunn. 2001. A primer on tax increment fnancing. In Tax increment fnanc–ing and economic development, eds. C. Johnson and J. Man, pp. 15–30. Albany: State University of New York Press.

Kriz, K. 2003. Tax increment fnancing: Its efect on local government fnances. CURA Reporter 33: 1–7.

Krohe, J. 2007. At the tipping point. Planning March: 20–25.

Kuehn, A. 1985. Tax increment fnancing. Land Use Law 37: 3–7.

Labbe, J. R. 2012. Mayor launches young leader program to help steer Fort Worth. Star–Telegram, January 28, http://www.star–telegram.com/2012/01/28/3695160/mayor–betsy–price–launches–young.html

Luce, T. 2003. Reclaiming the intent: Tax increment fnance in the Kansas City and St. Louis Metropolitan Areas, http://www.brookings.edu/~/media/research/fles/reports/2003/4/metropolitanpolicy%20luce/lucetif.pdf

Man, J. 1999. Fiscal pressure, tax competition and the adoption of tax increment fnancing. Urban Studies 36: 1151–1167.

Man, J. 2001a. Introduction. In Tax increment fnancing and economic development, eds. C. Johnson and J. Man, pp. 1–14. Albany: State University of New York Press.

Man, J. 2001b. Determinants of the municipal decision to adopt tax increment fnancing. In Tax increment fnancing and economic development, eds. C. Johnson and J. Man, pp. 1–14. Albany: State University of New York Press.

Mayrl, M. 2006. Efcient and strategic TIF use: A guide for Wisconsin municipalities. Paper for the Center on Wisconsin Strategy, http://www.cows.org/pdf/rp_tif.pdf

New York City Independent Budget Ofce. 2002. Learning from experience: A primer on tax increment fnancing. Fiscal Brief, September, http://www.ibo.nyc.ny.us/iboreports/TIF-Sept2002.pdf

Promise, J., and J. Tidwell. 2005. From reclamation to restoration: Trinity River Common Vision for the twenty-frst century. Paper presented at the Proceedings of the International Symposium on Flood Defense. Nijmegen, Te Netherlands: North Central Texas Council of Governments.

Rauscher, M. 2011. Trinity River Vision update. PowerPoint presentation at city council meeting, August, Fort Worth, TX.

Runyon, L. 2003. Financing brownfelds cleanup and redevelopment. NCSL State Legislative Report 28: 1–10.

Stinson, T. 1992. Subsidizing local economic development through tax increment fnancing: Costs in nonmetro communities in southern Minnesota. Policy Studies Journal 20: 241–248.

Streams and Valleys. 2011. Streams and Valleys' mission—Saving, sharing and celebrating the Trinity River in Fort Worth, http://streamsandvalleys.org/fw-trinity-river/trinity-river/mission

Sullivan, G., S. Johnson, and D. Soden. 2002. Tax increment fnancing (TIF) best practices study. Institute for Policy and Economic Development, Technical Report 2002–10.

Tarrant Regional Water District. 2012. Overview, http://www.trwd.com/About_Us.aspxTinsley, A. 2012. Federal, state ofcials pledge money needed for Trinity Uptown Bridge, http://www.trinityrivervision.org/newsandinfo/2012/07/24/federal-state-ofcials-pledge-money-needed-for-trinity-uptown-bridge

Trinity River Vision Authority. 2011. Trinity River Vision (TRV), http://www.trinityrivervi-sion.org/Home.aspx

Trinity River Vision Authority. 2012. Sustainability—Trinity River Vision: Building a sus-tainable community with a sustainable process, http://www.trinityrivervision.org/Development/Sustainability

U.S. Army Corps of Engineers [USACE]. 2012. Mission & vision, http://www.usace.army.mil/About/MissionandVision.aspx

U.S. Army Corps of Engineers [USACE], Fort Worth. 2008. Upper Trinity River central city Fort Worth, Texas: Final supplement no. 1 to the fnal environmental impact statement. Fort Worth, TX: USACE.

Weber, R., and L. Goddeeris. 2007. Tax increment fnancing: Process and planning issues. Lincoln Institute of Land Policy, http://www.lincolninst.edu/subcenters/teaching-fs-cal-dimensions-of-planning/materials/goddeeris-weber-fnancing.pdf

West Virginia Development Ofce. 2003. Property tax increment fnancing in West Virginia: A guide for counties and Class I and II municipalities, http://www.revenue.wv.gov/Documents/tifhandbook.pdf

Youngman, J. 2011. TIF at a turning point: Defning debt down. State Tax Notes 62: 321–329.

第10章 授权管理和项目分析

围绕经济可持续发展的最大消极观念之一，是环保意识增强会导致费用增大。的确，短期内某些可持续发展的方法要比传统方法担负更多费用，但另一个事实是，联邦和各州政府会为致力于可持续发展的地方当局提供各种拨款机会。考虑到成本节约的良好愿望，对众多追求可持续发展的行动进行某种程度的复杂性分析是具有现实意义的，城市应该意识到，分析技术能够为他们提供发展的真实成本和收益。除了分析，地方政府必须理解拨款的意义，同时采取措施对所拨款项善加管理。这些主题都不能在单一章节得到充分探讨，但一篇好的概述以及本章提供的其他阅读资源，能够激发当地管理人员的阅读兴趣。

通过政府补助支持经济可持续发展

一般来说，政府补助有两种形式：固定拨款或者专项补助。专项补助是指那些有特定目的的拨款，这笔钱专款专用，不能用于超出规定之外的其他目的。大约五分之四的联邦给州政府和地方政府的拨款都属于专项补助(亨利，2010)。而固定拨款方式往往更加灵活，并且通常可用于众多领域的项目，只要这些项目属于政策范围即可(如国土安全等)。

补助项目除了分类方法不同之外，分配方法也各不相同。具体说来，政府补助通常有两种方法进行分配：基于公式的和基于计划的。基于公式的补助包括通过一个数学公式，按照一定的比例分配给下级政府的资金。例如，社会服务固定补助是一个单独的计算授予计划，这个计划下收到的资金数量取决于州的人口数量(Goldenkoff，2009)。其他的数学公式也被用于各种基于公式的补助项目，数学公式的关键指标可能包括贫困率、发病率、接受教育水平数据，以及其他联邦政府试图补救的人口特征。

除此之外，联邦政府经常使用基于计划的分配方法。所有联邦范围的补助中，大约有72%是通过竞争或者基于计划进行分配的(亨利，2010)。在基于计划的分配下，想得到联邦或州资金的实体会准备一个申请，来响应提议请求(RFP)或者申请请求(RFA)。在这种分配方式下，哪些项目获得资助？获得多少？取决于项目的竞争力和相应的审查过程。"至少在纸面上，89%的地方政府收入是由国家拨款提供的。但是,地方政府从国家手中得到的收入中,估计有三分之一实际上由华盛顿提供"(亨利,2013,216)。这些由联邦资源提供给当地政府、但由国家授权的拨款被称为直通补助(亨利,2013)。如果一座城市想获得资金补助,它必须从联邦和州政府那里寻求机会。

一个热衷于追求经济可持续发展的社区,应该重视并充分利用各种补助机会。一个成功的补助申请能帮助刺激经济、缓解环境危害、为城市提供工作机会、增加收入。有了这些补助,某些因缺少资金而进展缓慢,或无力开发的项目有可能变成一个成功和赚钱的项目。

定位和申请联邦政府拨款

在过去的 20 年里,联邦政府已经逐渐使许多资源和流程变成数字化。由于这个数字化的转换,公民和其他政府单位能够更快的获得所需信息和资源。截止到 2012 年,众多企业可以通过在线形式接受联邦政府和州政府管理。州和地方政府从联邦政府那里获得的拨款也不例外。地方政府寻求拨款机会最大和最主要的资源是 www.grants.gov 网站(政府补助官网)。该网站创建于 2002 年,是总统管理日程(PMA)的一部分(总统管理日程是 2001 年布什政府提出的改革政府管理制度和提高联邦政府绩效的议案,目的在于解决政府部门管理中存在的问题,提高政府效率。总统管理日程主要由五方面构成:合理调整和规划政府部门的预算和绩效;增加人力资源投资;在公共领域引入市场竞争机制;加强政府部门电子政务的建设;提高政府部门的财务绩效。其中合理调整和规划政府部门的预算和绩效是核心内容——译者注)。

政府补助官网提供给用户一个可以查找几乎所有联邦部门和机构的即时方法。在给定的时间内,这个网站上的补助资金大概等于 5000 亿美元。

当利用政府补助官网寻找补助的机会时,首先确保正在寻找的机会对你的实体/组织十分重要。并不是所有的政府补助都实行开放邀请,在申请公告里可以看到何种类型的实体可以申请。在补助公告中,最常见的政府包括州政府、地方政府、城市或者乡镇政府、特区政府和原住美洲部落政府。此外,某些补助只局限于教育机构、公共住房组织、非盈利组织或赢利的实体。使用这个网站上的高级搜索选项,申请人还可以使用机会过滤功能,仔细甄别各种补助机会。过滤功能同样包含部门/机构、资金补助类型、资金使用类型和日期等内容。

除了覆盖广泛而强大的政府补助官网外,联邦政府还在 www.cfda.gov 上发布了联邦国内援助目录。与政府补助官网不同,本网站列出了所有补助和援助项目,不仅仅是那些目前可用的申请。这种资源对一个为未来考虑而试图寻找特殊类型计划的地方政府十分有用。利用这些清单上的可用信息,能帮助用户了解何时能提供给他们一个机会。除了这个广泛的可用资源外,当地政府会还会发现一些特别有用的网站,找到与经济可持续发展有关的财政补助机会,如能源部(DOE)(http://www1.eere.energy.gov/financing/)、环境保护署(EPA)(http://www.epa.gov/ogd/)、美国经济发展局(http://www.eda.gov/ffo.htm)。

为了充分理解补助方案文件,了解最常用的缩写词和专业术语很有必要。下面的文字对于理解财政补助术语很有帮助:

① RFP/RFA:申请建议书/申请要求(或者资金援助)。这是官方发布的一项补助机会,它会标明资金计划的资格和申请要求。标明的截止日期显示申请的最后期限。在 RFP/RFA 中也会找到关于答疑的相关联系方式。

② 501(c)(3):指的是国内税务局对于一个组织免税部分的税务代码。绝大多数申请建议书要求申请人是 501(c)(3)类型。

③ LOI:意向书/调查书。意向书或者申请资助机会之前,一些资助项目越来越要求进行早期调查。一份意向书通常是为了有意向的项目/目的补助款所总结的简短信函。意向书可以"展示"申请,从而简化和加速审查进程(Payne,2010)。意向书/调查书也可以被拿来衡量申请人对补助机会的兴趣 (Yuen,Terao,and Schmidt 2009)。

④ 匹配资金:这一规定是指对申请项目匹配成本资金数量 (通常是 50%)的要求。通常,匹配资金必须是非联邦基金(即:你不能用收到的其他联邦政府的补助作为匹配资金)。RFP/RFA 将会指定配套资金相对于实物现金的比例。

⑤ 实物:这通常是指那些非现金类的援助或补助。一个补助项目或者机会可以是给申请人提供设备、广告或者援助的实物。另外,允许实物匹配要求的补助申请项目,可以是一个当地企业或非盈利组织提供一定数量的服务或者商品给申请人的项目。

⑥ Standard Form 424:SF-424 是政府范围内申请联邦拨款援助的主要形式。与之相关的软件包能够从政府补助官网下载。

申请联邦政府拨款

不幸的是,有些证据表明,那些成功获得联邦拨款的申请人往往是对这些拨款需求最小的(柯林斯和嘉宝,2006)。换句话说,一个拥有资源来雇佣撰写补助申请,或把雇员的时间花在寻求基于计划的财政补助上的地方政府或州政府,往往是对补助需求最小的。尽管现实很残酷,仍然有办法用有限的资源去撰写和准备一份好的补助申请。对于追求财政补助的对象来说它是非常费时的,开始这个过程之前进行充分准备和组织极为重要。在积极追求财政补助机会之前,充分识别和定义你所寻求的援助很重要。是否打算在市政府管理的地方安装高效能源设备?是否扩大城市公共汽车路线?是否修复城市的环境污染?如果没有一份城市完善计划,想要申请特定的政府补助将会非常困难。你的目标与政府补助项目目标一致吗?如果不是,申请中花费的时间和资源就不会有效。必须确保你已经制定了一个可以合理完成的方案,因为一旦你获得了资金,那么你将会被要求完成你的方案。还需要认识到的一个重要事实是,大多数政府补助的审查者不希望看到当政府补助资金耗尽时,这个计划还没有完成。在大多数补助项目中,必须有一个长期的可行性和一致性考虑。在技术上来说,政府补助并非是"免费"的钱,确实需要特别关注,确保适当的支出和问责(Payne,2010)。各种政府拨款都会制定相应的规章制度,这是政府实施拨款管理的一部分。

通常,一项补助资金的申请需要多种文档和推荐信,这些都需要花时间来获取和组织。一个时间和资源有限的地方政府会发现这个过程非常让人沮丧。不可能有一个专门的人代表城市负责拨款申请,这就需要有人愿意并且能够成为这件事的主持者。这个主持者需要花时间学习和理解成功申请财政补助机会所需的规则、要求和文书。切记:只有少数基于计划的补助能够在多数政府补助周期中授权,最为重要的是,城市应该精心准备申请文件,确保获胜机会最大化。

如果一个城市觉得他们缺乏成功申请政府补助所需的写作技巧,那么可以申请外界帮助。比如说,本地的学院或大学也许能够提供援助。事实上,在所有国家资助的高等教育机构里,教学和研究人员都有为他们所在社区服务的义务。政府内部的创业者可以联系学术人员,从大学专家那里获取见解和帮助。根据所寻求的政府补助类型,去寻求的学术部门包括:政治学、公共管理/政策、农业、环境事务和经济学。此外,如果一个地区大学属于赠地学院,那么扩展办公室将是寻求合作的理想场所。

除了简单的联系教员或者扩展办公室,还可以参加由研究生提供的实际补助编写活动。许多大学倡导在校园进行服务性学习。而大学也渴望增强城市和高等教育机构之间的合作关系,这样可以为学生提供掌握灵活就业技巧的机会。服务学习是一种包括社区服务和体验学习的教学方法,在大多数服务学习课程中,学生与社区组织通过实际社会项目进行学习。例如,一个MPA(公共管理硕士)的非盈利管理课程项目,可以让学生与当地非盈利组织直接合作,帮助客户做税务筹划。通过这次经验性学习,学生通过直接参加同自己职业目标相关的实际项目而获得经验。如果一个地方或者社区大学开设MPA课程,这将是城市管理者寻求编写政府补助文件的绝佳场所。许多 MPA 课程计划中,都有一定数量的城市管理和非盈利管理课程,主要是关于政府补助申请编写培训的。一个创业型的城市可以联系 MPA 主管,寻求与学生一起学习编写政府补助文件。顺带一提,http://www.servicelearning.org/whatservice-learning 网站上面有更多学习服务方面的好资源。此外,MPA 项目的主要认证机构还为感兴趣的管理人员提供了相关信息:www.naspaa.org。

一旦决定谁将负责政府补助申请的实际编写工作,在准备这些文件时,需要考虑某些建议。首先要明确的是,必须确保拟提交材料的准确性。大多数政府补助申请建议书(RFP)或者申请要求(RFA),对格式、文件类型、提交机制和必要的文档都会有非常具体且严格的要求。即使是最好的政府补助申请项目,也可能因为申请中的文件格式错误或者提交方法不当而被拒绝。在任何文件起草之前,都要认真阅读所有关于申请状态和需求的限制及要求。此外,许多申请建议书会给申请者带文本框的预格式化文件,要求申请者回答问题或填写信息。如果有一个特定的问题或信息不适用于你,你可以用 N/A 标注而不能让它空白。如果申请中需要用描述的方式,那么直接使用 RFP/RFA 中的语言会非常有用。例如,如果政府补助申请建议书要求解释提出的增值项目,通过使用"增值"这个标题,就能非常明确的表达出来。

通常,预算部分对地方政府来说是政府补助申请中最难的部分。谨慎小心地确保得出一个适当和准确的预算是非常重要的,高估或者低估预算都表示申请者的经验不足。应该通过标题以目录的形式列出所有预计参加项目的人员,以及参与项目时间百分比。应该要求合理的薪水,其收入水平与类似工作相当。福利也应该包括在预算内。此外,实物或者相应捐助有时可以增加申请(即使没有明确的要求)机会。在城市中,是否有私营业务部门愿意为这个项目贡献时间或资金?如果是,这可能预示着计划成功的可能性更大。匹配的资金也能给评委留下该项目在融资结论方面有可持续发展潜力的印象。大多数机构在网上会有预算方面的指导意见。例如,美国环保署(EPA)在以下网站提供指导:http://www.epa.gov/ogd/recipient/ogd_budget_detail_guidance.pdf。

政府补助申请人可以从以下文字考虑各个部分和申请的步骤:

① 头脑风暴:在编写文件之前,确定一种文风和独特个性的文体是需要的,把其他人带进来参与这个过程,应该尽可能的有创意并保持思想开放。

② 组织的概述:许多政府补助申请建议书会有一个对申请人组织概述的需求列表。这是申请人向政府补助评委"推销"自己的好机会。

—你最近是否有重要的、值得夸耀的信息可资采纳？

—你是否有一些有趣的事实能获得评委的注意？

—你已经做了多久？

—你的使命是什么？对于你的总体使命来说你有多成功？

—是否有重要的数据能够讲述你的故事？

③ 使命：如果你没有使命，那就去创造一个！你的使命是否结合了资助者的目标？是否值得优先考虑？

④ 项目/计划标题：让它尽可能清晰且容易理解。如果你只用一行文字来"描述"你的项目，它会是什么？是否会吸引评委的注意(Johnson，2010)？

⑤ 利益：你的组织能给城市、地区、社区提供怎样的好处？如果你是一家非盈利组织，需要填补怎样的缺口？

⑥ 预算：准备预算的时候考虑这个项目需要哪些职位，谁将负责这个补助项目？谁会在这个项目中工作？完成你的目标实际需要多长时间？公用事业成本？医疗费用(对于医疗改革需要重点考虑可能发生的变化，为哪些人提供医疗健康保险)？场所？培训？(佩恩，2010)。

州给地方政府的拨款

正如本章前面提到的，州政府在政府间拨款分配中非常活跃。有时它们是联邦基金的通道，其他时候是最初的拨款实体。无论哪种方式，州政府拨款的机会对一个致力于经济可持续发展的地方政府同样重要。美国所有 50 个州都有处理地方政府事务的行政机构。在大多数时候，这些机构或者一个大机构中的办公室，是开始搜索州政府拨款状态的最好场所。联邦政府拨款程序的经验同样适用于州政府拨款程序。

对受助城市的规章制度

众所周知——天下没有免费的午餐。刚收到大型项目联邦或州政府拨款的城市感觉就像中了彩票，但重要的是，这个城市必须理解并遵守各种随资金而来的规则。政府补助的颁发是一个具有法律约束力的合约，需要认真仔细的对待。接到一笔拨款，接受者有责任明白什么钱应该花在什么费用上。这是最初提交预算提案的一部分原因。某些情况下，在项目的整个执行期，最难变更的就是钱的用途。如果预算条款中的资金去向是购买设备的，但是你决定把它花在工资上更有益，你就必须查阅相关文件，并且与联邦或州政府拨款联系人进行咨询，来确定是否能更改授予后的预算条款。

政府拨款颁发信函通常规定，政府拨款资金的花费必须满足程序要求，以及报告时间进度的要求。当执行一个政府拨款资金项目时,无论其来自何方,相关合约文件都是非常重要的。对社区来说,审计也很常见,经常性地搜集文件会使社区的审计过程更加简单。此外,几乎总是在项目即将结束时提交最终报告,这个报告将真实地严格说明钱是如何花的,以及用这些钱完成了怎样的活动。尽管最初的政府拨款对基准(也就是项目的预期结果)没有要求,但对一个城市来说,描绘出通过这个项目达到的预期成就是非常有用的。阐明这些基准条件能帮助城市持续跟踪后续进展。理解文件的重要性将我们带入了经济可持续发展和政府拨款管理的另一大主题:执行跟踪和报告。

执行跟踪和报告:项目评估和财政影响分析

前面几节提供了关于申请和管理政府拨款的重要程序,接下来的部分将重点介绍执行问题。执行中的衡量工具对一个进行政府拨款编写或者管理的城市来说非常有用,对日常管理职责也同样有用。

执行报告和信息收集

执行报告是展现地方政府兑现承诺的重要组成部分,同样也是上级政府实施拨款管理的重要内容,对使用政府拨款基金的项目来说尤为重要。如果没有一个深思熟虑的跟踪执行机制和确保规划成功的计划,一个城市或非盈利组织就存在失去重要机会的风险。没有信息跟踪和文档收集,政府拨款接受者同样存在着风险,如不能提供相关证明和文档需求,甚至不能保证项目完成。对于一个进行预先计划和执行跟踪的城市,其在申请与当地目标相关的基金时,会处在一个比较有利的位置。此外,一个定期收集和分析执行数据的城市,会更好的向联邦或州政府专家报告项目进展情况。最后,执行测量和分析,在交付各种资金来源方面扮演了重要角色。

信息对于任何形式的执行跟踪和测量都是至关重要的。一个城市必须准备好识别和收集各种正确的信息。总的来说,可以通过信息的输入和输出来评估项目。"输入"最简单的形式是为了运作一个项目,必须拥有和/或使用的任何东西。例如,一个输入可能是计划的人员成本(Berman,2007)。输入往往与效率相关。另一方面,"结果"是项目活动更广泛的影响,包括有意的和无意的。关于结果的一个例子是一个公共安全计划会导致犯罪率的降低(Berman,2007)。结果往往与责任相关。对结果的评价可以告诉市民和补助授予机构,我们是如何完成一个有特定方针和计划的目标的。定量和定性数据,可以作为衡量(和提高)一个计划或服务执行情况的重要标志。常见的定量措施包括财政支出和收入测量、计划要求的其他输入

(供应、时间等等)，以及一个计划的操作输出(手册、培训视频等等)。另一方面，定性数据为需求和计划的评估提供了一个通常的解释，而且服务于更加广泛的目标(Padovani and Young，2012)。对一项计划的诸多方面进行思考和衡量，会帮助城市为政府拨款的使用提供证明，也为项目的结果提供反馈，同时还能提高公共项目的服务交付和操作水平。

对于项目，除了关心诸如输入和结果等方面外，城市应该关心更广泛的内容，如关于效率、效力和问责制等方面。通过检查项目的效率来尝试回答以下问题：我们的投入能得到多少产出？在同等或更少资源条件下，是否能做些不同的事，以使我们获得更多的成果？效率通常是通过输入、输出和结果综合指标进行测量的，将以上指标进行关联，可以得到一个更大规模的测量范围。例如，通过效率测量，能计算出城市砍伐每棵树需要付出的费用。经过简单的数学处理，能够得到一个随时间变化的图表，并且能与其他相似城市对比。效果和责任是努力找到这个计划的真实结果，并试图回答如下这个问题：我们是否在做我们承诺的事情？通常使用这个计划的早期标准来确定效果。例如，一个 K12 教育的阅读项目，一个重要目标可能是用来确保 90% 的三年级学生处于正常的阅读水平。因而，当达到(和保持)90% 的效力时，就会认为是成功的。

如果打算为特定的项目制定执行标准，城市首先应该从他们试图达到的目标入手。在这些纲领性目标中，将会逐渐具备识别和衡量效果的能力。正如刚刚提到的，基准在这里是有用的。"基准是衡量性能的标准"(Berman，2007，66)。我们认为什么是成功？我们为这个项目目标负责到什么程度？我们能否为这个项目设定一个定量或者定性目标的时间表？信心虽然非常重要，但是注重实际同样重要。例如，一个预防少女怀孕项目不可能实现 100% 的预防。设置一个不可能达到的基准，通常不符合社区的最佳利益。在项目的早期，制定标准并且目标清晰，能使城市获得政府拨款的机会增大。此外，这些执行评价也有助于提供优质和负责任的报告。

对很多当地管理者来说，信息跟踪是评估项目成功的一个方面。系统及常规的数据收集是业绩评价的关键。然而，许多地方政府忽视了这个过程，或者觉得自己没有适当的资源，难以充分跟踪进展。对于经济可持续发展项目而言，良好的信息跟踪对于项目成功很是关键。没有跟踪数据，就不能充分了解一个特定项目会对社区产生怎样的影响。此外，没有良好的跟踪数据，在项目进行过程中就不可能做出必要的修正和调整。虽然伴随着数据收集会有一些经济和时间上的花费，但是得到的好处要明显超过这些花费。此外，如果本地学院或大学的学生对此感兴趣,并愿意提供帮助,则相关收集工作的花费将会很少。

财政影响分析

    财政影响分析(FIA)是经济可持续发展项目及评估的一个特殊工具。至少从20世纪70年代开始,FIA在许多城市发展决断中扮演了重要角色。FIA通过测试城市新发展(或重建)中的收入及支出的预期变化来分析开发选项。FIA经常被认为是一个经济影响分析工具。然而,FIA和经济影响分析(EIA)之间存在着关键且重要的差别。具体说来,经济影响分析着眼于私营部门的现金流。相反,财政影响分析感兴趣的,是由于发展带来的公共部门成本和收入的变化。这两种分析技术在一些城市被错误的使用(Bise,2010)。虽然两者都很重要,财政影响分析可以给城市提供成本和收入方面的预期,不包括私营实体的预期。最终,完整的财政影响分析对城市充分理解发展的好处和结果是非常有用的,特别是对可持续经济开发项目。财政影响分析可以作为公民的信息工具、拨款申请人的申请理由以及拨款的讨论文件,并且可以帮助稀缺公共资源直接找到最需要它们的地方,在公众立场看来,也是最有益的地方。

    财政影响分析对短期和长期目标都具有效果。在短期中,城市可以使用财政影响分析,来评估一个特定的、即将开始的单一项目收入和支出,比如一个已经得到核准的新住房开发项目。另外,财政影响分析可以用来指导城市的长期综合计划。此外,财政影响分析能用来对一个或一组项目进行收入和支出影响的分析(Mucha,2007)。虽然财政影响分析一般会受到当地官员的欢迎,但也存在对这种分析方法的批评,以及对其缺点的评论。具体来说,有些人认为这个工具对项目费用考虑较多,而没有充分考虑项目对社会或环境的伤害(Bise,2010)。事实上,这种批评存在于与经济发展规划相关的大多数分析工具中。例如,对于成本效益分析,长久以来存在着对其过于强调货币影响的批评。此外,工具只有在愿意接受事实的时候才能发挥作用,政治目的和地方意愿也对财政影响分析产生重要影响。另外,像任何分析工具一样,带有计算的假设必然会影响结论。最后,规模较小的社区可能缺乏专业知识进行全面的财政影响分析(Kotval 和 Mullin,2006)。

    尽管提供给读者一个全面的关于如何管理财政影响分析的课程超出了本章的范围,为了使当地官员能够学习,本书提供了一个简要概括以及某些额外资源。简单来说,财政影响分析的目的是寻求"从新的项目中给公共部门(当地政府,在许多情况下会是学区) 提供的净现金流……"(Bise,2010,4)。为了规划现金流,研究者需要估算所推荐项目的所有支出和收入。有几种方法可以衡量收入和支出、不同水平的要求以及所需的有效数据。

当估算项目成本时,平均成本法通常是首选和最常用的,主要是由于这种方法比较容易使用,并且政治可接受程度较高(Kotval and Mullin,2006)。平均成本法"假设当前的居民和企业服务成本等于新项目服务成本",因此可以使用执行计算进行替换(Mucha,2007)。当然,仅仅依靠现有项目去预测新项目,必然会出现某种程度的错误。

对于不同地点的同一个项目,进行评估时会得到不同的收入结果。预估收入的多少,严重依赖于特定城市的当前收入和监管组织。某些项目的收入通常来自于一些团体的财产税、用户费用、销售税、政府授予的机会以及所得税。在一些更深入的财政影响分析中,间接收入也要计算在内(例如,居民支付销售税的一个分支未必直接来自于项目)(Bise,2010;Mucha,2007)。最终,在完成城市所有的计算后,在传统的成本效益分析中,看起来像净现值(NPV)方面的数值会增加很多(见Boardman et al. (2011)成本效益分析概述)。一般说来,正数意味着一个项目将提供比成本更多的收入,而负数意味着相反的结果。

对于那些有兴趣探寻这个方法其他信息的读者,有很多可用的资源,下面列出一部分:

① Bise,L. C. 2010. Fiscal impact analysis:Methodologies for planners. Chicago:American Planning Association Press.

② Burchell,R.,D. Listokin,and W. Dolphin. 1985. The new practitioner's guideto fiscal impact analysis. Philadelphia: Center for Urban Policy Research.

③ Chervin,S. and R. Kyle. 2009. Economic and fiscal impact analyses,http://www.state.tn.us/tacir/PDF_FILES/Other_Issues/econ_fiscalimpacts.pdf

④ Edwards,M. 2000. Community guide to development impact analysis,http://www.lic.wisc.edu/shapingdane/facilitation/all_resources/impacts/analysis_fiscal.htm

⑤ Kotval,Z. and J. Mullin. 2006. Fiscal impact analysis: Methods,cases,andintellectual debate. Lincoln Institute of Land Policy,https://www.lincolninst.edu/pubs/dl/1252_Kotval%20Mullin%202%20Final.pdf

⑥ Watkins,T. Fiscal impact analysis,http://www.sjsu.edu/faculty/watkins/fiscalimpact.htm

俄亥俄州上阿灵顿市的财政影响分析(FIA)

虽然有许多财政影响分析案例,为了便于说明,本书重点以俄亥俄州上阿灵顿市的案例进行说明。

俄亥俄州的上阿灵顿是一个大概拥有 34000 名居民、且相对较小和富有的社区。在 1999~2000 年, ACP-Visioning & Planning 有限公司(ACP)为上阿灵顿市制定了一个全面的规划项目(Gross,2004,9)。这个规划项目的一部分包括利用财政影响分析来决定城市如何发展,并且不会给城市造成财政压力。通过财政影响分析,能使城市知道未来的直接增长/发展在何处,以及城市应该为哪种类型的发展做出预算。例如,通过财政影响分析可以看出,只有办公室和工业发展才能确保地方政府的年净收益,而零售业和住宅区域会导致地方政府的净支出(Gross,2004,13)。这些信息可以在很多方面帮助上阿灵顿市。首先,它允许城市结合特定类型的发展,去理解和计划收入和支出。第二,它为城市持续实施某类项目提供了有力的证据。最后,这些信息能为追求(或拒绝)一个特定类型的发展提供有力的辩护。

结论

由于担心环境保护而增加成本,经济可持续发展问题经常被误解。虽然在某些情况下,短期内实施可持续发展的成本可能更高,但是这并不总是正确的。为每个提议的项目做好分析,能够帮助城市更加清晰的认识成本问题。如果没有一个包括 FIA 和项目评估在内的可靠的项目评估,城市就缺乏决策所需的完整信息。即使一个可持续发展项目被证明比一个传统的不可持续发展项目更加昂贵,仍然有一批州和联邦政府基金项目帮助缓解成本问题。资金和分析的关键是积极主动和深思熟虑。最后,持之以恒能给城市带来回报。

参考文献

ABerman, E. 2007. Essential statistics for public managers and policy analysts. Washington, D.C.: CQ Press.

Bise, L. C. 2010. Fiscal impact analysis: Methodologies for planners. Chicago: American Planning Association.

Boardman, A., D. Greenberg, A. Vining, and D. Weimer. 2011. Cost-beneft analysis: Concepts and practice. Boston: Prentice Hall.

Collins, B., and B. Gerber. 2006. Redistributive policy and devolution: Is state admin-istration a road block (grant) to equitable access to federal funds? Journal of Public Administration Research and Teory. 16:613-632.

Goldenkof, R. 2009. Formula grants: Census data are among several factors that can afect funding allocations. Washington, D.C.: United States Government Accountability Ofce, July 9, GAO-09-832T.

Gross, R. 2004. Resource document: Understanding the fscal impacts of land use in Ohio, http://www.morpc.org/pdf/fscalimpacts.pdf

Henry, N. 2010. Public administration and public afairs, 11th ed. New York: Longman.

Henry, N. 2013. Public administration and public afairs, 12th ed. Boston: Pearson.

Johnson, V. 2010. Grant writing 101. New York: McGraw-Hill.

Kotval, Z., and J. Mullin. 2006. Fiscal impact analysis : Methods , cases , and intellectual debate. Lincoln Institute for Land Policy , https://www.lincolninst.edu/pubs/dl/1252_Kotval%20Mullin%202%20Final.pdf

Mucha, M. 2007. An introduction to fscal impact analysis for development projects , http://www.gfoa.org/downloads/FinanicalImpactAnalysis.pdf

Padovani, E., and D. W. Young. 2012. Managing local governments : Designing management control systems that deliver value. London : Routledge.

Payne, M. 2010. Grant writing : Demystifed. Dubuque, IA : McGraw−Hill.

U.S. Environmental Protection Agency (EPA). 2008. RCRA Orientation Manual , http://www.epa.gov/osw/inforesources/pubs/orientat/rom.pdf

Yuen, F., K. Terao, and A. Schmidt. 2009. Efective grant writing and program evaluation for human service professionals. Hoboken, NJ : John Wiley & Sons.

第 11 章　联邦和州政府为可持续经济发展
提供的资金支持和做出的努力

　　充分利用资源,减少其增加的成本和各种负担,从而实现环境友好,这是经济发展与环境保护之间的共同点。如前面章节中讨论的,通过各种联邦和各州的拨款计划,不少地方的经济可持续发展将得到极大帮助。该可用资源的规模、资质要求和范围各不相同。本章将介绍一些更大、更常用的资源,对于那些追求经济可持续发展的地方管理者而言是有价值的。

联邦和各州的环境整治/重建计划

　　如本书第二章所述,环境整治和重建往往是一座城市追求经济可持续发展的第一步。联邦和州政府对污染土地的整治和重建项目已经有相当长的历史了。在2012 年, 联邦政府和 50 个州政府制定了针对环保污染修复和重建的公共项目。为了完全理解土地污染背后的复杂性,首先需要研究两条联邦法律:资源节约和回收法案(简称 RERA)以及环境综合应对、赔偿和责任法案(简称 CERCLA)。仔细研读这些法律后,本章介绍针对修复和再开发的主要公共项目,然后讨论一些绿色技术和提高能源效率的项目。

RERA 和 CERCLA

　　目前,有害废物是由美国联邦政府和州政府管理。而在 1976 年 RCRA 制定之前,危险废物处置的保护范围只有空气和水源(Meyer,Williams and Yount,1995)。随着分别在 1976 年和 1980 年实施的 RCRA 和 CERCLA,土地污染成为法规监管干预的目标,主要是保护土壤免遭危险废物污染。

　　虽然 RERA 和 CERCLA 都涉及土地污染的保护,但两者有一个重要区别。RERA 意在确保危险废物处置得当,从而使环境和人类免遭威胁。相反,CERCLA的原始宗旨在于寻求解决以下状况:被遗弃或者无法找到责任人,又或者责任人没有能力负担造成的损害。更为简洁的说法为:RERA 试图使环境免遭污染,而CERCLA 试图对已经存在的污染进行治理。

　　许多年来,虽然 RCRA 一直相对稳定,但是 CERCLA 自创建以来经过了多次修订。其中,最近以来,也是最为重要的修订是 2002 年颁布的小公司责任缓解和棕色地带复兴法案(Small Business Liability Relief and Brownfields Revitalization Act)。这项修订使得 CERCLA 的重点从孤立的点和发展架构,转移到协助无责团体在治理和发展方面进行的工作。这两项联邦法案在国家保护和修复受污染区域上发挥着十分重要的作用。

RCRA

在公众和私人实体制造的危险废物处理的产生、运输和处置方面,RCRA 有多个部分与之相关。通过 RCRA 确定下来三个管理程序,分别为固体废物、危险废物和地下储罐(USTs)。

与其他两种管理方案相比,字母 C 特别用来处理危险废物(USTs 紧随其后),与之相关的多为污染性质问题和修复需要。这部分 RCRA 通常被称为从摇篮到坟墓的管理机制,因为它对废物的整个循环生命周期进行监管。根据它们在做什么及能产生多少危险废物,RCRA 将设施进行归类:处理存储和处置设备(TSD)、大规模生产设备(LQG)、小规模产生设备(SQG)、条件性豁免的小型设备(CESQG)、运输设备(Opp,2012)。其中,TSD 设施是所有设施里控制最为严格的。TSD 设施必须在 RCRA 的许可下获得并进行周期性更新。这些获得许可的设施还必须能够承受关闭、清洗,以及后续照顾所需的经济费用。这个特点对于防止未来土地污染和进行污染治理尤其重要。这些获得许可的设施必须证明有经济实力来支付关闭、清洗、后续照顾带来的费用。这个特点对于阻止将来有可能被污染的土地受到污染尤为重要。管理规则假设,如果一家工厂有经济能力,合理关闭他们的危险废物设施,受到污染的设备就不会被遗弃,从而使得这副重担不会落到其他无辜的人身上。

在 RCRA 中,所有的设施都要接受检查和监管,这些努力都是为了确保危险废物处理和运输得当。如果违规被发现,这些设施将被强制要求进行行为纠正。理论上,RCRA 保护土地免遭危险废物生产、运输和处置设施的污染。

政府间的关系对 RCRA 的流程和管理具有很大的影响。RCRA 是由环保局作为牵头机构的联邦法律,但是大部分的运行管理都是由州政府负责的。"在 RCRA 撰写之初,国会的意图是让各州承担危险废物管理的主要职责,而由联邦政府进行监督"(U.S. Environmental Protection Agency,2010)。与很多环保法规相同,州政府可以申请对 RCRA 进行管理,可以颁布与其相似的法规制度,但法规的严格程度至少要与联邦制定的法规制度相同。目前,48 个州在实施自己的 RCRA 制度。阿拉斯加和爱荷华两个州还没有经过环保部授权的 RCRA 法规(Opp,2012)。由于州政府管理,各地的 RCRA 在细节要求和设施跨州检查的条款中有许多变化。不幸的是,就州一级行政机构而言,对监管设施进行合理、全面的规范和检查方面,过去一直是一个问题(Barnett,1994)。

CERCLA

"总的来说,1980年后,RCRA的历史轨迹就与CERCLA紧密交织在一起……, 在CERCLA处理由于过去的错误导致的某些问题时,RCRA已经成为美国国会的忧虑所在……"(Percival et al.,2006,320)。对于大部分人来说,CERCLA比RCRA或许更加知名。CERCLA在处理棕色地带方面制定了一些禁令和要求,这些禁令和要求为污染的治理提供责任鉴定和财政支持。CERCLA还成立了一个信托基金,用来解决无责任人时的资金问题。

虽然CERCLA政策具有很好的出发点,但是这几年来一直受到许多困扰。最初的几年里,法院开始广泛的解释该法关于"连带赔偿责任"的规定。释义的大意是,只要造成的危害与其他责任人造成的危害不可分割,则每一个独立的责任团体必须为清理工作承担全部费用(Grayson,1995)。根据最初的CERCLA,新业主有时甚至不知道污染已经存在,也可能(或有时)会被追究责任(Coffin and Shepherd, 1998;Ellersbusch et al.,2006;Hodge,1996)。

由于CERCLA在责任条款方面的争议,阻碍了私人企业投资去处理污染的意愿。实际上,金融机构也不愿借钱给修复/重建项目,他们害怕自己本身变成了责任方。"大的治理花费以及缺乏立法监管,最终导致潜在的开发商和投资者选择没有污染的郊区土地(绿地),而不是风险性大的棕色地带"(Eisinger,2001,1)。毫无疑问,在很多社区中,与这些特性相关的缺陷是导致棕色地带难以开发的最重要原因之一。

最近这些年来,CERCLA几经修订,试图克服这些缺陷。首先,在1996年,对于支出资金的借款者,资产抵押、借贷责任、存款保险保护法提供了对他们的责任保护。然后,在2002年,通过了小公司责任减免和棕色地带复兴法案,进一步缓解对债务的担忧,并鼓励重建美国数十万个棕色地带。但是,距离CERCLA实施已经超过了30年,它依然存在着许多缺陷。Percival et al.(2006)对绝大多数人的抱怨做了总结,主要包括:

① 连带责任导致的财务分配不公平;

② 诉讼驱动型体系导致交易过程耗费太多资金,而用于修复的钱却很少;

③ 清理过程太缓慢,并且常常是无效的;

④ 清理标准过严,一刀切的标准是不恰当的,消弱了土地的生产用途;

⑤ EPA有自由裁量权,但是点到点的补救措施是不顺畅的。

虽然CERLCA与棕地问题紧密关联,但是必须要知道存在着一个重要的区别。技术上讲,CERCLA 用来处理常常被叫做超级基金站点(Superfund Site)的东西。大约有 1300 个站点,至少有 50 万个棕地。超级基金被列在了国家优先名单上,并接受联邦清理。另一方面,棕地通常比 CERCLA 的地点污染稍差一些,但是由于 CERCLA 的隐晦性,棕地仍存在许多不合理之处。

RERA,超级基金和棕地

原则上,RCRA 管理的设施可以变成超级基金站点。如果不能恰当的关闭或者适当的保护环境和人类健康,一个 RCRA 管理下的设施很大程度上会存在变成超级基金站点的危险。由于环保局授权给州政府 RCRA 的管理权限,若州政府没有适当监督和执行他们的 ECRA 方案,仍然可能导致将污染的土地问题交给当地社会去处理。"州政府没有充分监督现有设备的运行,也没有按照法规要求执行管理,这增加了地下水和其他环境受到污染的可能性"(Barnett,1994,88)。

最坏的情况下,RCRA 设施可能会变成一个 CERCLA/超级基金站点,但是这种情况发生的可能性相当小。最近几年不良贷款显著减少。RCRA 监管结构的失败更可能影响一个州或一个国家的棕地问题而不是超级基金问题。不幸的是,尽管过去已经指出来 "国家资源保护和回收法案的特点和力度取决于当前的积极性、受影响利益集团的政治权利,以及环境政策制定和控制的历史模式"(Barnett,1994,89)。但是,RCRA 在美国各地的执行情况千差万别。

认识联邦和州政府环境法律和法规对污染土地的影响的内在联系是十分重要的,同样,理解那些缓解问题的公共政策也十分重要。目前,进行土地修复和重建的主要公共措施,是建立州政府土地修复和重建程序,并进行管理。这些政策和项目的变化很大,将在接下来的章节中进行讨论。

联邦和州政府土地修复和棕地重建法规

前面提到,CERCLA 起草于 2002 年,部分内容是与加速污染土地修复相关的。在小型商业公司职责免除和棕地复兴法案的 A 章节 211 部分,建立了许多重要的财政激励措施。主要内容包括(U.S. Environmental Protection Agency,2011):

① 高于 200 万美元/年的评估和清除耗费;
② 高于 20 万美元/网点的授权目录和计划活动费;
③ 赠款高达 100 万元的资本整治活动的循环贷款基金;
④ 授权高达 20 万美元的网站整治活动;
⑤ 建立一个直接为污染进行评估和修复的培训、研究和援助方案。

由于上述法律,目前在联邦层级存在众多拨款和基金项目机会。关于这些资金机会的完整清单,可以在以下网址中找到:

http://www.epa.gov/brownfields/grant_info/index.htm。

在过去十年，联邦政府在促进污染土地的修复和重建工作中发挥了重要作用。不过，目前州政府在修复和重建工作中发挥了更为重要的作用。截至2012年，美国50个州都有专门针对土地污染整治和重建的措施。这些州计划比联邦计划更有可能为当地管理者和非盈利组织领导者提供援助。一些地方政府也已经利用联邦和州政府的融资机会，制定了自己的修复和重建计划。

州政府修复计划

在美国的50个州里面，修复和重建计划变化多样。有些州只有一个计划，而有的州拥有多个计划。这些州政府方案的共同特点包括：无过错方免责，为可能的技术开发、技术支持人员和有兴趣的人士提供融资援助。棕地修复和重建最常见的政策之一是一个跨州的自愿清理计划。事实上，美国50个州中的47个已通过这项志愿清理计划，实现了棕地的修复和再开发。有时，这种方法被称为自愿补救或自愿应对方案。然而，47个州中(阿拉斯加、北达科他和南达科他州除外)的自愿清理计划都遵循一种普遍现象，即当完成商定的清理后，自愿参加者受到某种债务保护。这一政策倡议的直接目的是减少CERCLA和州政府清理法规的责任关联问题。

在州政府债务保护措施中存在几个重要的区别。例如，某些州允许责任方参加，并通过州政府法规对其债务责任进行保护。而防止第三方的诉讼在不同的州也有不同。具体而言，一些州为完成修复计划的公司或团体提供三方诉讼保护，而未完成的则不提供。最后，责任保护的另一种独特和不同的方面是"后处理"。"后处理"是指一个被关闭的清理点需要进行额外清理的后续过程。大多数州列有条款，允许在发现新的问题或欺诈事件后进行"后处理"。

此外，州整治方案提供的各种责任保护中，财政奖励和不同的清理标准是关键因素。首先，大多数州政府的资助计划愿意为那些修复污染的企业或团体提供某种形式的财务支持。很大比例的财政支持通常来自环保局、州政府，直至私人企业、城市管理者或非盈利组织。所提供的财政激励措施中最常见的类型包括：

① 评估拨款：这些拨款通常来自环保局而授予给州政府。这些拨款通常会做以下的两件事情之一：在开发者的要求下进行评估，或为开发者提供资金进行评估。

② 清理拨款：这些拨款的普遍性通常远远低于评估拨款。然而，当可行时，这些拨款将实际提供资金援助，可以为一部分实际清理费用埋单。大部分此类拨款计划是针对当地政府和非盈利组织的。

③ 贷款项目:许多州提供循环贷款基金(RLF)计划,这些资金来自环保局的资本支持。这些 RLF 计划为可能的污染解决者提供低息和无息贷款。

④ 税收激励:至少有 32 个州为污染修复和环境重建提供某种类型的税收激励,包括设备税收抵免、销售免税、财产减税以及浮动税收利率。

除了财政奖励外,州政府修复计划中,另一个重要特点与修复项目相关,内容涉及需要清理的水平。具体指基于风险的纠正法案(RBCA,Rebecca 制定)和土地利用管制(LUC)的使用。通过 RBCA,参与环境修复和重建的单位可以根据清理后土地的用途,量体裁衣的进行环境清理。也就是说,他们可以使用基于风险的清理标准;州政府需要的清理水平是由重建后土地的用途来确定的。更确切的说,一个最终要发展成为工业用地的地点的清理程度,与要建成居住区的地点相比,清理的水平要求是不一样的。LUC 条款与 RBCA 要求的清理过程是相关的。土地使用控制本质上是一些制度控制,是用来限制给定地点的使用、接触或活动的。例如,一个需要修复达到工业用地要求水平的地点,对其特性的限制条件与需要建成居民区的地点是不同的。然而,RBCA 和 LUCs 不为修复者提供资金支持,而是帮助当事人减少修复和重建费用。据最新的统计,至少有 40 个州提供 RBCA 棕地修复和重建项目。

总体而言,这些补救和重建计划可以为城市或非盈利机构提供有力的工具,从而促进经济的可持续发展。在一个社区里,污染整治是不受欢迎的领域,而复杂的法律、法规又难以理解,因此,为那些愿意去投资这一传统领域的人士提供机会十分必要。在许多情况下,当地政府发现,通过利用税收免征,可将土地修复和重建工作负担起来。资源部分列出每个州各自的棕地项目网站。

绿色技术和能量效率

根据美国劳工统计局(2012)的定义,绿色技术和实践是"那些制造产品或提供服务时,减少对环境或自然资源负面影响的技术。这些技术和实践,包括:①生产绿色产品和提供服务;②使用的方法、程序、做法或技术,对环境和自然资源保护有正面影响"。能源效率是公众计划中最常见的以绿色实践为目标的绿色技术之一。然而,与本章的第一部分整治和重建计划不同的是,绿色技术计划在美国没有那么普遍。

科技和经济的发展紧密相连。至少从工业革命以来,技术发展和进步促进了经济增长和发展,这是得到认可的(Koven & Lyons,2010)。绿色科技工业在美国是最新的,从某种程度上说也是发展最快的技术。对绿色技术发展感兴趣的当地政府,会尽己所能地提供高科技发展机遇——审视本城市在全球市场和产业集群中的地位(Koven & Lyons,2010)。

在最近几年,绿色环保技术激励已经成为联邦政府的主要工作重点之一。美国再投资和复苏法案(刺激计划)为绿色能源和技术的投资提供约 700 亿美金。此外,许多州都出台了绿色工作计划,与绿色科技事业建立起了联系。大多数情况下, 并不是全部的州政府绿色能源和绿色技术计划都需要资金激励。例如,在 2009 年,纽约州创建了一个计划,执行大规模的能效审计,并提供了旨在提高绿色产业技术工人人数的劳动力发展援助(Brookings Institute,2009 年)。

可以肯定的是,绿色技术计划成功创造了一些就业机会。然而,绿色技术的工作机会是否能解决整个国家的经济困境,还存在许多争论(Green,2011)。一些证据似乎表明,通过公共绿色科技项目创造的就业岗位,主要是针对拥有高技能的专业工程师,而不是需要工作机会的普通美国人。虽然本章不会进行公共计划中绿色技术是否增加绿色能源工作机会的讨论,但将会为那些有兴趣追求绿色技术和工作机会的城市提供建议。

州政府能量高效计划

在"绿色工作"这个词成为美国一个常用词汇很久之前,能源高效计划试图鼓励小企业、公民、地方政府,通过使用一些技术来提高能源利用效率。目前,州一级的计划为小企业、市民和地方政府提供拨款、贷款和技术援助。能源高效计划是州政府绿色技术计划中最常见的一种。大部分的州政府激励措施主要包括税收减免或抵免组合、免税、退税、赠款和贷款。

通过几个很好的资源,可以找出目前州政府有哪些计划。为了对中小企业提供信息支持,中小企业管理者提供了一个网站,列出了州政府的能源高效计划,网址为:

http://www.sba.gov/content/state-and-local-energy-efficiency-programs。这是一个伟大的起点,本地管理员可以看到,在他们所属的社区有哪些激励措施对于鼓励能量高效和绿色技术的发展起到作用。为了找到针对当地政府专门和/或私营部门的项目,州政府关于可再生能源和高效能源的激励措施有一个数据库:http://www.dsireusa.org/。另一个可能有用的资源网址为:http://louisville.edu/cepm/publications/practice-guides-1/PG20%20-%20Matrix.pdf/at_download/file。

重要的是认识到这样一个事实,对于一些公共项目来说,绿色技术对传统经济发展的促进作用并不是主要的。例如,地方政府指导下的能源高效计划或许对成本节约有重要影响,而不对经济发展产生作用。通过能效提升的审计或使用技术而节省的成本,使得当地政府对花费在能量节约和其他社区优先项目上(包括经济发展)的资金进行重新分配。

地方环境行动国际理事会(ICLEI)介绍了在能效提升方面被认为具有"最佳实践"的一些城市。例如,亚利桑那州凤凰城的能源管理项目,被"公认为是全美国最有效的城市之一,通过再投资计划节省1800万美元"(ICLEI,2008)。凤凰城的能源提升计划的节省和高效措施可以复制到其他城市。有关此计划的一些关键点和经验包括(ICLEI,2008):

① 在缺乏资金的情况下启动项目。

② 在计划的早期,采用廉价节能控制措施,尽量减少成本支出,同时仍然能看到成效。

③ 理解能效提升计划的范围和成功(失败)的结果,关键是准确的能量节约和耗费财务核算。与完全掌握能量耗费量相比,市政府仅知道通过技术提升节省了多少能量,而这要容易得多。

④ 能源审计是早年计划节省资金的重要措施:1979年节省15万美金,被记录在案;节省的资金能够被重新投入到相关技术中,以节省能耗。

⑤ 设立一个能源节能资金再投资计划,资金容量达到50万美金,用来帮助市政部门投资节能设备。

结论

对环境修复、重建、绿色技术和能效提升感兴趣的市政当局,会发现一个贯穿整个国家的公共项目的大杂烩。虽然本章不可能探讨所有的具体方案、经验及资源,但是可以提供一个良好的起点。

(本章某些段落在以下文献中出现过:Opp,S. 2009. Experiences of the States in Brownfields Programs. Environmental Practice,11(4):270–284——作者注)

参考文献

Barnett,H. 1994. Toxic debts. Chapel Hill,NC:University of North Carolina Press.

Brookings Institute. 2009. New York State's new green jobs program:Linking fnanc-ing and job training statewide,http://www.brookings.edu/research/papers/2009/07/1030-arra-new-york

Cofn,S.,and A. Shepherd. 1998. Barriers to brownfeld redevelopment:Lessons learned from two Great Lakes states. Journal of Public Works Management and Policy 2 (3):258–266.

Eisinger,C. 2001. Brownfelds legislation:Making the grass greener on the other side,http://www.agiweb.org/

gap/legis107/tpg_ce.html (November 15, 2006).

Ellersbusch, F., D. Gute, A. Desmarais, and M. Woodin. 2006. Community engagement as a component of revitalization : Lessons learned from the Technical Outreach Services to Communities programme. Local Environment 11 (5) : 515–535.

Grayson, E. 1995. Te brownfelds phenomenon, Environmental Law Reporter 25(1) : 10337.

Green, K. 2011. Te Myth of Green Energy Jobs : Te European Experience. American Enterprise Institute for Public Policy.

Hodge, J. 1996. Protecting owners and prospective owners of contaminated property from environmental liability. South Carolina Law Journal 5 (1) : 1–32.

ICLEI. 2008. Profting from energy efciency, http://www.iclei.org/index.php?id=1677

Koven, S., and T. Lyons. 2010. Economic development : Strategies for state and local practice. Washington, D. C. : ICMA Press.

Meyer, P., Williams, R., and K. Yount. 1995. Contaminated land, reclamation, redevelopment, and reuse in the United States and the European Union. Aldershot, U.K. : International Library of Critical Writings in Economics, Edward Elgar.

Opp, S. 2012. Environmental justice and the resource conservation recovery act inspec–tion and enforcement process. International Review of Public Administration 17 (1) : 179–194.

Percival, R., A. Miller, C. Schroeder, and J. Leape. 2006. Environmental regulation : Law, sci–ence and policy. Aspen, CO : Aspen Law and Business.

U.S. Bureau of Labor Statistics. 2012. Measuring green jobs, http://www.bls.gov/green/U.S. Environmental Protection Agency. 2011. RCRA orientation manual, http://www.epa.gov/osw/inforesources/pubs/orientat/rom311. pdf

U.S. Environmental Protection Agency. 2011. Summary of the small business liability relief and brownfelds revitalization act, October 4, http://www.epa.gov/brownfelds/laws/2869sum.htm.

第 12 章　寻找共同点：地方经济发展与环境

在学术、政策制定和从业者圈子里，经济与环境的争论已经持续了数十年。但不幸的是，随着环保局被贴上减少工作机会的标签后，原本可以在两者之间找到的合作已被政治辞令所掩盖(Chinni,2011)。民意调查显示，许多美国人仍然认为经济、就业优先于环境保护和管理(得克萨斯大学,2012)。然而，正如这本书试图表明的那样，这些概念并非是矛盾的，特别是对于地方为该国经济发展所做出的努力。

可以肯定的是，公共和私营部门的经济活动与环境存在一些重要的联系：①需要从环境中获取自然资源，来生产商品和提供服务；②环境危害往往源于传统的消费和生产实践(Church,1992 年)。通过调研近些年地方经济发展的历史，揭示了一个资源枯竭和环境危害的模式，即更多的就业机会和经济增长必须以环境退化为代价(或者至少是简单地忽视了自然环境)。从这个角度来看，竞次理论可能是正确的：为了保证社会资本的流动性，政策制定者和管理者必须不断降低环境标准，尽量降低私营企业的生产和消费成本。此外，很多公共经济发展项目的决策过程没有充分考虑该项目将带来的环境后果。例如，传统的成本效益分析，要求用户低估未来的成本和效益。未来的估值将低于现有的估值，导致在未来几年对环境有害的项目在今天看来是最有价值的项目。

虽然赞成经济发展与环保之间存在分歧是有听众的，甚至是容易的，然而决策者、管理者和学生必须要知道，这个所谓分歧是错误的。事实上，更广范围内的可持续发展运动的总指导原则，是将经济发展与环境保护集成到一起，并获得成功(BEDER,2002)。可持续发展理论的研究者表明，为了成功桥接环境与经济之间的间隙，仅仅需要重新组织决策流程，将环境因素囊括到所有政策领域的对话中(欧盟委员会,2012)。迄今为止，欧洲国家在环境政策与城市发展相融合方面取得了巨大成功(Nilsson 和 Eckerberg,2009 年)。然而，经济与环境的集成不需要美国城市效仿欧洲城市的做法(有时是昂贵的)；相反，小的变化可以带来很大的影响。在经济发展活动中使用"绿色"透镜，可以促进经济发展，并保护自然环境。

经济发展与经济增长

在讨论和争论经济与环境的时候，有些东西经常被遗忘——经济增长和经济发展之间的区别(OPP,2008年)。对许多人来说,经济增长意味着新的私营企业和/或扩张的私营企业不断创造更多的就业、收入、商品和服务。在一个著名的的经济理论[李嘉图(Ricardian)理论]中,用特定经济体的产出量度量经济增长/进步(Kohn,2009年)。更简单地说,经济增长需要经济体产出的质量不断提高。这种增长可能会耗尽自然资源,并在长期内造成环境负担。第四章的交通规划模型可以很好的说明经济增长的传统观点。具体而言,传统的运输规划强调线性模型(见图4.1),追求的是更新、更快的汽车运输方式。与这个交通规划模型类似,传统的经济增长观点遵循线性增长路径,更多的生意等于更多的就业机会、更多的收入。反过来,经济的发展是一个比经济增长更为广泛的概念。与增长相比,发展与进步更加相关(OPP,2008年)。展望未来,需要我们在当前的政策和实践下,借鉴过去,向着环境和经济更好的地方进步。

许多发展理论经济学家、政治学家、其他学者和从业者,已经意识到制度和环境对经济发展的重要性(Kohn,2009年)。显然,这里有三种经济发展战略反映了这一模式的转变(见第一章关于三种经济发展波动的讨论)。此外,在关于地区经济发展最流行的一本书中(Edward Blakely和Nancey Green Leigh,2010),作者第一次开始正视可持续发展,并将其与经济增长一起考虑。可持续发展政策和目标反映了关于经济增长和发展看法的转变。

制度和经济可持续发展

正如前面章节所讨论的那样,尽管环境和经济发展之间存在内在联系,但学术、经济和政治制度一直将两者区别对待(MacNeil,1989,155)。这些区别显著影响了联邦、州、地方一级的政府机构组织形式。大部分政府机构中存在经济发展和环境两个独立的部门,这种情况是很常见的(Opp,2005)。大学学院之间的组织形式采用"学科筒仓"模式,由此导致跨学科合作十分困难。同大学的情况相类似,政府采用这种类型的组织结构安排,使得跨政治领域参与的难度很大。这种组织结构安排导致几乎不可能出台一个在可持续发展(或环境)和经济发展之间寻求共同目标的系统性、连续性政策法规。

除了当地政府组织架构的原因之外,人为的区分环境和经济发展,对政府政策和行为也有负面影响(MacNeil,1989,155)。事实上,政策的影响可能比组织结构更加重要,原因在于政策是由大的预算支持的,并决定一个城市的发展方向。如果经济发展基金是以一种不可持续的情况进行分配,那么将无法实现环境保护或环境清理工作(MacNeil,1989,159)。除非改革发展政策,否则情况无法得到改善。

大约在 25 年前,吉姆·麦克尼尔——世界环境与发展委员会秘书长,写了一篇关于这个话题的报告,他的核心问题是,是否可以重新配置经济,使其纳入到可持续运动的核心价值和思想中。今天的问题是,人类社会还需要走多远,才能找到经济发展和可持续性的交点。虽然答案不能彻底的肯定可持续性和经济发展已经全面、成功整合,但是事实是,世界各地的政府在拒绝将经济和环境分立的道路上已经行走了很远。

经济发展和可持续性的经验

在本卷中,许多章节都为有兴趣的从业者介绍了当前的环境和所需工具,来找到地区经济发展和可持续性的共同点。几乎每一章都介绍一些清晰的实例。在这些例子中,地方政府通过改善实践和政策来获得经济的发展,这里面反映了可持续发展的理念和思想。正是这些城市采取了必须的措施,将环境保护集成到其他政策领域中。这些城市除了获得一个可持续未来的可能性之外,还通过相关的努力,获得了经济的发展和成本节约。

本书第一部分的章节(1~4 章)为读者提供了理解经济可持续发展的基石:建立环境预案、能源可持续和规划交通方案。这些章节已经用广阔的视角说明了经济发展与环境质量之间的关系。为了了解过去实施的效果,需要回答的问题是,现在会是什么样子? 当然,没有考虑鼓励和/或资助成长的发展政策,也没有考虑这些政策对环境的影响,那么地方政府的负面环境负担较轻,如灰色地带或棕色地带和相关的犯罪率、财产估价问题和健康危害。此外,能源资源从来没有如此低廉和易于获得,今天建立的环境系统看起来非常不同,并对自然环境危害更小。幸运的是,历史教会了我们很多。在一个世纪或者更久以前,如果我们对发展带来的危害更加谨慎的话,今天的样子可能不像我们看到的那样。

展望未来,重新考量后,能源在经济发展中的作用很可能是最重要的,如果成本上升,未来的可实践性是值得商榷的。此外,在任何地方,交通都将是可持续发展计划的关键组成部分, 因为它将持续成为一个城市的发展和运行的重要基石。尽管我们最近理解了历史对交通的选择带来了当前政府必须面对的问题,但是未来依旧是可塑的。当地政府可以重新设计交通系统,避免传统系统在运行、成本和城市的形成上造成广泛、显著的影响。

本书的第二部分提供了一个更为具体的工具,可用于寻找经济发展与可持续性之间的共同点。在第 5 章中,圣安东尼奥市 Verde 计划提供了一个很好的例子,地方开展了一个全面的计划, 通过蓬勃发展的地方经济获得未来的可持续发展。

圣安东尼奥市 Verde 计划鼓励所有地区做同样的事情。

该计划基于一个简单的原则：在满足我们今天的需求下，不去透支圣安东尼奥市未来后代子孙的需求。这就是可持续发展。它不仅仅是环境政策，还是一个经济问题。节约能源便节约金钱。可再生能源带来经济独立。车少的道路平均污染少，同时更加经济。一个搭载绿色技术的绿色基础设施创造就业机会。

这种经济发展的方法根深蒂固，并被全世界接受，从欧盟到中国，从新加坡到迪拜。它驱动产生新技术、新机遇和新的就业机会。它无异于是第三次工业革命的开始和美国经济的未来。它将是世界历史中最引人注目的经济变革。

圣安东尼奥不能落后。投资绿色科技、节能减排、可再生能源、高效交通和智能建筑。建立一个新能源基础设施，从集中式电源转为分布式电源。建立一个集成、高效的多模式交通系统。把创业资金投向新兴的绿色商业和技术。做到节约、创造和成长。

圣安东尼奥为其他社区做出一个良好的表率，本书第二部分的其他章节用四种简单的易于接受的工具，深入分析经济的可持续发展。

虽然仍有许多工作要做，本书阐明了使当前经济发展达到可持续性的工具。将可持续发展目标纳入经济发展范畴，可以在政策领域获得巨大成功。本章的最后几页对全书进行了一个更加广泛的检验和回顾，包括开展经济可持续发展转型活动的战略和挑战。

经济可持续发展战略

大部分当前经济发展转型或重建的工具都专注于四大战略(Nixon and Weiss, n.d.，3)：

① 绿色节约：市场的需求，包括产品和服务；

② 绿色机遇：市场的供给方；

③ 绿色人才观：可以带来变化的人力资源；

④ 绿色的地点：市场的地理维度。

这四个策略对全美国的城市都是有用的，并在本书章节中有所反映。

以绿色节约为中心战略的目的是通过组织架构提高效率，比如当地商业和公共机构。虽然这些策略都不会隐性的带来就业机会和额外收入，但它们最终的结果是为市政当局节省了支出。这些策略通常在节约能源和资源、减少浪费，并推行可带来高投资回报率的改革(Nixon and Weiss, n.d.，4)。这种方法的例子已包括商业或住宅改造，这些策略最积极的一面是经过日复一日的运转，节省了资金和资源。

绿色机遇致力于创造一种环境友好型的经济增长。地方政府可以为提供绿色产品和绿色服务的公司创造条件,以促进绿色产业及增加绿色工作机会。要确保一个对商业创造保持友好姿态的经济和社会环境,这样绿色产业才会扎根在这个社区中(Nixon and Weiss,n.d.,5)。在第3章中,俄勒冈州波特兰市是一个极好的案例。

第三个战略中,地方政府可能会寻求鼓励经济可持续性发展,这个战略的重点是经济发展的劳动力。具体而言,这一战略领域寻求建立绿色人才库,公司可以利用人才库建立新兴绿色产业。包括对教育、研究和创新的投资(Nixon and Weiss,n.d.,5)。如果没有合格的员工,绿色技术公司将无法在社区建立工厂。第6章和第7章强调了这个行动观念。

最后一个全面经济可持续发展战略是绿色地点。是指推进可持续发展原则的地方,如混合使用、低影响街区、公共交通和绿色能源。这些特质使社区充满希望,因为它们增加了环境的宜居性(Nixon and Weiss,n.d,5)。这种方法的案例在第2章进行了重点说明。这种技术与其他三种策略是一致的,重点在于提高生活的质量。

主要挑战与未来

在最近几年,美国经济一直挣扎在大萧条后的缓慢复苏中。经验证据表明,在低迷的经济复苏期间,许多城市重新采用了一些颇具争议性、不利于经济发展的战略。具体而言,城市加大了激励措施,而在分析这个用于增加就业和收入的激励措施上却退步了(Osgood,Opp,and Bertnosky,2012;Zheng and Warner,2010)。不幸的是,令人绝望的财政收入和就业水平,使得当地政府抛弃在可持续方向上进行的努力,转向以前的方法,即不惜任何代价来吸引新的商业投资。很多资料记录了早期的经济发展战略带来的显著的负面影响,对其依赖度的增加会对当地产生深远的危害。然而,面对经济困境,这些似乎不是必需的。

环境是非可再生资源,在将来,目前社会发展依靠的大部分能源资源可能会消耗殆尽。如果继续允许绿地的开发,社区最终将耗尽此前未使用过的土地,并将不得不面对这些决定造成的后果。如果社会要摆脱此前人类活动带来的后果,地方政府需要将环境因素作为发展经济和决策过程的一部分。或许读到此书的当地管理者可以开始这个过程,在更广泛经济开发努力中,开始考虑和集成环境与经济发展问题。如此,协同和综合了经济发展与环境保护的最终目标看起来将不会是令人气馁的。本章节中没有一个工具或研究案例是与标准规范相背离的,它们仅仅需要部分参与者综合考虑和决策。

参考文献

Beder, S. 2002. Economy and environment: competitors or partners? Pacifc Ecologist 3:50-56.

Blakely, E., and N. Green Leigh. 2010. Planning local economic development:Teory and practice, 4th ed. Tousand Oaks, CA:Sage Publications.

Chinni, D. 2011. Environment vs. Economy in 2012. PBS Newshour, August 26, http://www.pbs.org/newshour/rundown/2011/08/the-environment-vs-the-economy-in-2012.html

Church, D. 1992. Te economy vs. the environment:Is there a confict? Mountain View Chamber of Commerce, April 17, http://www.ecoiq.com/dc-products/prod_confict.html

European Commission. 2012. Environmental Integration, http://ec.europa.eu/environ-ment/integration/integration.htm

Kohn, M. 2009. Economic development and growth:A survey. Cato Journal 29 (2):237-246.

MacNeil, J. 1989. Strategies for sustainable development. Scientifc American 261:155-165.

Nilsson, M., and K. Eckerberg. 2009. Environmental policy integration in practice:Shaping institutions for learning. London:Earthscan.

Nixon, J. H., and M. Weiss. n.d. Sustainable economic development strategies. Washington, D.C.:Global Urban Development.

Opp, S. 2005. Location, location, location:Brownfelds program placement in local governments. Louisville, KY:University of Louisville, Southeast Regional Environmental Finance Center, Center for Environmental Policy and Management, http://cepm.louisville.edu/Pubs_WPapers/practiceguides/PG11.pdf

Opp, S. 2008. Roles and realities. In Local sustainable urban development in a globalized world, eds. L. Heberle and S. Opp. Aldershot, U.K.:Ashgate.

Osgood, J., S. Opp, and L. Bertnosky. 2012. Yesterday's gains vs. today's realities:Lessons from ten years of economic development practice. Economic Development Quarterly 26(4):334-350.

University of Texas. 2012. Energy Poll, March. http://www.utenergypoll.com/

Zheng, L., and M. Warner. 2010. Business incentive use among U.S. local governments:A story of accountability and policy learning. Economic Development Quarterly 24 (4):325-336.